QUÍMICA

PREPARACIÓN DE LA PRUEBA DE ACCESO A LA UNIVERSIDAD PARA MAYORES DE 25 AÑOS

ANDALUCÍA

María del Carmen Caballero López

SERIE QUÍMICA DE ACCESO PARA MAYORES DE 25

© Quimitube.com

© María del Carmen Caballero López

ISBN: 978-1537020235

Primera edición: Agosto de 2016

ÍNDICE DE CONTENIDOS

PRÓLOGO 7

1. LA ESTRUCTURA DE LA MATERIA 9

   1.1. Partículas fundamentales: electrón, protón y neutrón 9
      1.1.1. Descubrimiento del electrón 10
      1.1.2. Descubrimiento del protón 12
      1.1.3. Descubrimiento del neutrón 13
      1.1.4. La estructura del átomo 13
   1.2. Número atómico 14
   1.3. Número másico e isótopos 16
   1.4. Masa atómica y masa molecular 19
   1.5. Concepto de mol y número de Avogadro. Masa molar 22
   1.6. Gases ideales: leyes y ecuaciones de estado. Volumen molar 28
      1.6.1. Ley de Boyle-Mariotte 28
      1.6.2. Ley de Gay-Lussac 29
      1.6.3. Ley de Charles 30
      1.6.4. Ecuación de los gases ideales 31

2. PROPIEDADES ATÓMICAS 35

   2.1. La estructura electrónica de los átomos 35
      2.1.1. Números cuánticos 37
      2.1.2. Configuración electrónica de los elementos químicos 39
   2.2. Clasificación periódica de los elementos 43
   2.3. Propiedades periódicas 47
      2.3.1. Radio atómico y radio iónico 48
      2.3.2. Afinidad electrónica 50
      2.3.3. Energía de ionización 52
      2.3.4. Electronegatividad 54
   2.4. Notación química: símbolos y fórmulas 56
      2.4.1 Clasificación de la materia: sustancias puras y mezclas 56
      2.4.2. Las fórmulas de los compuestos químicos 59
      2.4.3. Fórmula empírica y fórmula molecular 61

3. ENLACE QUÍMICO 63

3.1. ¿Qué es un enlace químico? 63
3.2. Enlace iónico: concepto y propiedades 65
    3.2.1. Fundamento del enlace iónico 65
    3.2.2. Propiedades de los compuestos con enlace iónico 68
3.3. Enlace covalente: concepto y propiedades 71
    3.3.1. Regla del octeto y estructuras de Lewis 71
    3.3.2. Polaridad de enlace y polaridad molecular 77
    3.3.3. Propiedades de los cristales covalentes 81
    3.3.4. Propiedades de las sustancias covalentes moleculares 84
3.4. Fuerzas de interacción entre moléculas. Enlace de hidrógeno. 88
    3.4.1. Fuerzas intermoleculares entre moléculas apolares 89
    3.4.2. Fuerzas intermoleculares entre moléculas polares 91

4. DISOLUCIONES 95

4.1. Componentes de las disoluciones 95
4.2. Concepto de solubilidad. Factores que afectan a la solubilidad 96
    4.2.1. Relación entre la solubilidad y el producto de solubilidad 101
    4.2.2. Factores que afectan a la solubilidad 102
4.3. Formas de expresar la concentración de las disoluciones 108
    4.3.1. Porcentaje en masa (% m) 109
    4.3.2. Concentración en masa (g/L) 110
    4.3.3. Molaridad (M) 111
    4.3.4. Molalidad (m) 112
    4.3.5. Fracción molar (χ) 113

5. ESTEQUIOMETRÍA DE LAS REACCIONES QUÍMICAS 117

5.1. Reacciones químicas homogéneas y heterogéneas 117
5.2. Ajuste de reacciones químicas 119
5.3. Cálculos estequiométricos 126
    5.3.1. Cálculos estequiométricos sin reactivo limitante 127
    5.3.2. Cálculos estequiométricos con reactivo limitante 130
5.4. Rendimiento de un proceso químico 133
5.5. Riqueza o pureza 136

6. ENERGÍA DE LAS REACCIONES QUÍMICAS 139

6.1. Cambios de energía a presión constante. Entalpía. 139
6.2. Entalpías de reacción y de formación. Ley de Hess. 142
    6.2.1. Entalpía estándar de reacción 142
    6.2.2. Entalpía estándar de formación 145
    6.2.3. Cálculo de la entalpía de reacción a partir de las de formación 147
    6.2.4. Ley de Hess 149
6.3. Espontaneidad de las reacciones químicas 152
    6.3.1. Conceptos de espontaneidad y entropía 152
    6.3.2. Energía libre de Gibbs 154

7. EQUILIBRIO QUÍMICO 159

7.1. Reacciones reversibles: concepto de equilibrio químico 159
7.2. Ley de acción de masas: constante de equilibrio K_c 162
7.3. Constante de equilibrio en función de las presiones parciales, K_p 167
7.4. Grado de disociación 169
7.5. Factores que afectan al equilibrio químico 173
    7.5.1. Modificación de la concentración de reactivos o de productos 173
    7.5.2. Modificación de la presión y del volumen 175
    7.5.3. Modificación de la temperatura 177

8. REACCIONES EN MEDIO ACUOSO 181

8.1. Concepto de ácido y de base según Brönsted y Lowry 181
8.2. El equilibrio de disociación del agua. Concepto de pH 183
8.3. Fuerzas relativas de ácidos y bases en medio acuoso 187
8.4. Valoraciones de ácido fuerte-base fuerte 191
    8.4.1. Punto de equivalencia con un pHmetro 193
    8.4.2. Punto de equivalencia con un indicador ácido-base 195
8.5. Concepto electrónico de oxidación-reducción: oxidante y reductor ... 197
    8.5.1. Normas para determinar el número de oxidación de un elemento 201
8.6. Ajuste de reacciones redox por el método ion-electrón 206

9. INTRODUCCIÓN A LA QUÍMICA DEL CARBONO 211

9.1. Cadenas carbonadas. Enlaces simple, doble y triple 211
    9.1.1. Fórmulas de los compuestos de carbono 217
9.2. Concepto de grupo funcional y serie homóloga 219
9.3. Isomería: concepto y clases 224
    9.3.1. Isomería estructural 225
    9.3.2. Isomería espacial 227

Anexo I: Exámenes de años anteriores resueltos 231

Examen de 2005 232
Examen de 2006 236
Examen de 2007 242
Examen de 2008 247
Examen de 2009 251
Examen de 2010 255
Examen de 2011 260
Examen de 2012 263
Examen de 2013 268
Examen de 2014 273
Examen de 2015 277

Anexo II: Tabla periódica de los elementos 281

Prólogo

Para la preparación del examen de acceso a la universidad para mayores de 25 años el alumno se encuentra con diversas dificultades.

Al hecho de que la mayoría de las veces, hace años que se finalizaron los estudios, hay que añadir en muchos casos la imposibilidad, por motivos laborales o circunstancias familiares, de asistir a los cursos de acceso específicos de las universidades. Así, para muchos alumnos, la preparación por libre es la única alternativa, a pesar de ser la más difícil.

Otra dificultad añadida y no menos importante es encontrar un buen material con el que preparar la materia por cuenta propia de forma eficaz. Los textos de segundo de bachillerato son de difícil seguimiento para el estudio en solitario, pues, aunque el temario coincide en muchos puntos, están enfocados a alumnos con una base de química más sólida y reciente, dando por supuestos conceptos fundamentales de química básica tratados en cursos previos. Además, la profundidad con la que se trata el temario en segundo de bachillerato excede en algunos casos las exigencias del examen de acceso a la universidad para mayores de 25. Por su parte, los textos específicos para la preparación del examen de acceso para mayores de 25 son escasos, generalistas y no adaptados íntegramente a los contenidos de Andalucía, o bien editados hace ya un tiempo.

Por estos motivos, y por mi experiencia acumulada en Quimitube.com en estos últimos años, he considerado adecuado editar esta guía de estudio para preparar el examen de acceso a la universidad para mayores de 25 años en la comunidad autónoma de Andalucía. Con este libro el alumno podrá estudiar por libre o complementar el curso de acceso y presentarse al examen con la seguridad de ir bien preparado, tanto si este se realiza por primera vez como si se hace en un intento de mejorar la nota anterior.

Todos los contenidos de este libro se han basado plenamente en lo establecido en la legislación vigente para la comunidad autónoma de Andalucía, es decir:

RESOLUCIÓN de 24 de enero de 2012, de la Comisión Coordinadora Interuniversitaria de Andalucía, por la que se establecen los procedimientos y los programas para la realización de la Prueba de Acceso a la Universidad para Mayores de Veinticinco Años.

Asimismo, en este libro resolvemos y explicamos íntegramente, paso a paso, los problemas de los exámenes de años anteriores desde el año 2005.

1. La estructura de la materia

1.1. Partículas fundamentales: electrón, protón y neutrón

A principios del siglo XIX, John Dalton, basándose en el comportamiento de la materia observado experimentalmente, formuló la teoría atómica. Según esta teoría, toda la materia está formada por átomos.

> La **teoría atómica de Dalton** postula que toda la materia está formada por átomos, partículas indestructibles e indivisibles.
>
> Todos los átomos de un mismo elemento químico son idénticos entre sí y distintos de los átomos de otros elementos químicos.

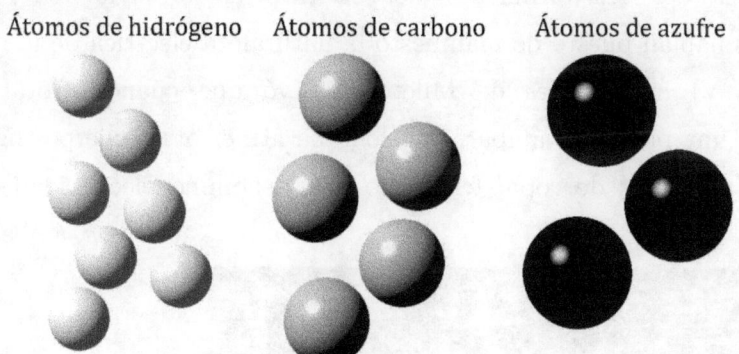

De este modo, la materia estaría compuesta por una especie de piezas de puzle de distintos tipos que se combinan entre sí; cada tipo de pieza sería un elemento químico diferenciado. La teoría atómica de Dalton fue ampliamente aceptada por la comunidad científica, puesto que lograba explicar plenamente las observaciones experimentales de la época.

No obstante, estudios posteriores, realizados en el primer tercio del siglo XX, demostraron que los átomos no son indivisibles, sino que están formados a su vez por otras partículas aún más pequeñas, las partículas subatómicas. En este texto consideraremos únicamente tres: los electrones, los protones y los neutrones, si bien el protón y el neutrón no son partículas subatómicas fundamentales, sino que, a su vez, están formadas por otro tipo de partículas: los quarks.

⌛ Un poco de historia

> En los años 60, el físico Richard Feynman postuló que los protones no eran partículas subatómicas fundamentales, sino que estaban formados por otras partículas más pequeñas. Posteriores experimentos en aceleradores de partículas permitieron descubrir experimentalmente dichas partículas, los quarks, lo que supuso la obtención del Premio Nobel de Física de 1990 para Taylor, Kendall y Friedmann. Tanto los protones como los neutrones están formados por tres quarks.

1.1.1. Descubrimiento del electrón

Mucho antes del descubrimiento del electrón en el siglo XIX, numerosas experiencias habían puesto de manifiesto la naturaleza eléctrica de la materia. Ya en el siglo VI a.C., Tales de Mileto observó que cuando frotaba con sus vestimentas una piedra de ámbar, esta lograba atraer otros cuerpos ligeros, como plumas, paja o hilos de ropa, fenómeno que denominó electricidad (del griego *elektron*, ámbar).

El ámbar es una piedra semipreciosa que se forma por fosilización de resinas vegetales, como la que se observa en la fotografía. Cuando el ámbar es frotado con un tejido adquiere electricidad estática, de ahí que el término electrón proceda de ámbar. Fotografía de Jacinta Lluch Valero en Flickr. Licencia CC BY-SA 2.0.
https://flic.kr/p/e8LUWo

Sin embargo, no fue hasta finales del siglo XIX cuando se relacionó la naturaleza eléctrica de la materia con la existencia de partículas de carga negativa en el interior de los átomos: los electrones. En 1897, el físico británico J. J. Thomson realizó una serie de experimentos con tubos de rayos catódicos y logró determinar la relación carga/masa de las partículas que los formaban. Es la siguiente:

$$\frac{q}{m} = 1{,}76 \cdot 10^{11} \, C/kg$$

Donde:

q: carga de una partícula, en culombios

m: masa de una partícula, en kilogramos

Independientemente del gas que hubiese en el interior del tubo de rayos catódicos y del material que formase el cátodo, Thomson descubrió que las partículas que formaban los rayos catódicos eran siempre iguales. A estas partículas las denominó electrones, y concluyó que todos los átomos de todas las sustancias las contenían.

🔍 Para saber más

> *Los rayos catódicos son haces de electrones generados en un tubo de vacío, el denominado tubo de rayos catódicos, desarrollado por William Crookes en 1875. Consiste en un tubo de cristal a muy baja presión que dispone de dos electrodos, un cátodo (electrodo negativo) y un ánodo (electrodo positivo). Cuando se calienta el cátodo emite electrones que se desplazan en línea recta hacia el ánodo y chocan con un material fluorescente que recubre las paredes, lo que provoca un brillo muy intenso. Esta fluorescencia es el fundamento de los antiguos televisores.*

Posteriormente, en 1909, el físico estadounidense Robert A. Millikan determinó la carga del electrón, lo que posibilitó también el cálculo de su masa.

> *Los **electrones** son partículas subatómicas de carga $-1{,}6 \cdot 10^{-19}$ C y masa $9{,}11 \cdot 10^{-31}$ kg.*

Un poco de historia

> *Tanto Thomson como Millikan fueron merecedores del Premio Nobel de Física. A Thomson le fue concedido en 1906 «por sus investigaciones teóricas y experimentales sobre la conducción de la electricidad a través de los gases» y a Millikan en 1923 «por su trabajo sobre la carga elemental de la electricidad y sobre el efecto fotoeléctrico».*

1.1.2. Descubrimiento del protón

Puesto que la materia es eléctricamente neutra, la existencia de los electrones, partículas con carga negativa, hizo pensar a algunos científicos que en los átomos también debían existir partículas con carga positiva.

En 1907, estudiando en profundidad los rayos canales (otro tipo de rayos que se generaban en los tubos de descarga), J. J. Thomson descubrió que estaban formados por partículas que recorrían el sentido inverso al que realizaban los electrones, desplazándose desde el ánodo (electrodo positivo) hacia el cátodo (electrodo negativo). Dichas partículas tenían la misma carga eléctrica que el electrón, aunque de signo positivo, y masa variable, dependiendo de qué gases estuviesen presentes en el interior del tubo de descarga.

La más pequeña de estas partículas tenía una masa unas 1.800 veces superior a la de un electrón, por lo que no se aceptó de forma inmediata como una partícula fundamental de los átomos. No obstante, en 1914, Ernest Rutherford sugirió que dicha partícula fuese considerada la unidad fundamental de carga positiva y la llamó protón (del griego *protos*, primero).

Aunque su carga es equivalente a la del electrón y de signo contrario, es una partícula mucho más pesada que un electrón.

*Los **protones** son partículas subatómicas de carga $1,6 \cdot 10^{-19}$ C y masa $1,67 \cdot 10^{-27}$ kg.*

1.1.3. Descubrimiento del neutrón

El neutrón fue una partícula más escurridiza que el protón y el electrón; la descubrió James Chadwick en el año 1932, si bien Rutherford ya había predicho con anterioridad que en los átomos debía haber una partícula sin carga y de masa similar a la del protón. El motivo de tal predicción fue la masa de los átomos: era aproximadamente el doble que la masa correspondiente a su número de protones. Puesto que la masa de los electrones es despreciable (es casi dos mil veces inferior a la de los protones), el hecho de que la masa de un átomo no coincida con la masa total de sus protones evidenció la existencia del neutrón.

> Los **neutrones** son partículas subatómicas neutras (sin carga) y masa $1,67 \cdot 10^{-27}$ kg.

1.1.4. La estructura del átomo

Como hemos visto en los apartados previos, a principios del siglo XX ya se sabía que los átomos no eran indivisibles, como sostenía la teoría atómica de Dalton, sino que estaban formados por protones, neutrones y electrones. Ahora bien, ¿cuál era la estructura de un átomo? ¿Cómo se distribuían los distintos tipos de partículas subatómicas en el mismo?

El primer modelo atómico congruente con las observaciones experimentales de principios del siglo XX fue el modelo atómico de Rutherford.

Según dicho modelo, el átomo está formado por un núcleo en el que se concentran la carga positiva y prácticamente toda la masa (los protones y los neutrones), alrededor del cual, y a una gran distancia, giran los electrones. El átomo es globalmente neutro por presentar el mismo número de protones y de electrones. Esta distribución se mantiene en el modelo atómico actual.

> En el **núcleo atómico** hallamos los protones y los neutrones. En torno a ellos encontramos la **corteza atómica**, formada por los electrones, que giran continuamente a gran distancia.

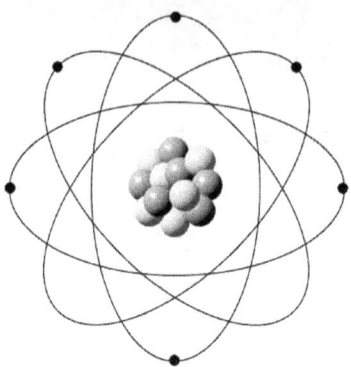

Figura 1.1. Esquema de la estructura de un átomo de carbono. En el núcleo hallamos los protones y los neutrones, mientras que girando en torno a él hallamos los electrones.

El modelo atómico de Niels Bohr, propuesto en el año 1913, es similar al de Rutherford en cuanto a la estructura propuesta para el átomo, pero en él se introduce una idea novedosa y esencial: la cuantización de la energía. Que la energía esté cuantizada significa que los electrones no pueden girar a cualquier distancia del núcleo atómico, sino que únicamente pueden hacerlo en ciertas órbitas de energía definida, circulares y estables.

*Bohr introdujo la idea de la **cuantización de la energía**, es decir, no todas las órbitas de giro del electrón están permitidas, sino únicamente aquellas que cumplen unas determinadas características para cada elemento químico.*

Si bien hoy en día sabemos que la idea de la cuantización de la energía es correcta (y da lugar a términos como mecánica cuántica o números cuánticos), a diferencia de los que propuso Bohr, los electrones no giran en torno al núcleo atómico en órbitas definidas, como los planetas, sino que se encuentran en orbitales, regiones tridimensionales del espacio. En estos aspectos del modelo atómico actual o modelo mecanocuántico profundizaremos en el tema 2: «Propiedades atómicas».

1.2. Número atómico

Si todos los átomos están formados por el mismo tipo de partículas subatómicas, es decir, protones, neutrones y electrones, cabe preguntarse: ¿Cómo distinguimos un elemento químico de otro? ¿En qué se diferencian, por ejemplo, un átomo de carbono y un átomo de oxígeno? La respuesta la encontramos en el número atómico.

> El **número atómico** (Z) es el número de protones que hay en el núcleo de un átomo y es específico de cada elemento químico.

Puesto que Z es específico, los elementos se hallan colocados en la tabla periódica en orden creciente de número atómico.

1 H Hidrógeno 1,0																	2 He Helio 4,0
3 Li Litio 6,9	4 Be Berilio 9,0											5 B Boro 10,8	6 C Carbono 12,0	7 N Nitrógeno 14,0	8 O Oxígeno 16,0	9 F Flúor 19,0	10 Ne Neón 20,1
11 Na Sodio 22,9	12 Mg Magnesio 24,3											13 Al Aluminio 27,0	14 Si Silicio 28,0	15 P Fósforo 31,0	16 S Azufre 32,0	17 Cl Cloro 35,5	18 Ar Argón 39,9
19 K Potasio 39,1	20 Ca Calcio 40,1	21 Sc Escandio 44,9	22 Ti Titanio 47,9	23 V Vanadio 50,0	24 Cr Cromo 52,0	25 Mn Manganeso 55,0	26 Fe Hierro 55,8	27 Co Cobalto 58,9	28 Ni Níquel 58,7	29 Cu Cobre 63,5	30 Zn Zinc 65,4	31 Ga Galio 69,7	32 Ge Germanio 72,6	33 As Arsénico 74,9	34 Se Selenio 78,9	35 Br Bromo 79,9	36 Kr Criptón 83,8
37 Rb Rubidio 85,5	38 Sr Estroncio 87,6	39 Y Itrio 88,9	40 Zr Circonio 91,2	41 Nb Niobio 92,9	42 Mo Molibdeno 95,9	43 Tc Tecnecio 99,0	44 Ru Rutenio 101,1	45 Rh Rodio 102,9	46 Pd Paladio 106,4	47 Ag Plata 107,9	48 Cd Cadmio 112,4	49 In Indio 114,8	50 Sn Estaño 118,7	51 Sb Antimonio 121,7	52 Te Teluro 127,6	53 I Yodo 126,9	54 Xe Xenón 131,3
55 Cs Cesio 132,9	56 Ba Bario 137,3	57 La Lantano 138,9	72 Hf Hafnio 178,5	73 Ta Tantalio 180,9	74 W Wolframio 183,8	75 Re Renio 186,2	76 Os Osmio 190,2	77 Ir Iridio 192,2	78 Pt Platino 195,1	79 Au Oro 196,9	80 Hg Mercurio 200,5	81 Tl Talio 204,2	82 Pb Plomo 207,2	83 Bi Bismuto 208,9	84 Po Polonio (210)	85 At Astato (210)	86 Rn Radón (222)
87 Fr Francio (223)	88 Ra Radio (226)	89 Ac Actinio (227)	104 Rf Rutherfordio (265)	105 Db Dubnio (268)	106 Sg Seaborgio (271)	107 Bh Bohrio (270)	108 Hs Hassio (277)	109 Mt Meitnerio (276)	110 Ds Darmstadio (281)	111 Rg Roentgenio (280)	112 Cn Copernicio (285)	113 Nh Nihonium (284)	114 Fl Flerovio (289)	115 Mc Moscovium (288)	116 Lv Livermorio (293)	117 Ts Tenessine (294)	118 Og Oganesson (294)

		58 Ce Cerio 140,1	59 Pr Praseodimio 140,9	60 Nd Neodimio 144,2	61 Pm Prometio (147)	62 Sm Samario 150,3	63 Eu Europio 151,9	64 Gd Gadolinio 157,2	65 Tb Terbio 158,9	66 Dy Disprosio 162,5	67 Ho Holmio 164,9	68 Er Erbio 167,3	69 Tm Tulio 168,9	70 Yb Iterbio 173,0	71 Lu Lutecio 174,9
		90 Th Torio 232,0	91 Pa Protactinio (231)	92 U Uranio 238,0	93 Np Neptunio (237)	94 Pu Plutonio (242)	95 Am Americio (243)	96 Cm Curio (247)	97 Bk Berkelio (247)	98 Cf Californio (251)	99 Es Einstenio (254)	100 Fm Fermio (253)	101 Md<
Mendelevio (256)	102 No Nobelio (254)	103 Lr Laurencio (257)

Figura 1.2. Tabla periódica de los elementos que presenta el número atómico (valor superior izquierdo), el símbolo y nombre de cada elemento químico y el peso atómico. Como se puede observar, los elementos químicos están colocados en orden creciente de número atómico.

Así, el número atómico del carbono es 6, porque los átomos de carbono tienen seis protones en el núcleo, mientras que el número atómico del oxígeno es 8, porque los átomos de oxígeno tienen ocho protones en el núcleo. Por tanto, el número atómico es un número entero.

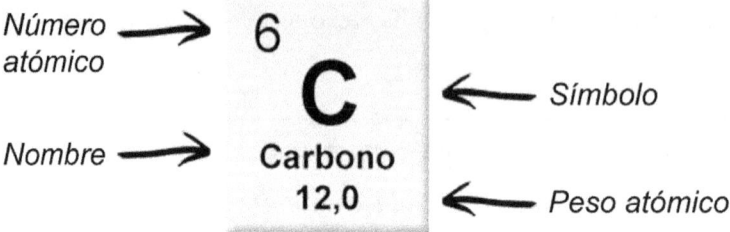

Figura 1.3. Información habitualmente presente en el símbolo de un elemento químico en la tabla periódica. En este caso vemos el carbono, en el cual se muestra: símbolo, nombre, número atómico (Z) y peso atómico.

1.3. Número másico e isótopos

En el núcleo de un átomo se encuentran, además de los protones (Z), los neutrones (N). La suma de ambos tipos de partículas subatómicas recibe el nombre de **número másico** y se representa con la letra A.

> *El **número másico** de un átomo (A) es la suma de los protones y los neutrones, es decir, $A = Z + N$.*

Es habitual representar el símbolo de un elemento químico indicando tanto el número atómico, Z, como el número másico, A, según:

$$^{A}_{Z}X$$

Por ejemplo, para el oxígeno escribiremos $^{16}_{8}O$ y para el nitrógeno $^{14}_{7}N$.

Aunque todos los átomos de un elemento químico tienen el mismo número atómico, no ocurre así con el número másico, que puede variar de un átomo a otro aunque sean del mismo elemento.

Vemos a continuación tres núcleos de ejemplo que representan átomos de carbono.

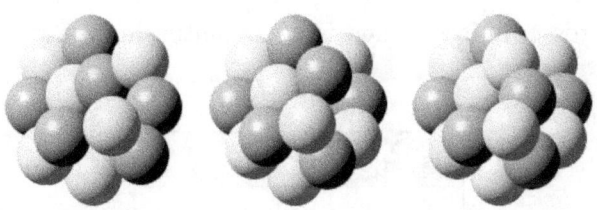

Figura 1.4. Núcleos atómicos de distintos isótopos del carbono, ^{12}C, ^{13}C y ^{14}C respectivamente. Todos ellos tienen 6 protones (gris) pero difieren en el número de neutrones (blanco). El carbono-12 tiene 6 neutrones, el carbono-13 tiene 7 neutrones y el carbono-14 tiene 8. Por tanto, los 3 isótopos tienen el mismo número atómico pero distinto número másico.

Cada uno de estos átomos se puede representar indicando el símbolo químico del elemento precedido únicamente del número másico como superíndice, omitiendo el número atómico, ^{A}X. Para el carbono: ^{12}C, ^{13}C y ^{14}C.

Como vemos en la figura, el primer átomo de carbono tiene un número másico A = 12 (6 protones y 6 neutrones), el segundo tiene un número másico A = 13 (6 protones y 7 neutrones), mientras que el tercero tiene un número másico A = 14 (6 protones y 8 neutrones). Los tres átomos de carbono difieren en su número másico; decimos que son isótopos.

> Los **isótopos** son átomos del mismo elemento químico con distinto número másico, es decir, distinto número de neutrones en el núcleo.

Veamos el número atómico, el número másico y el número de neutrones de los distintos isótopos del carbono, del nitrógeno y del oxígeno.

	$^{12}_{6}C$	$^{13}_{6}C$	$^{14}_{6}C$	$^{13}_{7}N$	$^{14}_{7}N$	$^{16}_{8}O$	$^{17}_{8}O$
Número atómico, Z	6	6	6	7	7	8	8
Número másico, A	12	13	14	13	14	16	17
Número neutrones, N	6	7	8	6	7	8	9

Tabla 1.1. Número atómico, número másico y número de neutrones de distintos isótopos del carbono, el nitrógeno y el oxígeno.

Todos los elementos químicos tienen isótopos naturalmente presentes en distinta proporción. Para el carbono:

Isótopo	Abundancia
^{12}C	98,9 %
^{13}C	1,1 %
^{14}C	Trazas

Tabla 1.2. Abundancia natural de los distintos isótopos del carbono. De cada 1000 átomos de carbono, en torno a 989 serán de ^{12}C y 11 de ^{13}C, aunque alguno de ellos puede ser de ^{14}C.

🔍 Para saber más

Mientras un animal está vivo, realizando sus funciones vitales, la proporción de los distintos isótopos de carbono que lo forman se mantiene estable. Cuando muere, deja de incorporar carbono procedente de la alimentación, y el ^{14}C, que es radiactivo, se sigue descomponiendo; esto hace que la relación de abundancia de los isótopos se modifique. Este hecho se utiliza en el laboratorio para datar fósiles de seres vivos de hasta 30.000 años de antigüedad, técnica que recibe el nombre de datación por carbono-14.

Ejemplo resuelto: Número atómico y número másico

A partir de los símbolos de los elementos químicos ($^{A}_{Z}X$) rellena la tabla con los valores correspondientes:

Símbolo	Número atómico (Z)	Número másico (A)	Número de neutrones (N)
$^{23}_{11}Na$	11	23	23 − 11 = 12
$^{26}_{12}Mg$	12	26	26 − 12 = 14
$^{48}_{22}Ti$	22	48	48 − 22 = 26
$^{31}_{15}P$	15	31	31 − 15 = 16
$^{81}_{35}Br$	35	81	81 − 35 = 46

1.4. Masa atómica y masa molecular

La masa del electrón ($9{,}11 \cdot 10^{-31}$ kg) es prácticamente despreciable frente a las masas del protón y del neutrón ($1{,}67 \cdot 10^{-27}$ kg en ambos casos), por lo que la mayor parte de la masa de un átomo se encuentra localizada en el núcleo atómico.

> *La **masa atómica** es la masa de un átomo expresada en unidades de masa atómica.*

¿Qué son las unidades de masa atómica? Son unidades de masa muy pequeñas, adaptadas a lo que estamos midiendo, que son átomos (y por tanto entidades minúsculas); no tiene mucho sentido medir en kilogramos partículas tan pequeñas. Para definir la unidad de masa atómica, uma, se toma como referencia el átomo de carbono-12.

> *La doceava parte de la masa de un átomo de carbono-12 recibe el nombre de **unidad de masa atómica** o **uma** (símbolo u).*

Así, las masas del protón, del neutrón y del electrón también se pueden expresar en umas, una unidad más adecuada que el kilogramo:

	Masa electrón	Masa protón	Masa neutrón
En kilogramos	$9{,}11 \cdot 10^{-31}$	$1{,}67 \cdot 10^{-27}$	$1{,}67 \cdot 10^{-27}$
En umas	0	1	1

Previamente definimos el **número másico** como un número entero que indica la suma de los protones y los neutrones de un átomo. Este número coincidirá con la masa atómica, ya que, como vemos en la tabla anterior, la masa de los protones y los neutrones es de 1 uma y la de los electrones es despreciable. Por ejemplo:

	^{12}C	^{13}C	^{14}C	^{13}N	^{14}N	^{16}O	^{17}O
Número másico, A	12	13	14	13	14	16	17
Masa atómica (u)	12	13	14	13	14	16	17

> La **masa atómica** hace referencia a la masa de un único átomo.

Por ejemplo, la masa atómica de un átomo de ^{12}C es de 12 umas y la masa atómica de un átomo de ^{13}C es de 13 umas.

Del mismo modo, si en lugar de un átomo consideramos una molécula, hablaremos de masa molecular y se calculará sumando las masas atómicas de los distintos átomos que la forman.

> La **masa molecular** es la masa de una única molécula, y se calcula sumando la masa atómica de todos los átomos que la forman.

Por ejemplo:

Masa molecular de una molécula de agua, H_2O:

$$2 \cdot (\text{masa atómica H}) + 1 \cdot (\text{masa atómica O}) = 2 \cdot 1 + 1 \cdot 16 = 18 \text{ umas}$$

Masa molecular de una molécula de NH_3:

$$3 \cdot (\text{masa atómica H}) + 1 \cdot (\text{masa atómica N}) = 3 \cdot 1 + 14 = 17 \text{ umas}$$

🔍 Para saber más

> *Cuando un compuesto es iónico (apartado 3.2), no es adecuado hablar de masa molecular, porque dicho compuesto no está formado por moléculas, sino por una red cristalina formada por una gran cantidad de iones. En estos casos es más adecuado hablar únicamente de la unidad fórmula, que nos indica la proporción de los elementos en el compuesto. Por ejemplo, la unidad fórmula del cloruro de sodio es NaCl y nos indica que por cada catión sodio tenemos un anión cloruro.*

Aunque la masa atómica, tal y como la hemos definido, es un número entero, en el símbolo de cada elemento químico que vemos en la tabla periódica, el número inferior es un número no entero y recibe el nombre de **masa atómica relativa** o **peso atómico**. El motivo por el que la masa atómica relativa de un elemento químico indicada en la tabla periódica es un número decimal, es porque no se trata de la masa de un único átomo de dicho elemento, sino de una ponderación de la masa de los distintos isótopos del mismo.

> La **masa atómica relativa** o **peso atómico** no hace referencia a la masa de un único átomo, sino que es un valor ponderado de los distintos isótopos del elemento.

Ejemplo resuelto: Masa atómica relativa

Existen 2 isótopos estables del cloro presentes en la naturaleza en distinta proporción:

Isótopo	Abundancia
^{35}Cl	75,77 %
^{37}Cl	24,23 %

Tabla. Los dos isótopos estables del cloro no tienen la misma abundancia natural. El ^{35}Cl se halla en un 75,77 % (de cada 10.000 átomos de cloro, 7.577 serán ^{35}Cl) mientras que el ^{37}Cl se halla en un 24,23 % (2.423 átomos de cada 10.000).

La masa de un único átomo de ^{35}Cl será de 35 u y la masa de un único átomo de ^{37}Cl será de 37 u. Sin embargo, si consideramos la media ponderada de la masa de todos los átomos de cloro presentes en la naturaleza (habrá de ambos tipos), su masa atómica relativa será:

$$Masa\ atómica\ relativa\ Cl = 35 \cdot \frac{75,77}{100} + 37 \cdot \frac{24,23}{100} = 35,5\ u$$

Este valor, 35,5 u, es el peso atómico o la masa atómica relativa que hallamos en la tabla periódica para el cloro.

En la práctica, cuando realizamos cálculos químicos, tomamos este valor no entero, el de la tabla periódica, porque no es posible trabajar con un único átomo, sino que cuando analizamos una muestra tomamos millones de ellos. Por este motivo, la masa atómica relativa es el valor más aproximado.

1.5. Concepto de mol y número de Avogadro. Masa molar.

El mol es un concepto fundamental en química y haremos referencia a él muy a menudo a lo largo del texto.

> *El **mol** es la unidad utilizada en química para medir la **cantidad de sustancia**, y tiene como símbolo* mol. *Un mol contiene $6{,}022 \cdot 10^{23}$ partículas, valor que recibe el nombre de **número de Avogadro (N_A)** por ser este químico quien lo determinó.*

Un mol de distintas sustancias tendrá el mismo número de partículas, pero no la misma masa, del mismo modo que el peso total de una docena de objetos depende de qué objetos estemos considerando.

Reflexiona

> ¿Qué pesa más, una docena de pulgas o una docena de elefantes?
>
> ¿Qué pesa más, un mol de átomos de hidrógeno, H, o un mol de moléculas de agua, H_2O?

Así, no tendrá la misma masa un mol de átomos de litio ($6{,}022 \cdot 10^{23}$ átomos de litio, que son pequeños y ligeros) que un mol de átomos de cesio ($6{,}022 \cdot 10^{23}$ átomos de cesio, que son grandes y pesados). A la masa de un mol de sustancia se la denomina masa molar.

> *La **masa de un mol de sustancia** o **masa molar** (M) equivale a la masa de dicha sustancia en umas pero expresada en gramos. Sus unidades son gramos por mol (g/mol).*

Por ejemplo, la masa de un átomo de helio es de 4 umas, por lo que un mol de átomos de helio tiene una masa de 4 gramos.

Veamos otros ejemplos de la relación existente entre la masa en umas y la masa molar.

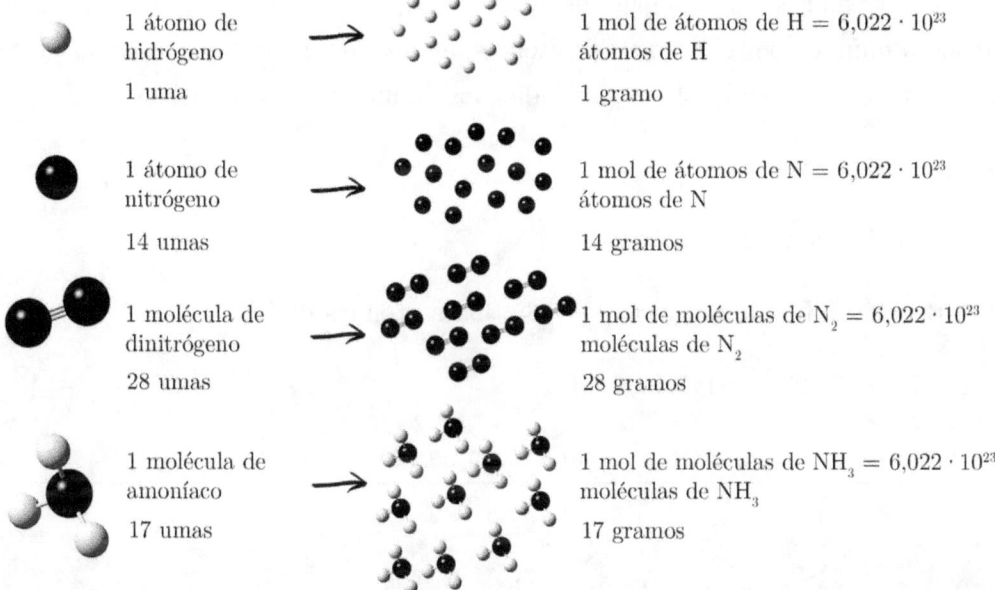

Figura 1.5. Un mol de átomos de hidrógeno tiene una masa molar de 1 gramo, un mol de átomos de nitrógeno, 14 gramos, un mol de moléculas de dinitrógeno, N_2, de 28 gramos, y un mol de moléculas de amoníaco, NH_3, de 17 gramos.

En la práctica, calculamos la masa molar de una sustancia utilizando las masas atómicas de la tabla periódica tal y como detallamos a continuación.

Procedimiento práctico 1.1: Cómo determinar la masa molar de una sustancia utilizando las masas atómicas de la tabla periódica

Para determinar la masa molar (M) de una sustancia debemos sumar los pesos atómicos o masas atómicas relativas de todos los átomos que la forman. Recuerda que estas masas atómicas relativas son las que hallamos en la tabla periódica y que pueden ser valores no enteros, aunque es frecuente expresarlas únicamente como «masas atómicas», si bien no debemos confundirlas con las masas referidas a un único átomo.

Supongamos que tenemos una sustancia formada por moléculas de fórmula A_2B_3, es decir, cada molécula tendrá 2 átomos de A y 3 átomos de B.

Para determinar la masa molar debemos multiplicar la masa atómica de cada elemento químico por el número de átomos que hay del mismo en la sustancia. Si los pesos atómicos de A y B son los indicados, la masa molar de A_2B_3 será:

Masa atómica de A: 37,8

Masa atómica de B: 23,3

$M(A_2B_3) = 2 \cdot$ (masa atómica de A) $+ 3 \cdot$ (masa atómica de B)

$= 2 \cdot 37,8 + 3 \cdot 23,3 = 145,5$ g/mol.

Un mol de la sustancia A_2B_3 tiene una masa de 145,5 gramos.

Ejemplo resuelto: Masas molares

Determina la masa molar de las siguientes sustancias:

Na, NaCl, Cl_2, H_2SO_4, HCl, SO_3, NO_2, H_3PO_4, $NaNO_3$

Masas atómicas: Na: 22,9; Cl: 35,5; S: 32; H: 1; O: 16; N: 14; P: 31

Para determinar la masa molar de cada sustancia debemos multiplicar la masa atómica de cada elemento químico por el número de átomos que hay del mismo en la unidad fórmula. Después se deben sumar. Así:

$M(Na) = 1 \cdot 22,9 = 22,9$ g/mol

$M(NaCl) = 1 \cdot 22,9 + 1 \cdot 35,5 = 58,4$ g/mol

$M(Cl_2) = 2 \cdot 35,5 = 71$ g/mol

$M(H_2SO_4) = 2 \cdot 1 + 1 \cdot 32 + 4 \cdot 16 = 98$ g/mol

$M(HCl) = 1 \cdot 1 + 1 \cdot 35,5 = 36,5$ g/mol

$M(SO_3) = 1 \cdot 32 + 3 \cdot 16 = 80$ g/mol

$M(NO_2) = 1 \cdot 14 + 2 \cdot 16 = 46$ g/mol

$M(H_3PO_4) = 3 \cdot 1 + 1 \cdot 31 + 4 \cdot 16 = 98$ g/mol

$M(NaNO_3) = 1 \cdot 22,9 + 1 \cdot 14 + 3 \cdot 16 = 84,9$ g/mol

Procedimiento práctico 1.2: Cómo pasar de moles a moléculas y a átomos

Para determinar cuántas moléculas o átomos de una sustancia hay en una cierta cantidad de moles utilizaremos factores de conversión. Además, debemos recordar el número de Avogadro, N_A ($6{,}022 \cdot 10^{23}$), que es la cantidad de partículas que forman un mol.

Supongamos que tenemos 3,2 moles de la sustancia A_2B_3, y queremos determinar el número de moléculas que contendrán. Procederemos del siguiente modo:

$$3{,}2 \; mol \; A_2B_3 \cdot \frac{6{,}022 \cdot 10^{23} \, moléc. \; A_2B_3}{1 \; mol \; A_2B_3} = 1{,}927 \cdot 10^{24} \; moléculas \; de \; A_2B_3$$

También podemos determinar el número de átomos de A o de B, teniendo en cuenta que cada molécula de A_2B_3 tiene 2 átomos de A y 3 átomos de B.

Átomos de A:

$$3{,}2 \; mol \; A_2B_3 \cdot \frac{6{,}022 \cdot 10^{23} \, moléc. \; A_2B_3}{1 \; mol \; A_2B_3} \cdot \frac{2 \; át. \; A}{1 \; moléc. \; A_2B_3} = 3{,}85 \cdot 10^{24} \; átomos \; de \; A$$

Átomos de B:

$$3{,}2 \; mol \; A_2B_3 \cdot \frac{6{,}022 \cdot 10^{23} \, moléc. \; A_2B_3}{1 \; mol \; A_2B_3} \cdot \frac{3 \; át. \; B}{1 \; moléc. \; A_2B_3} = 5{,}78 \cdot 10^{24} \; átomos \; de \; B$$

Asimismo, también es de gran importancia en la realización de cálculos químicos saber cómo pasar de gramos de una sustancia a moles y viceversa, lo cual detallamos en el procedimiento siguiente.

Procedimiento práctico 1.3: Cómo pasar de gramos a moles y viceversa

Para pasar los gramos de una sustancia a moles y viceversa, siempre debemos hacer uso de la masa molar del compuesto.

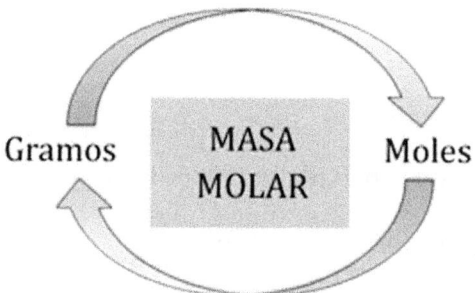

Las unidades de la masa molar de una sustancia son g/mol. Si la masa molar de un compuesto es x g/mol, se puede utilizar como factor de conversión de dos formas distintas, según el caso:

Para pasar de moles a gramos:

$$\frac{x\ gramos}{1\ mol}$$

Para pasar de gramos a moles:

$$\frac{1\ mol}{x\ gramos}$$

Veamos dos ejemplos resueltos:

Ejemplo resuelto: Pasar de gramos a moles

¿Cuántos moles son 100 gramos de cloruro de hidrógeno, HCl?

En primer lugar debemos determinar la masa molar del HCl a partir de las masas atómicas relativas de H (1) y Cl (35,5), ya que para pasar de gramos a moles siempre haremos uso de ella.

M(HCl) = 1 + 35,5 = 36,5 g/mol

Seguidamente aplicamos el factor de conversión:

$$100 \; g \; HCl \cdot \frac{1 \; mol \; HCl}{36,5 \; g \; HCl} = 2,74 \; mol \; HCl$$

Ejemplo resuelto: Pasar de moles a gramos

¿Cuántos gramos son 5,3 moles de ácido sulfúrico, H_2SO_4?

Como en el caso anterior, el primer paso debe ser determinar la masa molar del H_2SO_4 a partir de las masas atómicas de H (1), S (32) y O (16):

M(H_2SO_4) = 2 · 1 + 32 + 4 · 16 = 98 g/mol

Y aplicamos el factor de conversión:

$$5,3 \; mol \; H_2SO_4 \cdot \frac{98 \; g \; H_2SO_4}{1 \; mol \; H_2SO_4} = 519,4 \; g \; H_2SO_4$$

1.6. Gases ideales: leyes y ecuaciones de estado. Volumen molar.

Para el estudio de las sustancias que se encuentran en estado gaseoso, como el aire o el dióxido de carbono, se deben tener en cuenta tres variables de estado: la temperatura, la presión y el volumen.

> *Las **unidades de temperatura** en el SI* son los kelvin (K), aunque también se mide en grados centígrados (°C).*
>
> $$T(K) = T(°C) + 273$$
>
> *Las **unidades de presión** en el SI son los pascales (Pa), aunque también se mide en atmósferas (atm) y en milímetros de mercurio (mm Hg)*
>
> $$1{,}013 \cdot 10^5 \text{ Pa} = 1 \text{ atm} = 760 \text{ mm Hg}$$
>
> *Las **unidades de volumen** en el SI son los metros cúbicos (m^3), aunque también se mide en litros (L).*
>
> $$1 \text{ m}^3 = 1000 \text{ L}$$

*SI: Sistema Internacional de unidades

Algunos gases reciben el nombre de gases ideales. Los gases ideales son aquellos que cumplen las leyes de Boyle-Mariotte, Gay-Lussac y Charles, las cuales explicamos a continuación. Son gases ideales, por ejemplo, el dihidrógeno (H_2), el oxígeno (O_2) o el dióxido de carbono (CO_2).

1.6.1. Ley de Boyle-Mariotte

Robert Boyle y Edmé Mariotte estudiaron, a lo largo del siglo XVII, cómo varía la presión de un gas al modificar el volumen, manteniendo constante la temperatura. De esta forma descubrieron que la presión y el volumen son magnitudes inversamente proporcionales; el producto $P \cdot V$ permanece constante a una misma temperatura.

*La **ley de Boyle-Mariotte** establece que, cuando un gas experimenta una transformación a temperatura constante, el producto de la presión ejercida por el volumen ocupado permanece constante, es decir:*

$$P \cdot V = \text{cte.}$$

$$P_1 \cdot V_1 = P_2 \cdot V_2$$

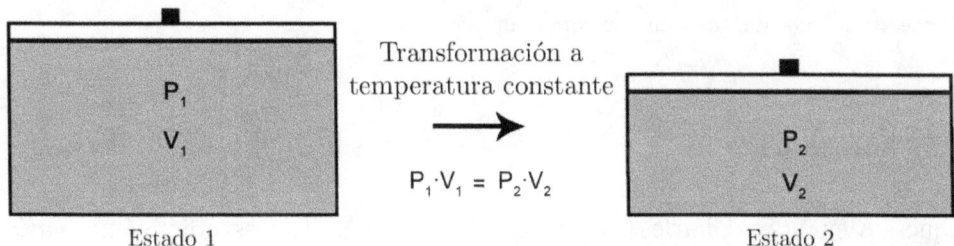

Figura 1.6. Si tenemos un gas en un émbolo en un estado 1, y la temperatura permanece constante cuando pasa a un estado 2, la presión y el volumen son inversamente proporcionales, es decir, si la presión aumenta disminuye el volumen y viceversa.

1.6.2. Ley de Gay-Lussac

Joseph Louis Gay-Lussac, a comienzos del siglo XIX, estudió cómo varía la presión de un gas al modificar su temperatura, manteniendo constante el volumen. De esta forma observó que la presión y la temperatura son magnitudes directamente proporcionales; el cociente P/T permanece constante para un mismo volumen.

*La **ley de Gay-Lussac** establece que, cuando un gas experimenta una transformación a volumen constante, el cociente de la presión ejercida por la temperatura del gas permanece constante, es decir:*

$$\frac{P}{T} = \text{cte.}$$

$$\frac{P_1}{T_1} = \frac{P_2}{T_2}$$

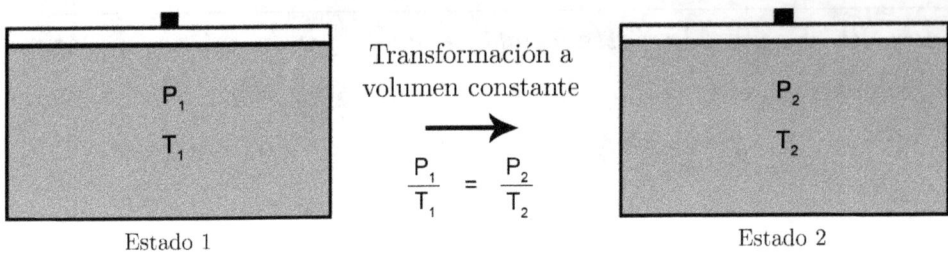

Figura 1.7. Si tenemos un gas en un émbolo en un estado 1, y el volumen permanece constante cuando pasa a un estado 2, la presión y la temperatura son directamente proporcionales, es decir, si la temperatura aumenta, también aumenta la presión.

1.6.3. Ley de Charles

Jacques Alexandre Charles, a finales del siglo XVIII, estudió cómo varía el volumen de un gas al modificar la temperatura, manteniendo constante la presión. Observó que el volumen y la temperatura son magnitudes directamente proporcionales; el cociente V/T permanece constante para una misma presión.

*La **ley de Charles** establece que, cuando un gas experimenta una transformación a presión constante, el cociente del volumen que ocupa por la temperatura del gas permanece constante, es decir:*

$$\frac{V}{T} = \text{cte.}$$

$$\frac{V_1}{T_1} = \frac{V_2}{T_2}$$

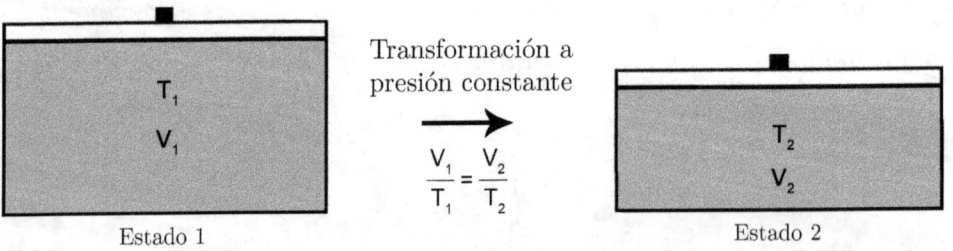

Figura 1.8. Si tenemos un gas en un émbolo en un estado 1, y la presión permanece constante cuando pasa a un estado 2, el volumen y la temperatura son directamente proporcionales, es decir, si la temperatura aumenta, también aumentará el volumen.

Figura 1.9. El funcionamiento de un globo aerostático es posible gracias al comportamiento de los gases. El aire caliente, al ser menos denso que el aire frío (ocupa mayor volumen), hace que el globo se eleve. Fotografía de Gabriel Balderas en Flickr, licencia CC- By
https://flic.kr/p/hE6ZcT

Recuerda

En las leyes de los gases, la temperatura debe usarse en kelvin, mientras que la presión y el volumen se pueden expresar en la unidad que deseemos, siempre y cuando usemos la misma para los dos estados considerados.

1.6.4. Ecuación de los gases ideales

Aunque no es el objetivo de este texto deducir la ecuación general de los gases ideales, cabe indicar que por combinación de las tres leyes anteriores, la ley de Boyle-Mariotte, la ley de Gay-Lussac y la ley de Charles, se puede encontrar una relación entre la presión, el volumen y la temperatura de un gas en un estado 1 con la presión, el volumen y la temperatura del mismo en un estado 2. Esta relación entre las tres variables se denomina ecuación general de los gases ideales:

$$\frac{P_1 \cdot V_1}{T_1} = \frac{P_2 \cdot V_2}{T_2}$$

De esta ecuación general podemos deducir que, para cualquier estado en el que se encuentre un gas, la expresión P · V/T será constante. En efecto se comprueba que, para 1 mol de gas, esta expresión es igual a un valor que se representa como R y recibe el nombre de constante de los gases ideales.

$$\frac{P \cdot V}{T} = R$$

El valor de R depende de las unidades empleadas. Así:

$$R = 0{,}082 \text{ atm} \cdot L \cdot mol^{-1} \cdot K^{-1} = 8{,}31 \text{ J} \cdot mol^{-1} \cdot K^{-1}$$

Si en lugar de un mol de gas tenemos n moles, entonces:

$$\frac{P \cdot V}{T} = n \cdot R$$

Que se puede despejar para dar la ecuación de estado de los gases ideales, más frecuentemente utilizada en los cálculos que la ecuación general.

La ecuación de estado de los gases ideales es:

$$P \cdot V = n \cdot R \cdot T$$

Si utilizamos $R = 0{,}082$ atm · L · mol^{-1} · K^{-1}, la presión debe venir dada en atmósferas, el volumen en litros y la temperatura en kelvin.

Ejemplo resuelto: Ecuación de los gases ideales

En un recipiente de 50 litros se tienen 3 moles de un gas. Si la presión en el interior del recipiente es de 1400 milímetros de mercurio, ¿a qué temperatura se encuentra dicho gas?

Para realizar este ejercicio debemos hacer uso de la ecuación de estado de los gases ideales, es decir:

$$P \cdot V = n \cdot R \cdot T$$

No obstante, debemos recordar que, si utilizamos la constante de los gases como $R = 0{,}082$ atm·L·K^{-1}·mol^{-1}, la presión debe venir dada en atmósferas y en el enunciado viene dada en milímetros de mercurio. Esto implica que debemos hacer la conversión de unidades oportuna antes de aplicar la ecuación:

$$1400 \; mm \; de \; Hg \cdot \frac{1 \; atm}{760 \; mm \; de \; Hg} = 1{,}842 \; atm$$

Y aplicando la ecuación de estado:

$$1{,}842 \cdot 50 = 3 \cdot 0{,}082 \cdot T$$

$$T = \frac{1{,}842 \cdot 50}{3 \cdot 0{,}082} = 374 \; K$$

Con la ecuación de los gases ideales se puede comprobar que 1 mol de cualquier gas en condiciones normales, a una presión de 1 atmósfera y 273 K (0 °C) ocupa un volumen de 22,4 L. A este valor se le denomina **volumen molar normal** de un gas.

*El **volumen molar** de un gas es el volumen que ocupa 1 mol del mismo en unas determinadas condiciones de presión y temperatura. Si las condiciones son normales (1 atm y 273 K) el volumen molar del gas es 22,4 L y se denomina **volumen molar normal**.*

Recuerda

Debemos distinguir entre condiciones normales y condiciones estándar.

Condiciones normales: 1 atmósfera y 273 K (0 °C).

Condiciones estándar: 1 atmósfera y 298 K (25 °C)

Ejemplo resuelto: Volumen molar de un gas

Se dispone de un recipiente que contiene 20 moles de un gas en condiciones normales de presión y temperatura. ¿Qué volumen ocupará dicho gas?

Puesto que el gas se halla en condiciones normales, cada mol del mismo ocupará un volumen de 22,4 L. Así, no es necesario aplicar la ecuación de los gases ideales sino únicamente el siguiente factor de conversión:

$$20 \, mol \cdot \frac{22{,}4 \, L}{1 \, mol} = 448 \, L$$

2. Propiedades atómicas

2.1. La estructura electrónica de los átomos

En un átomo, los electrones giran alrededor del núcleo a gran distancia, formando la **corteza atómica**. No giran en órbitas definidas como lo hace, por ejemplo, la Tierra en torno al Sol, sino en orbitales.

> Los **orbitales** son regiones tridimensionales del espacio en las que la probabilidad de encontrar al electrón es máxima.

La corteza atómica se estructura en distintos niveles de energía; cada uno de ellos es designado por un valor entero denominado **número cuántico principal**, n. Al primer nivel le corresponderá un valor de n = 1, al segundo nivel n = 2, etc. A su vez, cada nivel se divide en subniveles, es decir, en distintos tipos de orbitales atómicos. Estos distintos tipos de orbitales varían en su forma y en su energía y pueden ser de cuatro tipos: orbitales s, orbitales p, orbitales d y orbitales f.

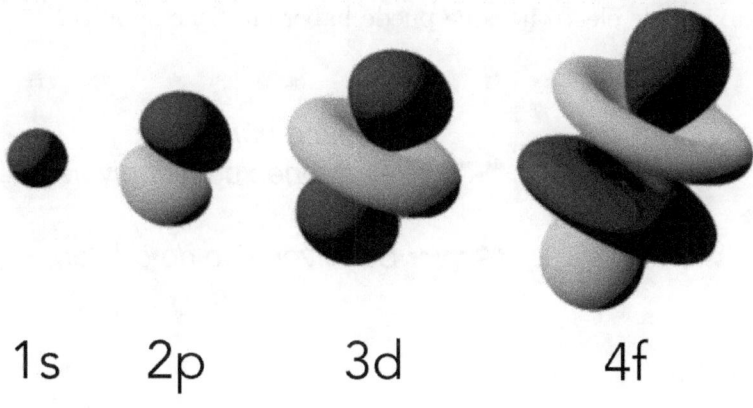

Figura 2.1. Los orbitales de tipo s tienen forma esférica, mientras que los orbitales tipo p, d o f tienen formas más complejas.

A medida que subimos de nivel en el átomo, los orbitales tienen una mayor energía, de modo que el nivel n = 1 es el menos energético. Dentro de un mismo nivel, el orden de energía creciente de los orbitales es s < p < d < f, es decir, los orbitales s son los menos energéticos y los orbitales f los más energéticos. Dado que el orden de energía de los distintos orbitales de la corteza atómica es de gran importancia para poder determinar la estructura electrónica, se utiliza un diagrama denominado diagrama de Moeller, que nos indica el orden de energía de los orbitales de menor a mayor:

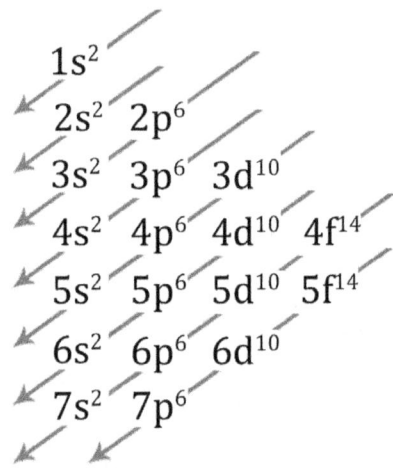

Figura 2.2. La regla de las diagonales o diagrama de Moeller nos indica el orden de llenado de los orbitales atómicos. Para determinar la configuración electrónica de un elemento químico debemos seguir las flechas del diagrama: $1s^2\ 2s^2\ 2p^6\ 3s^2\ 3p^6\ 4s^2\ 3d^{10}\ 4p^6\ 5s^2$ etc.

Los electrones de un átomo van ocupando los distintos orbitales en orden creciente de energía según lo dispuesto en el diagrama. Los superíndices hacen referencia al número máximo de electrones que puede haber en dicho subnivel.

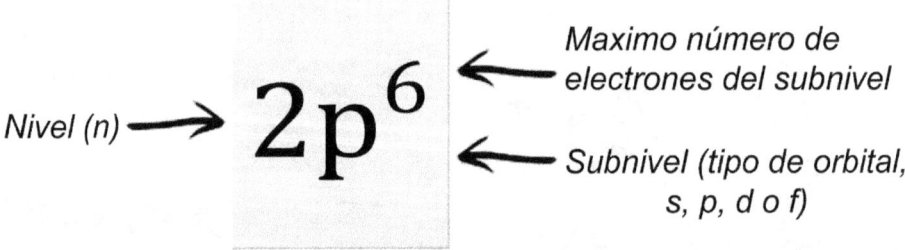

Figura 2.3. Significado de la notación utilizada en el diagrama de Moeller.

Como los superíndices indicados en dicho diagrama hacen referencia al número máximo de electrones en cada subnivel, al ser un número máximo, el valor real en la configuración electrónica de un elemento químico puede ser inferior.

Así, en un subnivel s podemos tener un máximo de 2 electrones, mientras que en un subnivel p podemos tener hasta 6 electrones, 10 en un subnivel d y 14 en un subnivel f. El motivo es que los subniveles p consisten, a su vez, en 3 orbitales p con distinta orientación, denominados p_x, p_y y p_z (según estén orientados sobre el eje de coordenadas x, el y o el z).

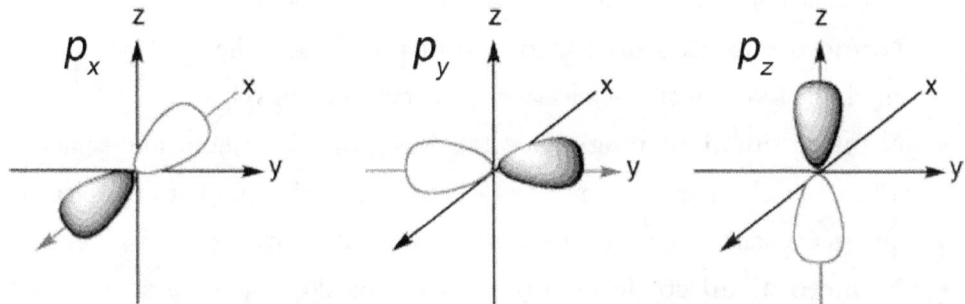

Figura 2.4. Forma de los 3 orbitales p. Cada uno de ellos se encuentra orientado en uno de los ejes de coordenadas y en base a ello se denominan p_x, p_y y p_z.

Los orbitales d son 5 distintos, mientras que los orbitales f son 7, de ahí que podamos tener 10 electrones en un subnivel d y 14 en un subnivel f (2 electrones por orbital). Omitiremos las formas de dichos orbitales porque su complejidad excede los objetivos de este texto.

> *En todos los orbitales, independientemente de su tipo, se pueden emplazar un máximo de 2 electrones.*

2.1.1. Números cuánticos

Todo electrón de un átomo se puede identificar mediante 4 números que se denominan **números cuánticos**. Dichos números son únicos para cada electrón, es decir, no puede haber dos electrones del mismo átomo que tengan los mismos números cuánticos, tal y como establece el principio de exclusión de Pauli.

> El **principio de exclusión de Pauli** nos indica que no puede haber dos electrones de un mismo átomo con todos sus números cuánticos iguales.

Los números cuánticos son los siguientes:

- **Número cuántico principal**, n. Ya lo hemos comentado previamente; nos indica en qué nivel atómico se encuentra el electrón.
- **Número cuántico orbital o azimutal**, l. Nos indica el tipo de orbital en el que se encuentra el electrón, es decir, el subnivel: s, p, d o f.
- **Número cuántico magnético**, m. Nos indica la orientación espacial del orbital en el que se encuentra el electrón, por ejemplo para los electrones que se encuentren en un orbital p, nos indicará si es el p_x, el p_y o el p_z.
- **Número cuántico de espín**, s. Solo toma dos valores posibles, $+1/2$ y $-1/2$.

n	l	m	Orbital
1	0	0	1s
2	0	0	2s
	1	-1	$2p_x$
		0	$2p_y$
		1	$2p_z$
3	0	0	3s
	1	-1	$3p_x$
		0	$3p_y$
		1	$3p_z$
	2	-2	$3d_{x^2-y^2}$
		-1	$3d_{xy}$
		0	$3d_{z^2}$
		1	$3d_{yz}$
		2	$3d_{xz}$

Tabla 2.1. Números cuánticos principal, orbital y magnético de los orbitales de los 3 primeros niveles de energía.

Ejemplo resuelto: Números cuánticos

Indicar los cuatro números cuánticos (n, l, m, s) de un electrón situado en los orbitales siguientes: $2p_x$, 3_s y $3p_z$.

- Para un electrón en el orbital $2p_x$, los números cuánticos serán (2, 1, -1, -1/2), o también con el número cuántico de espín positivo, (2, 1, -1, +1/2).

- Para un electrón en el orbital 3s, (3, 0, 0, 1/2) o (3, 0, 0, -1/2).

- Para un electrón en un orbital $3p_z$, (3, 1, 1, 1/2) o (3, 1, 1, -1/2).

2.1.2. Configuración electrónica de los elementos químicos

Llamamos **configuración electrónica** o **estructura electrónica** de un átomo, al modo en el que los electrones que forman la corteza atómica se distribuyen en los distintos orbitales. Puesto que el número de electrones de un átomo neutro es igual al número de protones, y que el número de protones es específico de cada elemento químico, todos los elementos tendrán una configuración electrónica propia que los caracteriza. Para determinarla debemos seguir tres reglas fundamentales:

1. **Los orbitales se llenan de menor a mayor energía**. El orden energético de los distintos orbitales viene dado en el diagrama de Moeller, visto en el apartado previo.
2. **En cada orbital solo puede haber 2 electrones**. Los números cuánticos *n*, *l* y *m* de estos dos electrones coincidirán, mientras que se diferenciarán en su número cuántico de espín, *s*; uno tendrá un valor de 1/2 y otro de -1/2. Cuando los electrones ocupan el mismo orbital se dice que están apareados o que tienen espines antiparalelos.
3. En el llenado de los orbitales degenerados (orbitales que tienen la misma energía, como los tres orbitales p de un mismo nivel) los electrones se mantienen desapareados, si es posible. Esto se conoce como **principio de máxima multiplicidad de Hund**.

Por ejemplo, la configuración electrónica del nitrógeno, cuyo número atómico es 7, será:

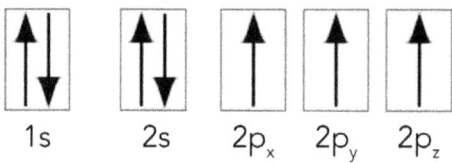

Y no esta otra:

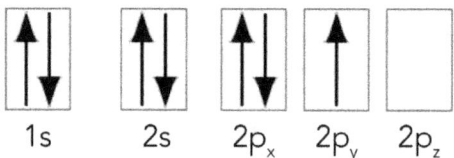

Esta última es incorrecta porque no cumple el principio de máxima multiplicidad de Hund, ya que se han escrito dos electrones apareados habiendo un orbital 2p vacío.

Cuando escribimos la configuración electrónica de un átomo, la suma de los superíndices de cada subnivel debe ser igual al número atómico del elemento, es decir, corresponde al número de electrones.

Ejemplo resuelto: Configuración electrónica

Determinar la configuración electrónica de los elementos químicos siguientes: carbono ($Z = 6$), oxígeno ($Z = 8$), neón ($Z = 10$), sodio ($Z = 11$), magnesio ($Z = 12$), fósforo ($Z = 15$), cloro ($Z = 17$) y calcio ($Z = 20$).

Para escribir la configuración electrónica de un elemento químico haremos uso del diagrama de Moeller. Así, las configuraciones electrónicas de los átomos indicados serán:

Carbono, $_6$C: $1s^2\ 2s^2\ 2p^2$

Oxígeno, $_8$O: $1s^2\ 2s^2\ 2p^4$

Neón, $_{10}$Ne: $1s^2\ 2s^2\ 2p^6$

Sodio, $_{11}$Na: $1s^2\ 2s^2\ 2p^6\ 3s^1$

Magnesio, $_{12}$Mg: $1s^2\ 2s^2\ 2p^6\ 3s^2$

Fósforo, $_{15}$P: $1s^2\ 2s^2\ 2p^6\ 3s^2\ 3p^3$

Cloro, $_{17}$Cl: $1s^2\ 2s^2\ 2p^6\ 3s^2\ 3p^5$

Calcio, $_{20}$Ca: $1s^2\ 2s^2\ 2p^6\ 3s^2\ 3p^6\ 4s^2$

Determinar la configuración electrónica de los elementos químicos es de gran importancia para sentar las bases de otros temas de química fundamental, puesto que de ella dependen las propiedades químicas de los mismos. En concreto, dichas propiedades dependen esencialmente de la configuración electrónica de la última capa, es decir, de cuántos electrones tiene el elemento en su nivel más externo.

*La **configuración electrónica de la última capa** de un elemento químico (también llamada **capa de valencia**) determina sus propiedades químicas.*

Por ejemplo, las capas de valencia del oxígeno, el magnesio o el cloro (ver configuraciones electrónicas completas en el ejercicio resuelto) tienen la configuración:

Oxígeno: $2s^2\ 2p^4$, 6 electrones de valencia

Magnesio: $3s^2$, 2 electrones de valencia

Cloro: $3s^2\ 3p^5$, 7 electrones de valencia

Asimismo, es importante destacar que, si debemos escribir la configuración electrónica de un ion, habrá que tener en cuenta el número de cargas para determinar los electrones totales.

*Un **ion** es una especie química con carga eléctrica. Si la carga eléctrica es negativa, se llama **anión** y tiene un exceso de electrones. Si la carga eléctrica es positiva, se llama **catión** y tiene un defecto de electrones.*

Para saber el número de electrones de un anión, debemos sumar al número atómico del elemento el número de cargas eléctricas negativas y, con este valor, escribir la configuración electrónica. Por ejemplo:

Anión	Número atómico elemento	Número de electrones anión	Configuración electrónica
F^-	9	9 + 1 = 10	$1s^2\ 2s^2\ 2p^6$
O^{2-}	8	8 + 2 = 10	$1s^2\ 2s^2\ 2p^6$
N^{3-}	7	7 + 3 = 10	$1s^2\ 2s^2\ 2p^6$

Tabla 2.2. Forma de calcular el número de electrones y configuración electrónica de algunos aniones sencillos de átomos del segundo período, como F^-, O^{2-} y N^{3-}.

Como vemos, a diferencia de lo que ocurre con los átomos neutros, la configuración electrónica de distintos iones puede coincidir, como es el caso de F^-, O^{2-} y N^{3-}. En este caso decimos que tenemos **iones isoelectrónicos** (mismo número de electrones).

En el caso de los cationes, para saber su número de electrones, debemos restar al número atómico del elemento el número de cargas eléctricas positivas y, con este valor, escribir la configuración electrónica. Por ejemplo:

Catión	Número atómico elemento	Número de electrones catión	Configuración electrónica
Na^+	11	11 − 1 = 10	$1s^2\ 2s^2\ 2p^6$
Mg^{2+}	12	12 − 2 = 10	$1s^2\ 2s^2\ 2p^6$
Al^{3+}	13	13 − 3 = 10	$1s^2\ 2s^2\ 2p^6$

Tabla 2.3. Forma de calcular el número de electrones y configuración electrónica de algunos cationes sencillos de átomos del tercer período, como Na^+, Mg^{2+} y Al^{3+}.

También estos tres cationes son isoelectrónicos entre sí y con los aniones indicados anteriormente. Todos ellos presentan una configuración electrónica muy estable, la del gas noble neón.

Como hemos indicado en las normas de llenado de los orbitales, cuando escribimos la configuración electrónica de un elemento químico utilizando el diagrama de Moeller, todos los electrones se hallan ocupando los orbitales en orden creciente de energía, es decir, cada nuevo electrón siempre estará colocado en el primer orbital vacío menos energético. A esta configuración se la denomina **estado fundamental** de un átomo.

El estado fundamental se puede modificar mediante un aporte energético externo (por ejemplo, una luz de la longitud de onda adecuada) y hacer que un electrón *salte* del orbital en el que se encuentra a un orbital superior más energético. A este otro estado se le denomina **estado excitado**, y es un estado de más energía que el fundamental y, por tanto, menos estable.

> *El **estado excitado** de un átomo es un estado metaestable con más energía que el estado fundamental. Su duración es limitada: la tendencia de dicho estado es decaer nuevamente al estado fundamental inicial.*

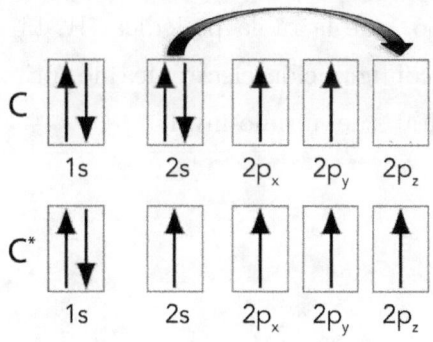

Figura 2.5. Configuración electrónica fundamental y configuración electrónica excitada del átomo de carbono. Uno de los electrones que se hallaba en el orbital 2s en el estado fundamental ha promocionado al orbital $2p_z$ vacío. El estado excitado es más energético y se representa con un asterisco junto al símbolo del elemento, C*.

2.2. Clasificación periódica de los elementos

La tabla periódica actual se basa en la ordenación de los elementos químicos en orden creciente de número atómico, ya que, como hemos indicado previamente, las propiedades químicas, y muchas propiedades físicas, dependen de la configuración electrónica de la última capa de los átomos.

Como vemos, la tabla periódica se divide en filas y en columnas:

> Las **filas** de la tabla periódica reciben el nombre de **períodos**.
>
> Las **columnas** de la tabla periódica reciben el nombre de **grupos**.

Las filas reciben el nombre de períodos, y en ellos cada elemento tiene un número atómico que es una unidad mayor que el de su izquierda. Dentro de un mismo período los elementos químicos tiene propiedades muy diversas, pasando desde elementos de marcado carácter metálico (grupo 1) hasta elementos de marcado carácter no metálico (grupo 17) y a los gases nobles (grupo 18).

En cambio, en un mismo grupo, todos los átomos tienen las misma configuración electrónica de valencia, aunque cada vez con un nivel energético adicional. Por ello, en general, los elementos de un mismo grupo se comportan de forma similar.

Por ejemplo, en el grupo 1 de la tabla periódica (H, Li, Na, K, Rb...), todos los elementos tienen como configuración electrónica de última capa ns^1, es decir, un único electrón en el orbital s del último nivel.

$_1$H: **$1s^1$**

$_3$Li: $1s^2$ **$2s^1$**

$_{11}$Na: $1s^2\ 2s^2\ 2p^6$ **$3s^1$**

$_{19}$K: $1s^2\ 2s^2\ 2p^6\ 3s^2\ 3p^6$ **$4s^1$**

$_{37}$Rb: $1s^2\ 2s^2\ 2p^6\ 3s^2\ 3p^6\ 4s^2\ 3d^{10}\ 4p^6$ **$5s^1$**

En la tabla periódica siguiente vemos los nombres que reciben los distintos grupos de la tabla periódica y las configuraciones electrónicas de la capa de valencia para los grupos 1, 2, 13, 14, 15, 16, 17 y 18.

Figura 2.6. Los distintos grupos de la tabla periódica reciben nombres específicos, tal y como se puede apreciar en la imagen. La pertenencia de un elemento químico a un determinado grupo nos permite conocer la configuración electrónica de su última capa si conocemos también a qué período pertenece.

A partir de estas configuraciones genéricas indicadas podemos determinar la configuración de la última capa de cualquier elemento químico, conociendo su situación en la tabla periódica.

Procedimiento práctico 2.1: Cómo determinar la configuración electrónica de la última capa por la posición en la tabla periódica

A partir del grupo y el período al que pertenece un elemento químico, podemos escribir la configuración electrónica de valencia sin necesidad de aplicar el diagrama de Moeller.

Por ejemplo, si queremos determinar la configuración electrónica de la última capa de los elementos indicados a continuación:

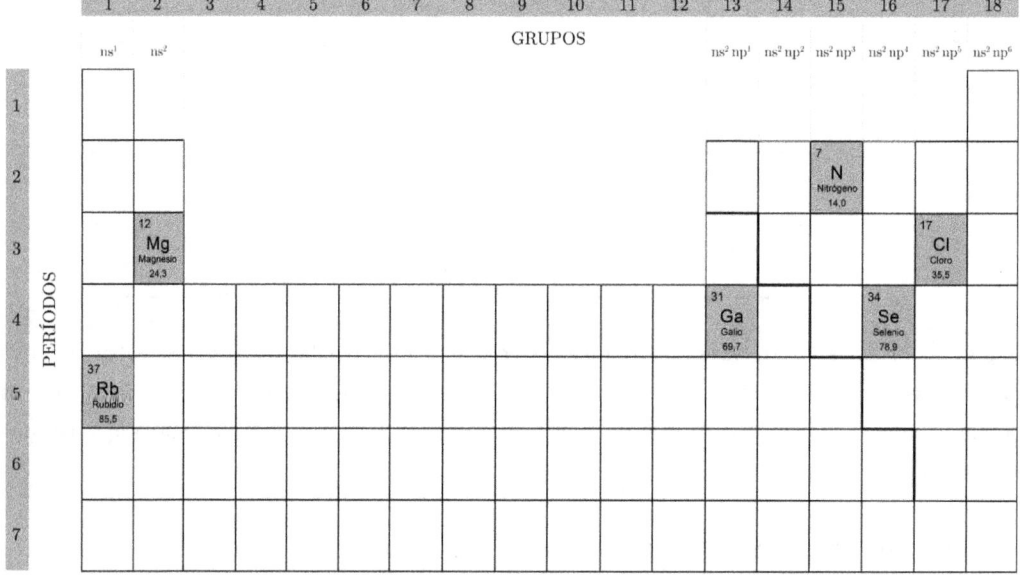

Lo que debemos hacer es sustituir en la configuración electrónica de la última capa indicada para el grupo, el valor de n por el período del elemento considerado:

Nitrógeno, grupo 15 ($ns^2\ np^3$), período 2 (n = 2): $2s^2\ 2p^3$

Magnesio, grupo 2 (ns^2), período 3 (n = 3): $3s^2$

Cloro, grupo 17 ($ns^2\ np^5$), período 3 (n = 3): $3s^2\ 3p^5$

Galio, grupo 13 ($ns^2\ np^1$), período 4 (n = 4): $4s^2\ 4p^1$

Selenio, grupo 16 ($ns^2\ np^4$), período 4 (n = 4): $4s^2\ 4p^4$

Rubidio, grupo 1 (ns^1), período 5 (n = 5): $5s^1$

Asimismo, es importante destacar que los elementos de la tabla periódica también se clasifican en metales y no metales:

1 H Hidrógeno 1,0																	2 He Helio 4,0
3 Li Litio 6,9	4 Be Berilio 9,0											5 B Boro 10,8	6 C Carbono 12,0	7 N Nitrógeno 14,0	8 O Oxígeno 16,0	9 F Flúor 19,0	10 Ne Neón 20,1
11 Na Sodio 22,9	12 Mg Magnesio 24,3											13 Al Aluminio 27,0	14 Si Silicio 28,0	15 P Fósforo 31,0	16 S Azufre 32,0	17 Cl Cloro 35,5	18 Ar Argón 39,9
19 K Potasio 39,1	20 Ca Calcio 40,1	21 Sc Escandio 44,9	22 Ti Titanio 47,9	23 V Vanadio 50,0	24 Cr Cromo 52,0	25 Mn Manganeso 55,0	26 Fe Hierro 55,8	27 Co Cobalto 58,9	28 Ni Níquel 58,7	29 Cu Cobre 63,5	30 Zn Zinc 65,4	31 Ga Galio 69,7	32 Ge Germanio 72,6	33 As Arsénico 74,9	34 Se Selenio 78,9	35 Br Bromo 79,9	36 Kr Criptón 83,8
37 Rb Rubidio 85,5	38 Sr Estroncio 87,6	39 Y Itrio 88,9	40 Zr Circonio 91,2	41 Nb Niobio 92,9	42 Mo Molibdeno 95,9	43 Tc Tecnecio 99,0	44 Ru Rutenio 101,1	45 Rh Rodio 102,9	46 Pd Paladio 106,4	47 Ag Plata 107,9	48 Cd Cadmio 112,4	49 In Indio 114,8	50 Sn Estaño 118,7	51 Sb Antimonio 121,7	52 Te Teluro 127,6	53 I Yodo 126,9	54 Xe Xenón 131,3
55 Cs Cesio 132,9	56 Ba Bario 137,3	57 La Lantano 138,9	72 Hf Hafnio 178,5	73 Ta Tantalio 180,9	74 W Wolframio 183,8	75 Re Renio 186,2	76 Os Osmio 190,2	77 Ir Iridio 192,2	78 Pt Platino 195,1	79 Au Oro 196,9	80 Hg Mercurio 200,5	81 Tl Talio 204,3	82 Pb Plomo 207,2	83 Bi Bismuto 208,9	84 Po Polonio (210)	85 At Astato (210)	86 Rn Radón (222)
87 Fr Francio (223)	88 Ra Radio (226)	89 Ac Actinio (227)	104 Rf Rutherfordio (265)	105 Db Dubnio (268)	106 Sg Seaborgio (271)	107 Bh Bohrio (270)	108 Hs Hassio (277)	109 Mt Meitnerio (276)	110 Ds Darmstadio (281)	111 Rg Roentgenio (280)	112 Cn Copernicio (285)	113 Nh Nihonium (284)	114 Fl Flerovio (289)	115 Mc Moscovium (288)	116 Lv Livermorio (293)	117 Ts Tenessine (294)	118 Og Oganesson (294)

58 Ce Cerio 140,1	59 Pr Praseodimio 140,9	60 Nd Neodimio 144,2	61 Pm Prometio (147)	62 Sm Samario 150,3	63 Eu Europio 151,9	64 Gd Gadolinio 157,2	65 Tb Terbio 158,9	66 Dy Disprosio 162,5	67 Ho Holmio 164,9	68 Er Erbio 167,3	69 Tm Tulio 168,9	70 Yb Iterbio 173,0	71 Lu Lutecio 174,9
90 Th Torio 232,0	91 Pa Protactinio (231)	92 U Uranio 238,0	93 Np Neptunio (237)	94 Pu Plutonio (242)	95 Am Americio (243)	96 Cm Curio (247)	97 Bk Berkelio (247)	98 Cf Californio (251)	99 Es Einstenio (254)	100 Fm Fermio (253)	101 Md Mendelevio (256)	102 No Nobelio (254)	103 Lr Laurencio (257)

Figura 2.7. En esta tabla periódica vemos los elementos químicos clasificados en distintos tipos. En blanco se hallan los metales, los más numerosos de la tabla periódica. En las tres escalas de grises, de menor a mayor, hallamos los metaloides o semimetales, los no metales y los gases nobles.

Las implicaciones de esta clasificación las veremos en el tema 3: «Enlace químico».

2.3. Propiedades periódicas

Existen una serie de propiedades de los elementos químicos que varían de un elemento a otro en función de su posición en la tabla periódica. Por este motivo, dichas propiedades reciben el nombre de propiedades periódicas. Son: radios atómico e iónico, energía de ionización, afinidad electrónica y electronegatividad.

2.3.1. Radio atómico y radio iónico

Puesto que los electrones no están situados en órbitas fijas y definidas, sino en orbitales (regiones espaciales tridimensionales), el tamaño de un átomo no es un parámetro fácil de determinar, pues varía en función del entorno de dicho átomo. No obstante, existen valores tabulados de radio atómico para los elementos químicos que se han determinado mediante la técnica de difracción de rayos X.

> *El **radio atómico** se puede definir como la mitad de la distancia que separa dos núcleos atómicos del mismo elemento químico cuando se hallan juntos en un cristal.*

El radio atómico varía a lo largo de la tabla periódica del siguiente modo:

- **Variación del radio atómico en un período (fila).** Cuando nos desplazamos hacia la derecha en un mismo período, el radio atómico disminuye a pesar de que aumenta el número atómico. Esto es debido a que al aumenta el número de protones aumenta la llamada **carga nuclear efectiva**, por lo que el núcleo atrae a los electrones con mayor intensidad y el átomo, en lugar de expandirse, se contrae.

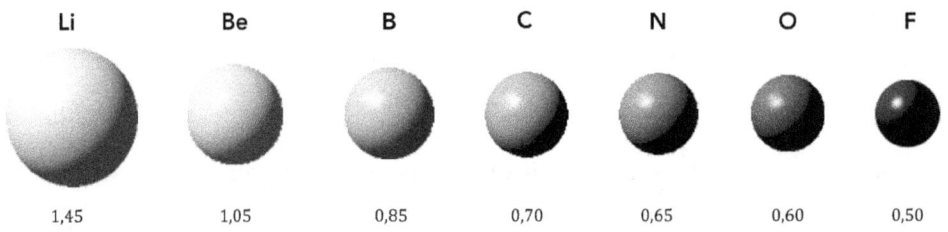

Figura 2.8. Valores del radio de los elementos del segundo período en ångström, Å, publicados por J. Slater en 1964.

- **Variación del radio atómico en un grupo (columna).** Cuando nos desplazamos hacia abajo en un mismo grupo, el número de electrones adicionados con respecto al elemento anterior aumenta en una capa completa. Aunque también aumentará la carga nuclear efectiva, el efecto de añadir nuevas capas predomina, por lo que el radio atómico será cada vez mayor.

Veamos, por ejemplo, cómo varía el radio atómico de los metales alcalinos:

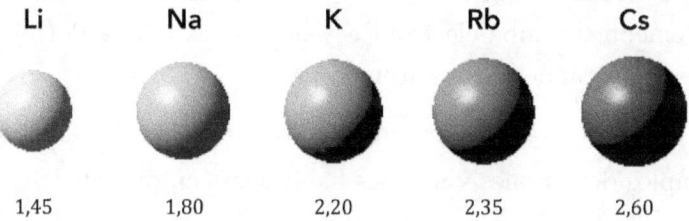

Figura 2.9. Valores del radio de los elementos alcalinos (grupo 1) en ångström, Å, publicados por J. Slater en 1964.

La variación global se puede describir como: aumento del radio atómico hacia la izquierda y hacia abajo, es decir:

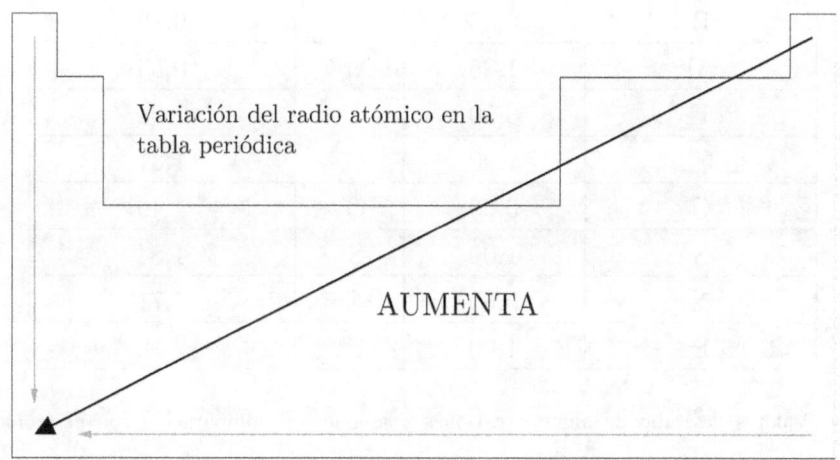

Cuando en lugar de un átomo neutro tenemos un anión o un catión, el número de protones del núcleo no coincidirá con el número de electrones de la corteza. En el caso de los aniones, el número de electrones será superior al de protones; en el caso de los cationes, el número de electrones será inferior al de protones. Esta descompensación entre el número de cargas positivas y el número de cargas negativas hace que varíe el radio del ion con respecto al radio del átomo neutro.

- **<u>Un catión será más pequeño que el átomo neutro</u>** correspondiente, ya que el exceso de carga positiva del núcleo atrae más fuertemente a los electrones y el volumen se contrae. Por ejemplo, el catión Na^+ es más pequeño que un átomo de Na.

- **Un anión será más grande que el átomo neutro** correspondiente, ya que el defecto de carga positiva del núcleo hace que no atraiga tan fuertemente la nube electrónica y esta se expande. Por ejemplo, el anión Cl⁻ es más grande que un átomo de Cl.

En general, el efecto será más acusado cuanto mayor sea la carga del ion. Veamos algunos ejemplos de cationes y aniones habituales con distintos valores de carga:

Átomo neutro	Radio (Å)	Ion	Radio iónico (Å)
Li	1,45	Li^+	0,59
Na	1,80	Na^+	1,02
Mg	1,50	Mg^{2+}	0,72
Ca	1,80	Ca^{2+}	1,00
B	0,85	B^{3+}	0,12
Al	1,25	Al^{3+}	0,53
F	0,50	F^-	1,33
Cl	1,00	Cl^-	1,81
O	0,60	O^{2-}	1,40
S	1,00	S^{2-}	1,84
N	0,65	N^{3-}	1,71
P	1,00	P^{3-}	2,12

Tabla 2.4. Valores de radio de algunos cationes y aniones en comparación con el átomo neutro respectivo. Se puede observar que el tamaño de los cationes es muy inferior al del átomo neutro, mientras que el tamaño de los aniones es mucho mayor. Los valores vienen dados en ångström, Å.

Globalmente se puede describir la variación como un aumento hacia la izquierda y hacia abajo, del mismo modo que varía el radio atómico.

2.3.2. Afinidad electrónica

*La **afinidad electrónica** es la variación de energía producida al adicionar un electrón a un átomo neutro, en estado fundamental y fase gaseosa, para formar el anión correspondiente. Es decir:*

$$A_{(g)} + e^- \rightarrow A^-_{(g)} + AE$$

Esta energía puede ser desprendida o captada, dependiendo del átomo que capte el electrón. Si la afinidad electrónica es energía desprendida tendrá signo negativo, mientras que si es energía absorbida tendrá signo positivo.

En general, los no metales tendrán valores elevados de afinidades electrónicas (valores muy grandes y negativos) porque para ellos, la formación de un anión es un proceso muy favorable. Por ejemplo:

Elemento	Afinidad electrónica (kJ/mol)
Oxígeno	-141
Azufre	-200
Flúor	-328
Cloro	-349
Bromo	-325

Tabla 2.5. Afinidades electrónicas de algunos elementos no metálicos característicos. Puesto que los no metales tienen tendencia a captar electrones, desprenden mucha energía en el proceso y sus afinidades electrónicas son altas en valor absoluto y negativas.

Veamos cómo varía la afinidad electrónica en la tabla periódica:

- **Variación de la afinidad electrónica en un período (fila).** Cuando nos desplazamos hacia la derecha en un mismo período, aumenta la carga nuclear efectiva, puesto que aumenta el número de protones en el núcleo. Esto hace que la nube electrónica se contraiga (ver radio atómico). Por este motivo, cuanto más a la derecha estamos en un período más cerca del núcleo se hallará el nuevo electrón incorporado y será atraído con más fuerza, aumentando la afinidad electrónica (en valor absoluto).

- **Variación de la afinidad electrónica en un grupo (columna).** Cuando nos desplazamos hacia arriba en un mismo grupo, puesto que los átomos superiores son más pequeños, estos atraerán con más fuerza el electrón incorporado, siendo el proceso más favorable y aumentando la afinidad electrónica (en valor absoluto).

La variación global es inversa a la del radio atómico:

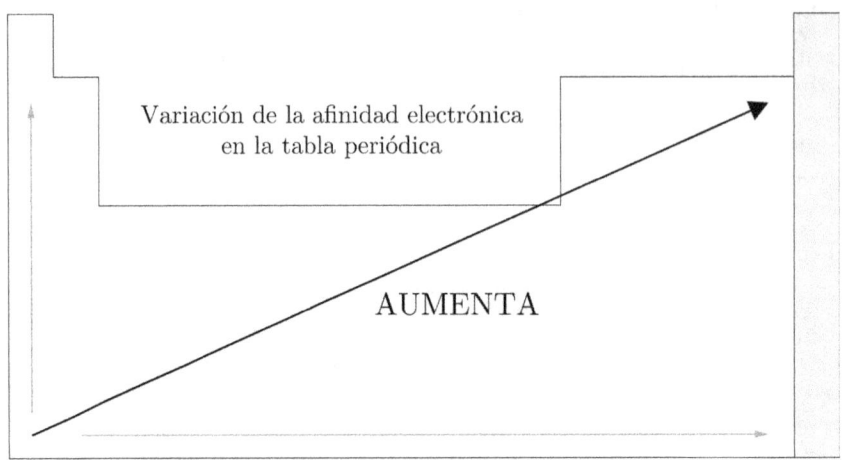

Es importante destacar que debemos excluir a los gases nobles de la variación indicada (aparecen en gris en la tabla), ya que debido a su configuración electrónica tan estable, la tendencia que presentan a captar un electrón es muy baja y el proceso es desfavorable.

Elemento	Afinidad electrónica (kJ/mol)
Helio	21
Neón	29
Argón	35
Kriptón	39
Xenón	41

Tabla 2.6. Afinidades electrónicas de gases nobles. Todas ellas son positivas, lo que indica que el proceso de captación de un electrón por parte de estos elementos es energéticamente desfavorable.

2.3.3. Energía de ionización

La **energía de ionización** *(EI)* o **potencial de ionización** es la energía mínima necesaria para arrancar un electrón externo (el más alejado del núcleo) de un átomo en fase gaseosa y estado fundamental, convirtiéndolo en un catión. Es decir:

$$A_{(g)} + EI \rightarrow A^+_{(g)} + e^-$$

El electrón más alejado es el más fácil de arrancar (se requiere menos energía para ello) puesto que se halla atraído con menos fuerza por el núcleo. Como consecuencia de esto, un átomo cuyo radio es menor tiene los electrones de la última capa más cercanos al núcleo y cuesta más arrancarlos.

Veamos cómo varía la energía de ionización en la tabla periódica:

- **Variación de la energía de ionización en un período (fila)**. Cuando nos desplazamos hacia la derecha en un período la energía de ionización aumenta. Esto es debido a que, al aumentar el número atómico (número de protones) la fuerza de atracción que ejerce el núcleo sobre los electrones aumenta y se requiere más energía para arrancarlos porque están más próximos a él.

- **Variación de la energía de ionización en un grupo (columna)**. Cuando nos desplazamos hacia arriba en un mismo grupo, puesto que los átomos superiores son más pequeños, atraen con más fuerza a los electrones externos y es más difícil arrancarlos.

En esencia, la **energía de ionización** aumenta hacia arriba y hacia la derecha. Es decir, varía en sentido contrario a la variación del radio atómico.

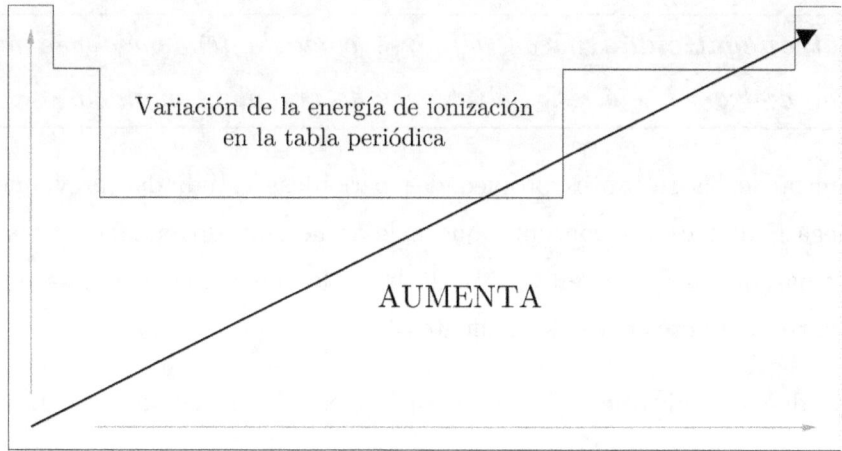

En la tabla periódica de la página siguiente se muestran los valores de la primera energía de ionización, en kJ · mol^{-1}, de los distintos elementos químicos.

1 H Hidrógeno 1312																	2 He Helio 2372
3 Li Litio 520	4 Be Berilio 899											5 B Boro 800	6 C Carbono 1086	7 N Nitrógeno 1402	8 O Oxígeno 1313	9 F Flúor 1681	10 Ne Neón 2080
11 Na Sodio 496	12 Mg Magnesio 738											13 Al Aluminio 577	14 Si Silicio 786	15 P Fósforo 1012	16 S Azufre 1000	17 Cl Cloro 1251	18 Ar Argón 1521
19 K Potasio 419	20 Ca Calcio 590	21 Sc Escandio 633	22 Ti Titanio 659	23 V Vanadio 651	24 Cr Cromo 653	25 Mn Manganeso 717	26 Fe Hierro 762	27 Co Cobalto 760	28 Ni Níquel 737	29 Cu Cobre 745	30 Zn Zinc 906	31 Ga Galio 579	32 Ge Germanio 762	33 As Arsénico 947	34 Se Selenio 941	35 Br Bromo 1140	36 Kr Criptón 1351
37 Rb Rubidio 403	38 Sr Estroncio 549	39 Y Itrio 600	40 Zr Circonio 640	41 Nb Niobio 652	42 Mo Molibdeno 684	43 Tc Tecnecio 702	44 Ru Rutenio 710	45 Rh Rodio 720	46 Pd Paladio 804	47 Ag Plata 731	48 Cd Cadmio 868	49 In Indio 558	50 Sn Estaño 708	51 Sb Antimonio 834	52 Te Teluro 869	53 I Yodo 1008	54 Xe Xenón 1170
55 Cs Cesio 376	56 Ba Bario 503	57 La Lantano 538	72 Hf Hafnio 658	73 Ta Tantalio 761	74 W Wolframio 770	75 Re Renio 770	76 Os Osmio 840	77 Ir Iridio 800	78 Pt Platino 870	79 Au Oro 870	80 Hg Mercurio 1007	81 Tl Talio 589	82 Pb Plomo 715	83 Bi Bismuto 703	84 Po Polonio 812	85 At Astato 912	86 Rn Radón 1027
87 Fr Francio 380	88 Ra Radio 509	89 Ac Actinio 449	104 Rf Rutherfordio	105 Db Dubnio	106 Sg Seaborgio	107 Bh Bohrio	108 Hs Hassio	109 Mt Meitnerio	110 Ds Darmstadio	111 Rg Roentgenio	112 Cn Copernicio	113 Nh Nihonium	114 Fl Flerovio	115 Mc Moscovium	116 Lv Livermorio	117 Ts Tenessine	118 Og Oganesson

58 Ce Cerio 534	59 Pr Praseodimio 527	60 Nd Neodimio 533	61 Pm Prometio 540	62 Sm Samario 544	63 Eu Europio 547	64 Gd Gadolinio 593	65 Tb Terbio 566	66 Dy Disprosio 573	67 Ho Holmio 581	68 Er Erbio 589	69 Tm Tulio 597	70 Yb Iterbio 603	71 Lu Lutecio 523
90 Th Torio 587	91 Pa Protactinio 586	92 U Uranio 598	93 Np Neptunio 604	94 Pu Plutonio 585	95 Am Americio 578	96 Cm Curio 581	97 Bk Berkelio 601	98 Cf Californio 608	99 Es Einstenio 619	100 Fm Fermio 627	101 Md Mendelevio 635	102 No Nobelio 642	103 Lr Laurencio

2.3.4. Electronegatividad

> La **electronegatividad** puede definirse como la tendencia que presenta un átomo a atraer hacia sí los electrones de un enlace químico.

A diferencia de las restantes propiedades periódicas estudiadas previamente, la electronegatividad es un concepto que solo tiene sentido cuando hablamos de átomos enlazados, y que es muy útil a la hora de determinar qué enlace químico se dará entre diferentes tipos de elementos.

La escala que se utiliza actualmente para la electronegatividad es la de Pauling, que va de 0,7 (cesio) a 4,0 (flúor). La mayoría de los metales presenta una electronegatividad inferior a 2,0 (en ocasiones se dice que son electropositivos), mientras que los no metales presentan electronegatividades superiores a 2,0.

La electronegatividad varía en la tabla periódica del mismo modo que la afinidad electrónica y la energía de ionización, aumenta hacia la derecha en un mismo período y hacia arriba en un grupo. Globalmente, la variación es:

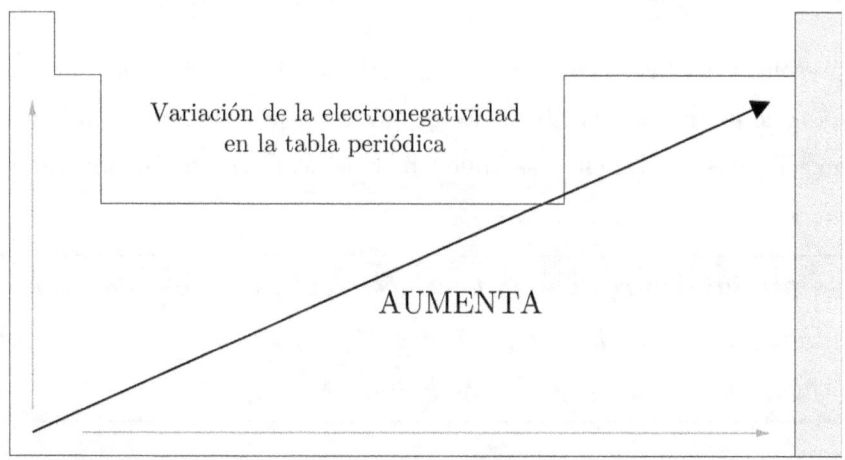

Variación de la electronegatividad en la tabla periódica

AUMENTA

A continuación se muestra la electronegatividad de los distintos elementos químicos de la tabla periódica:

1 H Hidrógeno 2,20																	2 He Helio 0
3 Li Litio 0,98	4 Be Berilio 1,57											5 B Boro 2,04	6 C Carbono 2,55	7 N Nitrógeno 3,04	8 O Oxígeno 3,40	9 F Flúor 3,98	10 Ne Neón 0
11 Na Sodio 0,93	12 Mg Magnesio 1,31											13 Al Aluminio 1,61	14 Si Silicio 1,90	15 P Fósforo 2,19	16 S Azufre 2,58	17 Cl Cloro 3,16	18 Ar Argón 0
19 K Potasio 0,82	20 Ca Calcio 1,00	21 Sc Escandio 1,36	22 Ti Titanio 1,50	23 V Vanadio 1,60	24 Cr Cromo 1,60	25 Mn Manganeso 1,50	26 Fe Hierro 1,80	27 Co Cobalto 1,80	28 Ni Níquel 1,90	29 Cu Cobre 1,90	30 Zn Zinc 1,60	31 Ga Galio 1,80	32 Ge Germanio 2,00	33 As Arsénico 2,18	34 Se Selenio 2,55	35 Br Bromo 2,96	36 Kr Criptón 2,90
37 Rb Rubidio 0,82	38 Sr Estroncio 0,95	39 Y Itrio 1,22	40 Zr Circonio 1,33	41 Nb Niobio 1,60	42 Mo Molibdeno 2,30	43 Tc Tecnecio 1,90	44 Ru Rutenio 2,20	45 Rh Rodio 2,20	46 Pd Paladio 2,20	47 Ag Plata 1,90	48 Cd Cadmio 1,70	49 In Indio 1,70	50 Sn Estaño 1,80	51 Sb Antimonio 2,05	52 Te Teluro 2,10	53 I Yodo 2,66	54 Xe Xenón 2,60
55 Cs Cesio 0,79	56 Ba Bario 0,89	57 La Lantano 1,10	72 Hf Hafnio 1,30	73 Ta Tantalio 1,50	74 W Wolframio 2,36	75 Re Renio 1,90	76 Os Osmio 2,20	77 Ir Iridio 2,20	78 Pt Platino 2,28	79 Au Oro 2,54	80 Hg Mercurio 2,00	81 Tl Talio 2,04	82 Pb Plomo 2,33	83 Bi Bismuto 2,02	84 Po Polonio 2,00	85 At Astato 2,20	86 Rn Radón 0
87 Fr Francio 0,70	88 Ra Radio 0,90	89 Ac Actinio 1,10	104 Rf Rutherfordio	105 Db Dubnio	106 Sg Seaborgio	107 Bh Bohrio	108 Hs Hassio	109 Mt Meitnerio	110 Ds Darmstadio	111 Rg Roentgenio	112 Cn Copernicio	113 Nh Nihonium	114 Fl Flerovio	115 Mc Moscovium	116 Lv Livermorio	117 Ts Tenessine	118 Og Oganesson

58 Ce Cerio 1,12	59 Pr Praseodimio 1,13	60 Nd Neodimio 1,14	61 Pm Prometio 1,13	62 Sm Samario 1,17	63 Eu Europio 1,20	64 Gd Gadolinio 1,20	65 Tb Terbio 1,20	66 Dy Disprosio 1,22	67 Ho Holmio 1,23	68 Er Erbio 1,24	69 Tm Tulio 1,25	70 Yb Iterbio 1,10	71 Lu Lutecio 1,27
90 Th Torio 1,30	91 Pa Protactinio 1,50	92 U Uranio 1,70	93 Np Neptunio 1,30	94 Pu Plutonio 1,30	95 Am Americio 1,30	96 Cm Curio 1,30	97 Bk Berkelio 1,30	98 Cf Californio 1,30	99 Es Einstenio 1,30	100 Fm Fermio 1,30	101 Md Mendelevio 1,30	102 No Nobelio 1,30	103 Lr Laurencio 1,30

2.4. Notación química: símbolos y fórmulas

2.4.1. Clasificación de la materia: sustancias puras y mezclas

Para representar las sustancias que forman la materia, la química utiliza símbolos y fórmulas que permiten identificar de un modo inequívoco aquello a lo que hacen referencia. Dichas sustancias se pueden clasificar como sustancias puras o mezclas.

> *Las **sustancias puras** son aquellas cuya composición no cambia independientemente de las condiciones físicas en las que se encuentren. Pueden ser compuestos o elementos químicos.*

Las sustancias puras, a su vez, se pueden mezclar entre ellas en distintas proporciones para dar lugar a mezclas, cuyos componentes se pueden separar utilizando procedimientos físicos.

Si los componentes de dicha mezcla se pueden distinguir por procedimientos ópticos, se denomina **mezcla heterogénea**; si no se pueden distinguir, se denomina **mezcla homogénea**.

Figura 2.10. La encimera de granito de la imagen (izquierda) es una mezcla heterogénea, está formada por diversos componentes que se pueden observar a simple vista; cada zona de estructura y color diferenciados corresponde a una sustancia distinta. El agua del mar (derecha) también es una mezcla (tiene gran cantidad de sustancias distintas disueltas) pero no se distinguen a simple vista, por lo que se trata de una mezcla homogénea.

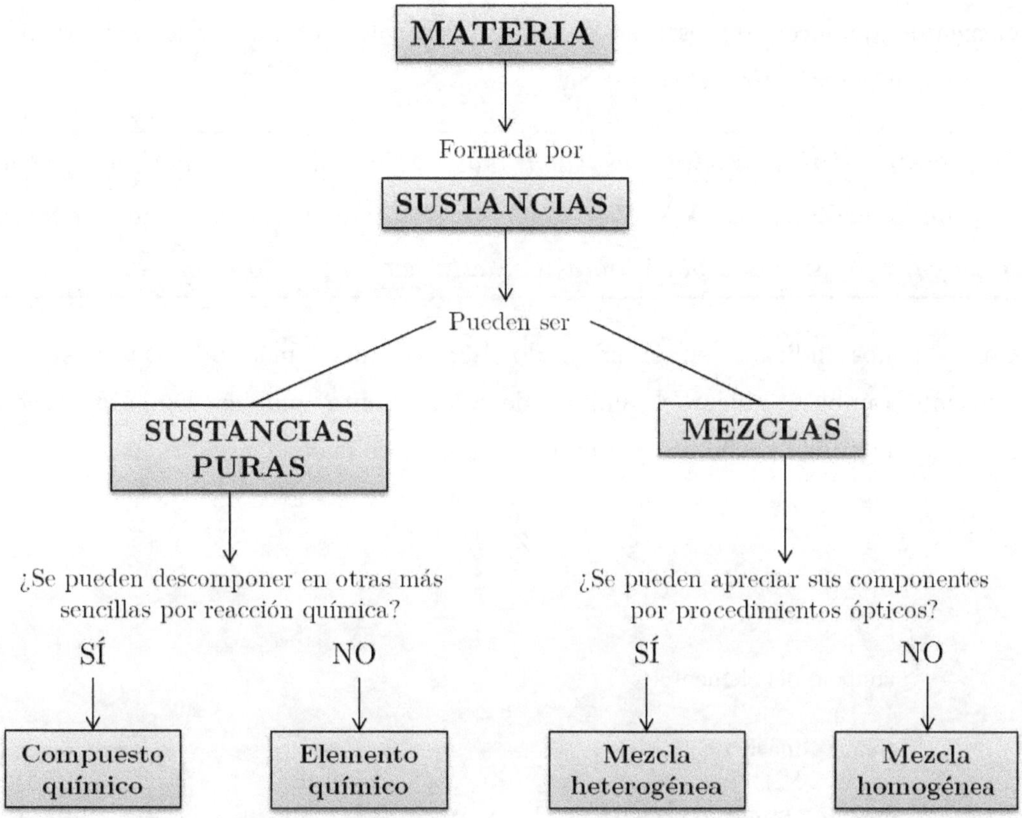

```
                    ┌─────────────┐
                    │   MATERIA   │
                    └─────────────┘
                           │
                           ▼
                      Formada por
                    ┌─────────────┐
                    │ SUSTANCIAS  │
                    └─────────────┘
                           │
                           ▼
                       Pueden ser
```

```
        ┌──────────────┐                    ┌──────────┐
        │  SUSTANCIAS  │                    │ MEZCLAS  │
        │    PURAS     │                    └──────────┘
        └──────────────┘
```

¿Se pueden descomponer en otras más   ¿Se pueden apreciar sus componentes
sencillas por reacción química?   por procedimientos ópticos?

    SÍ   NO   SÍ   NO

┌────────────┐ ┌────────────┐   ┌────────────┐ ┌────────────┐
│ Compuesto │ │ Elemento │   │   Mezcla   │ │   Mezcla   │
│ químico   │ │ químico   │   │heterogénea │ │ homogénea │
└────────────┘ └────────────┘   └────────────┘ └────────────┘

Figura 2.11. Clasificación de las sustancias puras y las mezclas.

Hace siglos, cuando no estaba clara la barrera entre la ciencia y la superstición y a los químicos se les denominaba alquimistas, se utilizaban algunos símbolos para representar sustancias conocidas. Dichos símbolos no estaban formados por letras, sino por combinación de diversas formas geométricas.

Figura 2.12. Símbolo alquímico del mercurio.

En el año 1814, el famoso químico Berzelius propuso sustituir los símbolos alquímicos por los símbolos químicos actuales, abreviaciones que se utilizan para identificar los elementos. Hemos detallado previamente la estructura y características de la tabla periódica y en ella, como vemos, aparecen todos los elementos químicos representados con un símbolo de una o dos letras; por ejemplo, el potasio, K, o el sodio, Na.

> *Un **elemento químico** es una sustancia química que no puede descomponerse en otras sustancias más sencillas mediante una reacción química; está formado por átomos con el mismo número atómico.*

Como hemos indicado en el apartado 1.3: «Número másico e isótopos», es frecuente también indicar el símbolo de un elemento químico con información adicional: el número atómico y el número másico, de la siguiente forma:

$$^A_Z X$$

Donde:

X: símbolo del elemento

A: número másico

Z: número atómico.

Por ejemplo, para indicar los distintos isótopos del carbono:

Carbono-12 $^{12}_{6}C$

Carbono-13 $^{13}_{6}C$

Carbono-14 $^{14}_{6}C$

Si bien se podría omitir el número atómico, Z, ya que cualquier átomo de carbono tiene siempre 6 protones en el núcleo y puede considerarse una información redundante.

Carbono-12 ^{12}C

Carbono-13 ^{13}C

Carbono-14 ^{14}C

A su vez, los elementos químicos se pueden combinar entre sí en proporciones fijas para formar compuestos químicos. Por ejemplo, el cloro y el sodio se combinan en una proporción 1:1 (un átomo de cloro por cada átomo de sodio) para formar el compuesto cloruro de sodio.

> Un **compuesto químico** es una sustancia pura formada por la combinación de uno, dos o más elementos en proporciones fijas. Se pueden descomponer en sustancias simples por procedimientos químicos.

Son compuestos químicos, por ejemplo, el agua (se puede descomponer en hidrógeno y oxígeno) o el fluoruro de litio (se puede descomponer en litio y flúor).

2.4.2. Las fórmulas de los compuestos químicos

A partir de los símbolos de los elementos se escriben fórmulas para dichos compuestos químicos. Por ejemplo, el cloruro de sodio tiene la fórmula NaCl, y ningún otro compuesto comparte dicha fórmula; es única para el cloruro de sodio.

> Una **fórmula química** es la combinación de símbolos químicos que expresa la composición de una sustancia. Una sustancia pura se representa siempre por una única fórmula química, por ejemplo agua, H_2O, o amoniaco, NH_3.

Como decimos, en un compuesto químico los elementos se combinan entre sí en una proporción fija. Para indicar dicha proporción, en la fórmula química escribimos subíndices situados a la derecha de cada símbolo químico. Así, la fórmula H_2SO_4 nos indica que por cada unidad de dicho compuesto, tenemos dos átomos de hidrógeno, uno de azufre (el 1 no se escribe en la fórmula) y cuatro de oxígeno. Estos subíndices también pueden afectar a todo un grupo atómico escrito entre paréntesis, como en el caso de $Mg(OH)_2$ (un átomo de magnesio, dos de oxígeno y dos de hidrógeno).

Al conjunto de reglas o fórmulas que se utilizan para nombrar todos los elementos y compuestos químicos se le denomina **nomenclatura química**.

Muchos de estos compuestos químicos están formados por moléculas, pequeñas entidades formadas, a su vez, por un conjunto de átomos unidos entre sí de una forma determinada.

> Una **molécula** es la parte más pequeña de una sustancia química que puede existir de forma independiente con sus propiedades características.

Según el número de átomos que constituyen la molécula, esta puede ser: diatómica (dos átomos, como O_2), triatómica (tres átomos, como CO_2), tetratómica (cuatro átomos, como NH_3), etcétera.

Por ejemplo, el agua, de fórmula H_2O, está compuesta por moléculas formadas por un átomo de oxígeno y dos átomos de hidrógeno:

Figura 2.13. Una molécula de agua está formada únicamente por tres átomos, uno de oxígeno y dos de hidrógeno, unidos siempre del mismo modo.

Si tenemos un vaso de agua pura, lo que tenemos es una cantidad muy grande de moléculas de agua, todas ellas iguales y con las características que definen el compuesto.

Otros ejemplos de sustancias moleculares son el metano, CH_4, el amoníaco, NH_3, el dicloro, Cl_2...

💡 Recuerda

> Muchos compuestos gaseosos se encuentran en la naturaleza en forma de moléculas diatómicas, X_2. Por ejemplo, el oxígeno, O_2, el dinitrógeno, N_2, el dihidrógeno, H_2, el dicloro, Cl_2, el diflúor, F_2...

2.4.3. Fórmula empírica y fórmula molecular

Cuando una sustancia está formada por moléculas, su fórmula química puede indicar el número total de átomos que las forman o simplemente la proporción más simple en la que se encuentran. En base a este criterio, consideraremos dos tipos de fórmulas químicas: la fórmula molecular y la fórmula empírica.

> La **fórmula molecular** nos indica el número total de átomos de cada elemento en cada molécula de una sustancia.

Por ejemplo, la fórmula molecular del butano es C_4H_{10}, lo que indica que cada molécula de butano tiene 4 átomos de carbono y 10 átomos de hidrógeno.

> La **fórmula empírica** nos indica únicamente la relación entera más sencilla existente entre los distintos elementos químicos que forman un compuesto, sin indicar el número total de átomos de una molécula.

Por ejemplo, la fórmula empírica del butano es C_2H_5, que nos indica solo una proporción, 2 átomos de carbono por cada 5 átomos de hidrógeno, pero no nos indica el número total de átomos en la molécula completa.

En estas y en otro tipo de fórmulas existentes para representar los compuestos químicos profundizaremos en el apartado 9.1.1: «Fórmulas de los compuestos de carbono».

Asimismo, la química también utiliza una notación específica para representar transformaciones químicas, como veremos en el apartado 5.1: «Reacciones químicas homogéneas y heterogéneas».

3. Enlace químico

3.1. ¿Qué es un enlace químico?

Los átomos de la mayoría de elementos químicos se hallan en la naturaleza unidos a otros átomos. Podemos hallar distintos tipos de agrupaciones atómicas: moléculas sencillas (como los gases diatómicos: oxígeno, O_2, dinitrógeno, N_2, dihidrógeno, H_2...), moléculas complejas (como la glucosa o los aminoácidos) u otros tipos de agrupaciones que no son moléculas (como los cristales iónicos o los metales).

> *La fuerza que se establece entre los átomos de una agrupación y los mantiene unidos recibe el nombre de **enlace químico**.*

El motivo por el que los átomos se enlazan es energético: **los átomos enlazados tienen menor energía que por separado** y, en la naturaleza, los sistemas tienden a la mínima energía porque esto les aporta una **mayor estabilidad**.

Sin embargo, la experimentación nos dice que, en la naturaleza, los gases nobles no se enlazan sino que permanecen como átomos aislados. ¿Qué diferencia a un gas noble de cualquier otro elemento químico? ¿Por qué estos no se enlazan a otros átomos? La respuesta la hallamos en su **configuración electrónica**. La estructura electrónica de los gases nobles, con ocho electrones en la capa de valencia, es una configuración electrónica de gran estabilidad. Por este motivo, los gases nobles no *necesitan* enlazarse a otros átomos para ganar estabilidad, pues son muy estables de por sí.

🔍 Para saber más

> *En determinadas condiciones, algunos gases nobles sí que pueden unirse a otros átomos para formar compuestos químicos. Por ejemplo, el xenón forma gran cantidad de compuestos por combinación con oxígeno o con flúor.*

Las configuraciones electrónicas de los cuatro primeros gases nobles son:

$_2$He: **1s^2**

$_{10}$Ne: 1s^2 **2s^2 2p^6**

$_{18}$Ar: 1s^2 2s^2 2p^6 **3s^2 3p^6**

$_{36}$Kr: 1s^2 2s^2 2p^6 3s^2 3p^6 **4s^2** 3d^{10} **4p^6**

Todos ellos tienen ocho electrones en la última capa (configuración ns^2 np^6) salvo el helio, cuya última y única capa es la primera y está completa con dos electrones.

Las configuraciones electrónicas de los restantes elementos químicos no son tan estables como las de los gases nobles. Esto hace que se unan a otros átomos para alcanzar una configuración electrónica más estable al enlazarse.

> *La formación de un **enlace químico** produce un cambio en la configuración electrónica de los átomos enlazados con respecto a los átomos aislados.*

Así, Gilbert N. Lewis sugirió, en 1916, que los átomos se enlazan para alcanzar ocho electrones en la última capa, ya sea por cesión, captación o compartición. Esto se conoce como regla del octeto.

> *La **regla del octeto** establece que los átomos se enlazan para tener ocho electrones en su última capa, configuración electrónica muy estable equivalente a la de los gases nobles.*

Aunque es una regla útil en muchos casos, se encuentran numerosas excepciones.

Esencialmente, existen tres tipos de enlace químico: el enlace covalente, el enlace iónico y el enlace metálico. En este texto nos centraremos en los dos primeros.

3.2. Enlace iónico: concepto y propiedades

3.2.1. Fundamento del enlace iónico

El **enlace iónico** se da por combinación de un elemento metálico con un elemento no metálico.

$$\textit{Enlace iónico} \rightarrow \textit{Metal} + \textit{No metal}$$

Los metales son elementos químicos con tendencia a ceder electrones para alcanzar la configuración electrónica de un gas noble, quedando como cationes (especies con carga positiva). Los no metales, por el contrario, tienen tendencia a captar electrones de otros átomos para alcanzar una configuración electrónica de gas noble, quedando como aniones (especies con carga negativa).

Por ejemplo, las combinaciones de los metales alcalinos y alcalinotérreos (grupos 1 y 2 de la tabla periódica respectivamente) con los halógenos (grupo 17) forman compuestos típicamente iónicos.

> El enlace iónico se fundamenta en la **atracción electrostática** entre iones de carga opuesta.

Consideremos como compuesto iónico modelo el cloruro de sodio, NaCl, que es el componente principal de la sal que utilizamos para cocinar. El sodio es un metal alcalino con un electrón en la capa de valencia, mientras que el cloro es un halógeno con siete electrones en la capa de valencia. Estas son sus configuraciones electrónicas:

$_{11}$Na: $1s^2\ 2s^2\ 2p^6\ \mathbf{3s^1}$

$_{17}$Cl: $1s^2\ 2s^2\ 2p^6\ \mathbf{3s^2\ 3p^5}$

Si el sodio cede un electrón, quedando como catión sodio, Na$^+$, su configuración electrónica pasa a ser la del gas noble neón ($Z = 10$), una configuración electrónica con 8 electrones en la última capa y, por tanto, muy estable.

Na$^+$: 1s^2 **2s^2 2p^6**

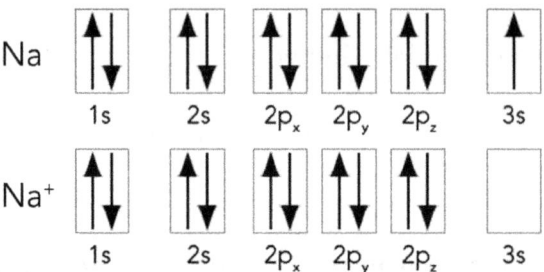

Figura 3.1. Configuraciones electrónicas del sodio y del catión sodio. Este último ha perdido el electrón 3s y ha adquirido una configuración electrónica más estable.

Por su parte, si el cloro capta un electrón, quedando como anión cloruro, Cl$^-$, su configuración electrónica pasa a ser la del gas noble argón (Z = 18), también con 8 electrones en la capa de valencia.

Cl$^-$: 1s^2 2s^2 2p^6 **3s^2 3p^6**

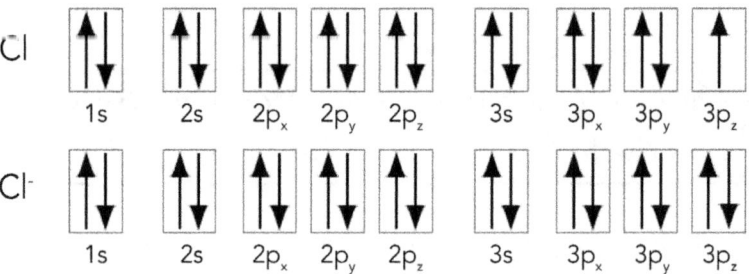

Figura 3.2. Configuraciones electrónicas del cloro y del anión cloruro. Este último ha ganado un electrón en el orbital 3p y ha adquirido una configuración electrónica más estable.

Por tanto, en la formación de un compuesto iónico, los átomos del metal ceden electrones, quedando como cationes, y los átomos del no metal captan dichos electrones, quedando como aniones.

Es importante destacar que el enlace iónico no se produce jamás entre un único catión del metal y un único anión del no metal, sino entre una gran cantidad de ellos que forman una red.

> Los cationes y aniones se mantienen unidos entre sí por atracción electrostática, formando una **red cristalina** que constituye el **compuesto iónico**.

A pesar de que los metales tienen tendencia a ceder electrones y los no metales a captarlos, el paso de un mol de átomos de sodio a cationes sodio y de un mol de átomos de cloro a aniones cloruro es globalmente desfavorable:

$$Na_{(g)} \rightarrow Na^+_{(g)} + 1e^- \qquad EI = 496 \; kJ \cdot mol^{-1}$$

(Se requieren 496 kJ de energía para ionizar un mol de sodio)

$$Cl_{(g)} + 1e^- \rightarrow Cl^-_{(g)} \qquad AE = -349 \; kJ \cdot mol^{-1}$$

(Se desprenden 349 kJ de energía cuando se ioniza un mol de cloro)

Como podemos deducir de los valores indicados, globalmente se deben aportar 147 kJ · mol^{-1}, pues es mayor la energía a aportar que la energía desprendida (496 − 349 = 147).

El aporte energético inicial se ve compensado por la posterior formación de la red cristalina que constituye el compuesto iónico, ya que en este proceso se desprende una gran cantidad de energía que recibe el nombre de energía reticular (U_r).

> La **energía reticular** (U_r) es la energía desprendida cuando se forma un mol de compuesto iónico a partir de los iones en estado gaseoso:
>
> $$Na^+_{(g)} + Cl^-_{(g)} \xrightarrow{U_r} (Na^+, Cl^-)_{(s)}$$

¿Y qué significa que el compuesto iónico sea una red cristalina? Significa que es una estructura sólida altamente ordenada, formada por cationes y aniones siempre en la misma proporción (la proporción estequiométrica para mantener la neutralidad eléctrica) y en las mismas posiciones fijas en función del tipo de red que presente el compuesto considerado.

Para el cloruro de sodio, la estructura cristalina es:

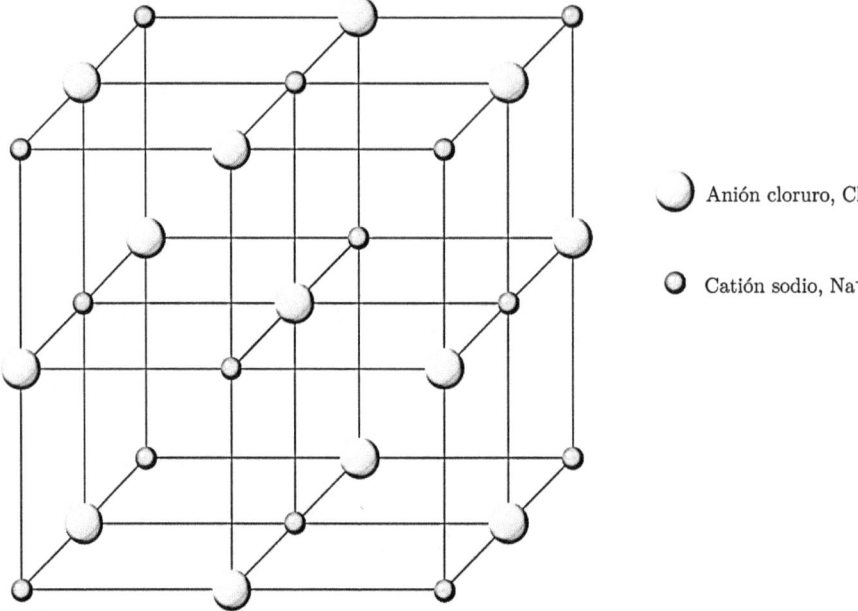

Figura 3.3. Estructura cristalina del cloruro de sodio, NaCl. Cada catión sodio se rodea de 6 cloruros y cada anión cloruro se rodea de 6 cationes sodio.

Se trata de la estructura más simple, aunque existen otros tipos de redes de mayor complejidad que omitiremos por exceder los objetivos de este texto.

3.2.2. Propiedades de los compuestos con enlace iónico

En un compuesto iónico, los iones se hallan unidos fuertemente entre sí, ya que las atracciones electrostáticas entre iones de signo opuesto son intensas. Esto afecta directamente a las propiedades físicas del compuesto, como por ejemplo los puntos de fusión y de ebullición.

De forma general, las propiedades de los compuestos iónicos son:

- **Forman redes cristalinas altamente ordenadas**. Como hemos visto en el apartado previo, los aniones y cationes tienen posiciones definidas en el espacio, en función del tipo de red.
- **Presentan puntos de fusión y de ebullición elevados**. Debido a que las fuerzas que mantienen unidos los iones son fuertes, es costoso

separarlos. Por este motivo, hay que alcanzar elevadas temperaturas para fundirlos y para evaporarlos. Esto hace que sean sólidos a temperatura ambiente.

- **Tienen elevada dureza**. También se debe a la fortaleza del enlace, ya que para rayar la superficie del compuesto hay que romper los enlaces de los iones superficiales. Sin embargo, podrán ser rayados por compuestos de mayor dureza, como el diamante.
- **Son compuestos frágiles**. A pesar de su dureza, son frágiles frente a los golpes. ¿Por qué? Porque un impacto puede hacer resbalar unas capas sobre otras y que, de pronto, se vean enfrentados entre sí iones del mismo signo. La repulsión electrostática entre iones del mismo signo fragmenta el cristal.

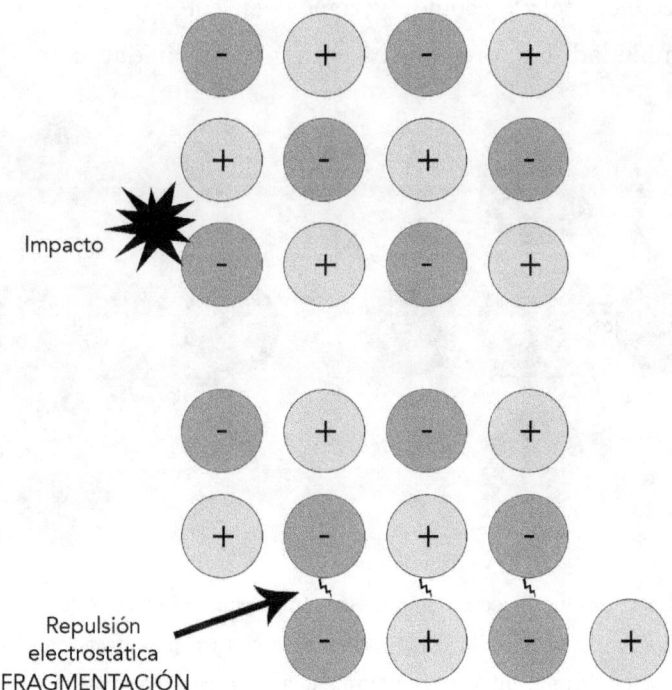

Figura 3.4. Un golpe puede hacer que se deslicen capas del compuesto iónico y que se enfrenten iones de la misma carga; el cristal se fragmenta por repulsión electrostática.

- **No conducen la corriente en estado sólido**. En estado sólido los iones están colocados en posiciones fijas de la red y no presentan movilidad alguna. La falta de movilidad eléctrica hace que no sean conductores.

- **Conducen la corriente en estado fundido o disuelto**. Puesto que en estado fundido o disuelto los iones sí presentan movilidad (se pierde por completo la estructura cristalina), en estos estados pueden conducir la corriente eléctrica.

- **Son insolubles en disolventes apolares y solubles en disolventes polares**. En general son solubles en disolventes polares como el agua, pues las moléculas de agua, al formar dipolos permanentes, son capaces de rodear los iones y atraerlos electrostáticamente hasta separarlos de la red iónica, fenómeno que se conoce como hidratación. No obstante, aunque muchos compuestos iónicos son solubles en agua, su solubilidad es muy variable, tal y como veremos en el apartado 4.2: «Concepto de solubilidad. Factores que afectan a la solubilidad».

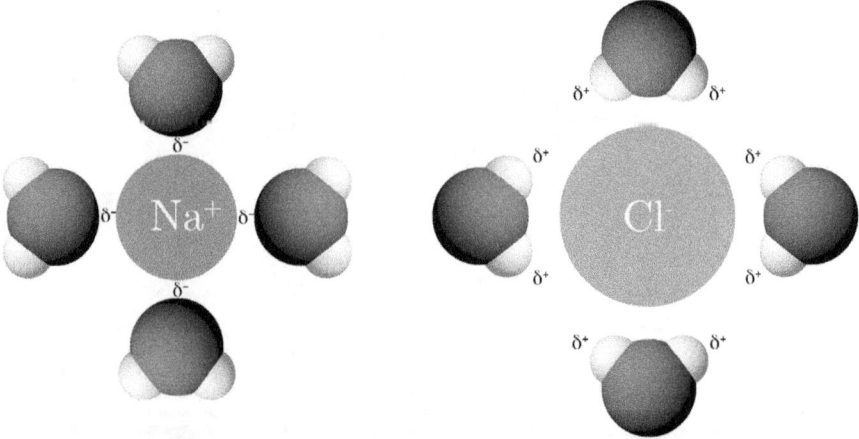

Figura 3.5. En la disolución de un compuesto iónico como el cloruro de sodio, NaCl, el agua puede hidratar tanto los cationes sodio como los aniones cloruro por atracción electrostática, ya que las moléculas de agua forman dipolos (presentan una zona con densidad de carga positiva, δ^+, y otra zona con densidad de carga negativa, δ^-). Esto no ocurre con los disolventes apolares como el hexano o el benceno.

3.3. Enlace covalente: concepto y propiedades

3.3.1. Regla del octeto y estructuras de Lewis

Como hemos visto, a principios del siglo XX, Gilbert N. Lewis sugirió la llamada **regla del octeto**, deducida a raíz de la gran estabilidad que presentan los átomos de los gases nobles, con ocho electrones en su capa de valencia.

Así, los átomos de los restantes elementos químicos se enlazarían para alcanzar ocho electrones en su capa de valencia y tener, por tanto, una configuración electrónica más estable. (Es importante mencionar como excepción el átomo de hidrógeno, cuya última capa estará completa con tan solo dos electrones, alcanzando la configuración electrónica del helio, $1s^2$.)

Otra de las formas en que los átomos pueden alcanzar ocho electrones en su última capa es por compartición de electrones con otros átomos.

> *La compartición de un par de electrones entre dos átomos constituye el* ***enlace covalente****. Un átomo podrá formar tantos enlaces covalentes como electrones tenga desapareados en su estructura electrónica.*

El enlace covalente se produce entre elementos no metálicos.

$$\textit{Enlace covalente} \rightarrow \textit{No metal + No metal}$$

Si dos átomos comparten únicamente un par de electrones, hablamos de **enlace simple**. Si comparten dos pares de electrones, hablamos de **enlace doble**. Si comparten tres pares de electrones, hablamos de **enlace triple**.

$H - H$ Enlace simple

$O = O$ Enlace doble

$N \equiv N$ Enlace triple

Para representar el enlace covalente de moléculas sencillas se utilizan los llamados **diagramas de Lewis** o **estructuras de Lewis**. En ellos, los electrones de valencia de un elemento químico se dibujan en torno al símbolo del mismo como puntos (O) o aspas (✗). Así, los diagramas de Lewis para algunas moléculas sencillas, como H_2, F_2 o NH_3, serán:

H: $1s^1$ 1 electrón de valencia

$$H \text{\small{○}} H$$

F: $1s^2\ 2s^2\ 2p^5$ 7 electrones de valencia

$$:\ddot{F}\text{\small{○}}\ddot{F}:$$

N: $1s^2\ 2s^2\ 2p^3$ 5 electrones de valencia

$$H:\ddot{N}:H$$
$$H$$

Figura 3.6. Diagramas de Lewis de las moléculas de H_2, F_2 y NH_3. Aunque los electrones de los distintos átomos se han dibujado como puntos negros y blancos a efectos de claridad en la estructura, los electrones son indistinguibles en la molécula.

También se pueden representar los pares electrónicos como líneas, ya sea un par enlazante (par de electrones que forma un enlace covalente) o un par no enlazante (par libre o solitario sobre un átomo).

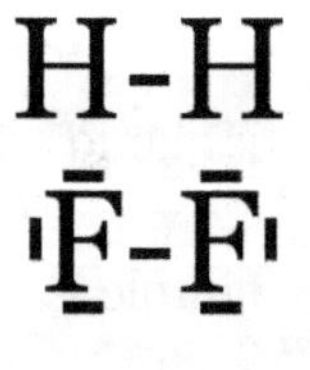

$$H-H$$
$$|\overline{\underline{F}}-\overline{\underline{F}}|$$

Figura 3.7. Estructuras de Lewis de las moléculas de H_2 y F_2 representando los pares electrónicos mediante líneas.

Procedimiento práctico 3.1: Dibujar la estructura de Lewis de moléculas sencillas que cumplan la regla del octeto

Para dibujar la estructura de Lewis de moléculas sencillas seguiremos los siguientes pasos:

1. Determinar el número total de electrones de valencia de todos los átomos que forman parte de la molécula. Para ello debemos conocer la configuración electrónica de todos los elementos y contar cuántos electrones hay en la última capa de cada uno. A esta suma total la designaremos como A.

Por ejemplo, para el agua, H_2O, las configuraciones electrónicas de hidrógeno y oxígeno y los electrones de valencia de cada uno son:

H: **$1s^1$**   1 electrón de valencia

O: $1s^2$ **$2s^2$ $2p^4$**   6 electrones de valencia

El número total de electrones de valencia en la molécula será:

$$A = 2 \cdot 1 + 1 \cdot 6 = 8 \text{ electrones de valencia}$$

2. Determinar el número total de electrones de valencia que serían necesarios para que todos los átomos tuvieran completa la última capa. Para el hidrógeno contaremos únicamente 2 electrones (su capa completa sería $1s^2$) mientras que para el resto de elementos contaremos 8 electrones. A esta suma total la designaremos como B.

En el agua, para que todos los átomos tuviesen completa la última capa, cada hidrógeno requeriría 2 electrones y el oxígeno 8:

$$B = 2 \cdot 2 + 1 \cdot 8 = 12 \text{ electrones requeridos}$$

3. Realizar la resta $B - A = C$. Al restar estos dos valores obtenemos el número total de electrones enlazantes, es decir, aquellos electrones que están formando parte de un enlace covalente.

Para el agua:

$C = 12 - 8 = 4$ electrones enlazantes → **2 pares electrónicos de enlace**

4. El resto de electrones de valencia de la molécula serán no enlazantes y se determinarán como $D = A - C$.

Para el agua:

$D = 8 - 4 = 4$ electrones no enlazantes → **2 pares electrónicos libres**

5. Finalmente colocamos el átomo central rodeado de los átomos periféricos y distribuimos los pares electrónicos (enlazantes y no enlazantes) de la forma adecuada para que cada átomo quede con su última capa completa.

En el agua debemos dibujar una estructura con un átomo de oxígeno como átomo central, con 2 pares libres sobre el oxígeno y 2 pares de enlace (enlaces oxígeno-hidrógeno):

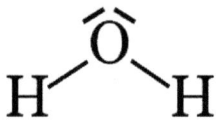

En efecto, todos los átomos tienen completa la última capa, dos para cada hidrógeno y ocho para el oxígeno.

Ejemplo resuelto: Estructuras de Lewis

Dibujar la estructura de Lewis de las moléculas NH_3 y CF_4.

NH_3

Configuraciones electrónicas:

N: $1s^2\ 2s^2\ 2p^3$ 5 electrones de valencia

H: $1s^1$ 1 electrón de valencia

$A = 3 \cdot 1 + 1 \cdot 5 = 8$ electrones de valencia

$B = 3 \cdot 2 + 1 \cdot 8 = 14$ electrones requeridos

$C = B - A = 14 - 8 = 6$ electrones enlazantes → **3 pares enlazantes**

$D = A - C = 8 - 6 = 2$ electrones no enlazantes → **1 par no enlazante**

Estructura de Lewis con el nitrógeno como átomo central:

$$H-\bar{N}-H$$
$$|$$
$$H$$

En esta estructura, todos los átomos tienen completa la última capa, dos electrones para cada hidrógeno y ocho para el nitrógeno.

CF_4

Configuraciones electrónicas:

C: $1s^2\ \mathbf{2s^2\ 2p^2}$ 4 electrones de valencia

F: $1s^2\ \mathbf{2s^2\ 2p^5}$ 7 electrones de valencia

$A = 1 \cdot 4 + 4 \cdot 7 = 32$ electrones de valencia

$B = 5 \cdot 8 = 40$ electrones requeridos

$C = B - A = 40 - 32 = 8$ electrones enlazantes → **4 pares enlazantes**

$D = A - C = 32 - 8 = 24$ electrones no enlazantes → **12 pares no enlazantes**

Estructura de Lewis con el carbono como átomo central:

$$\mathrm{I\bar{F}I}$$
$$|$$
$$\mathrm{I\bar{F}-C-\bar{F}I}$$
$$|$$
$$\mathrm{I\bar{F}I}$$

En esta estructura, todos los átomos tienen completa la última capa, ocho electrones tanto para el carbono como para los átomos de flúor.

Si bien como vemos la regla del octeto es muy útil para la determinación de la estructura de Lewis de algunas moléculas sencillas, en especial aquellas que están formadas por elementos no metálicos del segundo período (carbono, nitrógeno, oxígeno...), existen excepciones a la misma. Las excepciones pueden ser por defecto (menos de ocho electrones) y por exceso (más de ocho electrones).

Por ejemplo, el boro se rodea de seis electrones en compuestos como el trifluoruro de boro, BF_3, o el tricloruro de boro, BCl_3.

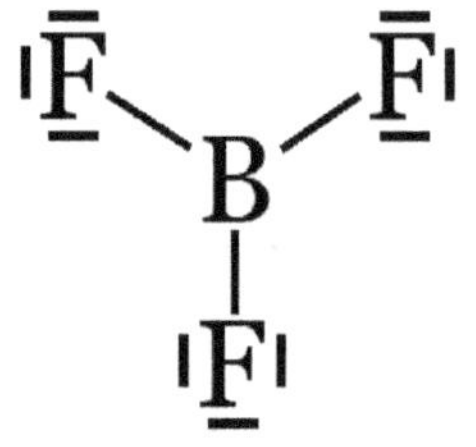

Figura 3.8. Estructura de Lewis del trifluoruro de boro. Este compuesto no cumple la regla del octeto, ya que el boro se rodea únicamente de seis electrones y no de ocho.

En cuanto a las excepciones por exceso, son frecuentes cuando el átomo central es un elemento no metálico del tercer período, como fósforo o azufre, debido a que los orbitales 3d se hallan energéticamente accesibles y pueden albergar más de ocho electrones en su capa de valencia.

El fósforo puede formar hasta cinco enlaces covalentes, como ocurre en el pentacloruro de fósforo, PCl_5.

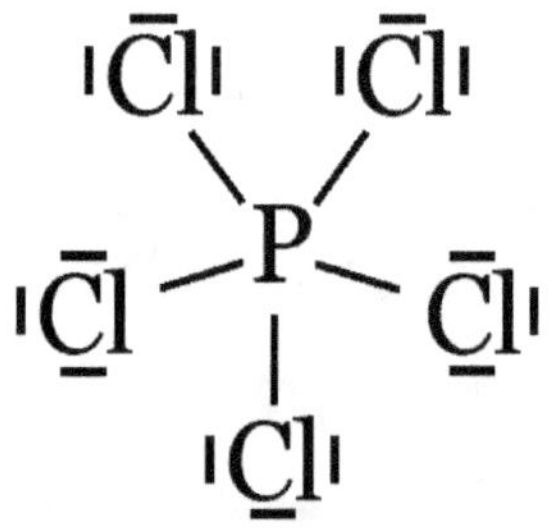

Figura 3.9. Estructura de Lewis del pentacloruro de fósforo. Este compuesto no cumple la regla del octeto, ya que el fósforo se rodea de diez electrones y no de ocho (cinco pares enlazantes).

Y el azufre puede formar hasta seis enlaces covalentes, como ocurre en el hexafluoruro de azufre, SF_6, por lo que el azufre se rodearía en esta molécula de un total de doce electrones.

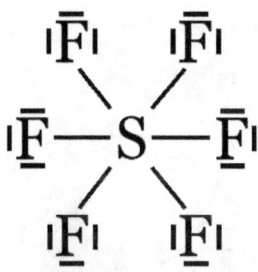

Figura 3.10. Estructura de Lewis del hexafluoruro de azufre. Este compuesto no cumple la regla del octeto, ya que el azufre se rodea de doce electrones y no de ocho.

3.3.2. Polaridad de enlace y polaridad molecular

Para poder entender las propiedades de muchos de los compuestos con enlace covalente, es necesario conocer el concepto de polaridad. Distinguiremos entre la polaridad de un enlace químico y la polaridad global de una molécula.

> *Un **enlace químico es polar** cuando la distribución de la nube electrónica es asimétrica, lo que sucede si los átomos que lo forman presentan distinta electronegatividad.*

Si consideramos moléculas diatómicas homonucleares (formadas por dos átomos iguales), como H_2, Cl_2, O_2... al tener ambos átomos la misma electronegatividad, el enlace será apolar, y la nube electrónica estará distribuida de forma simétrica en torno a ellos.

Figura 3.11. Ejemplo de molécula diatómica apolar. La distribución de la nube electrónica (gris) es simétrica en torno a los dos átomos de una molécula de H_2.

En cambio, si consideramos moléculas formadas por dos átomos distintos, como HBr, el enlace será polar, pues el bromo (electronegatividad 2,96) es más electronegativo que el hidrógeno (electronegatividad 2,20) y la nube electrónica quedará distribuida de forma asimétrica.

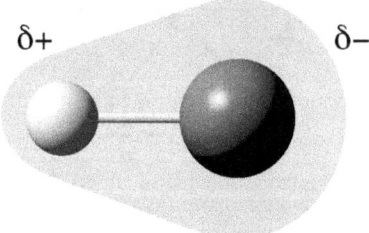

Figura 3.12. Ejemplo de molécula diatómica polar. Aunque la molécula globalmente es neutra, la distribución asimétrica de la carga hace que quede una densidad de carga negativa (δ^-) sobre el átomo más electronegativo, el bromo, y una densidad de carga positiva (δ^+) sobre el átomo más electropositivo, el hidrógeno. Estas densidades de carga son iguales pero de signo contrario.

Cuanto mayor es la diferencia de electronegatividad entre los dos átomos que forman un enlace covalente, mayor será la polaridad del mismo.

Los dos polos de signo contrario hacen que el enlace se denomine **dipolo eléctrico**. Un dipolo eléctrico se caracteriza por el **momento dipolar** (representado por la letra griega $\vec{\mu}$), que se calcula con el producto de la densidad de carga (δ) por la distancia que separa los núcleos atómicos del enlace ($\vec{d}$), es decir, $\vec{\mu} = \delta \cdot \vec{d}$.

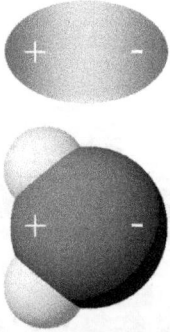

Figura 3.13. Las moléculas polares presentan un desplazamiento permanente de la carga que da lugar a un dipolo, con una zona positiva y una zona negativa. Por ejemplo, la molécula de agua presenta una zona de densidad de carga positiva en la zona más próxima a los átomos de hidrógeno, y una zona de densidad de carga negativa en la zona más alejada de ellos.

Existen moléculas no diatómicas cuyos enlaces son polares y que, sin embargo, globalmente son apolares. Esto es debido a que, por la geometría que presentan, los momentos dipolares individuales de los distintos enlaces pueden anularse entre sí y, globalmente, la molécula será apolar. Debemos tener en cuenta que los momentos dipolares son vectores; no solo consideraremos su módulo sino también su dirección y sentido.

> *No es lo mismo la polaridad de un enlace químico y la polaridad de una molécula: una molécula con enlaces polares puede ser apolar.*

Una molécula que nos servirá para ilustrar este hecho es la de dióxido de carbono, CO_2, cuya geometría es lineal con el oxígeno como átomo central. Los enlaces carbono-oxígeno de la molécula son polares, pues el oxígeno (electronegatividad 3,40) es más electronegativo que el carbono (electronegatividad 2,55). Sin embargo, a pesar de la polaridad de los enlaces, ambos momentos dipolares tienen el mismo módulo y dirección y distinto sentido; esto hace que se anulen entre sí y que, globalmente, la molécula tenga un momento dipolar nulo ($\vec{\mu_T} = 0$).

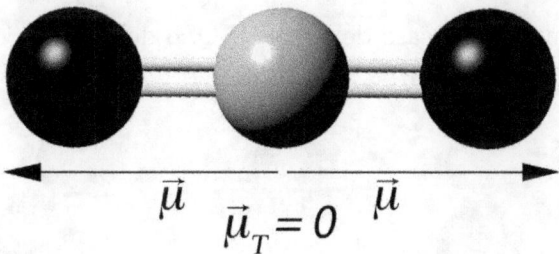

Figura 3.14. La molécula de CO_2, que es lineal, tiene un momento dipolar global igual a cero a pesar de que los enlaces C=O son polares. Esto es así porque la geometría lineal de la molécula hace que los momentos dipolares de los dos enlaces se anulen entre sí.

💡 Recuerda

> La suma de dos vectores con el mismo módulo y dirección pero sentido contrario es igual a cero.

Esto mismo sucede con otras moléculas de distinta geometría en las que el átomo central está unido únicamente a átomos iguales. Por ejemplo, la geometría trigonal plana de la molécula de trifluoruro de boro, BF$_3$, o la geometría tetraédrica del tetracloruro de carbono, CCl$_4$.

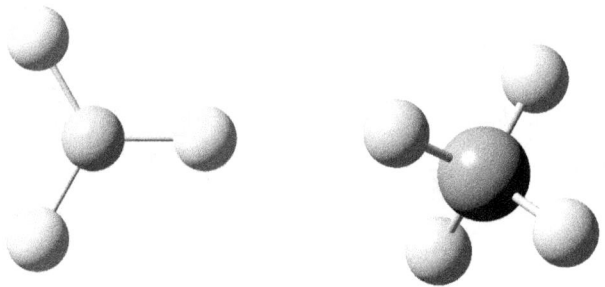

Figura 3.15. Como ocurre con las lineales, las moléculas con geometría trigonal plana o tetraédrica en las que el átomo central está unido a 3 y 4 átomos iguales respectivamente, también serán apolares, aunque individualmente los enlaces puedan ser polares. Estas geometrías hacen que los momentos dipolares individuales de los distintos enlaces se anulen entre sí.

Existen otras moléculas cuyos enlaces son polares y en las que los distintos momentos dipolares no se anulan entre sí. En estos casos, la molécula, además de presentar enlaces polares, también será globalmente polar ($\overrightarrow{\mu_T} \neq 0$) y dará lugar a un dipolo permanente. Es el caso del agua, H$_2$O, o del amoníaco, NH$_3$.

Figura 3.16. La moléculas con geometría angular, como el agua, y con geometría de pirámide trigonal, como el amoníaco, serán polares si sus enlaces también lo son por diferencia de electronegatividad de sus átomos. Esto ocurre porque los distintos momentos dipolares no se anulan entre sí por geometría.

3.3.3. Propiedades de los cristales covalentes

Los compuestos con enlace covalente son un grupo muy amplio en el que diferenciamos dos subgrupos con propiedades prácticamente opuestas: las sustancias covalentes moleculares y los cristales covalentes.

Las **redes covalentes** (o **cristales covalentes**) no están formadas por moléculas individuales, sino que son macromoléculas, grandes redes cristalinas formadas por una infinidad de átomos, iguales o distintos, unidos fuertemente entre sí mediante enlace covalente. Como cristales que son, la estructura es ordenada y muy definida, cada átomo tiene una posición precisa.

Entre ellas hallamos compuestos como el grafito y el diamante (dos formas distintas de carbono puro, C) o la sílice (SiO_2, componente mayoritario del cuarzo). Dada la fortaleza de los enlaces que establecen los átomos en la redes covalentes, estos compuestos siempre son sólidos a temperatura ambiente y, de hecho, presentan puntos de fusión y ebullición elevadísimos, porque para fundirlos es necesario romper los enlaces covalentes.

Veamos los puntos de fusión de las tres redes mencionadas:

C (diamante) = 3823 K

C (grafito) = 3800 K

Sílice (SiO_2) = 1986 K

> *Los **cristales covalentes** son redes altamente ordenadas, formadas por un número muy elevado de átomos iguales o distintos y unidos entre sí por enlaces covalentes.*

En general, las propiedades de los cristales covalentes son:

- <u>**Los átomos se unen entre sí mediante enlace covalente**</u>.
- <u>**Presentan estructura cristalina**</u> y están formados por una gran cantidad de átomos.

- **Presentan elevados puntos de fusión y ebullición**, puesto que es necesario romper los enlaces covalentes para fundir el compuesto.
- **Son compuestos de gran dureza** (el diamante es el compuesto más duro que se conoce, con una dureza de 10 en la escala de Mohs) a excepción del grafito, que tiene una dureza baja (1-2 en la escala de Mohs) por su peculiar estructura en capas.
- Por el mismo motivo, su estructura en capas, el grafito es el único capaz de conducir la corriente eléctrica. Los restantes cristales covalentes **no son conductores de la electricidad**.
- Todos ellos son **insolubles en prácticamente cualquier disolvente**.

Veamos como ejemplos concretos las estructuras del grafito y del diamante, compuestos representativos de las redes covalentes.

Aunque el grafito está formado por carbono, igual que el diamante, la diferencia en la forma en que se enlazan dichos átomos de carbono en ambas estructuras les confiere propiedades totalmente distintas. De hecho, el grafito, que se usa en la mina de lápiz, es un material muy barato, mientras que el diamante es una piedra preciosa.

🔍 Para saber más

> *Existen elementos químicos presentes en la naturaleza con distintas estructuras, de modo que tenemos compuestos diferenciados, a pesar de estar formados por el mismo elemento. A dichas estructuras diferenciadas se las denomina formas alotrópicas. Por ejemplo, el grafito y el diamante son formas alotrópicas de carbono, aunque existen otras, como los fulerenos, los nanotubos o el grafeno.*

El grafito está estructurado en capas de átomos de carbono que forman hexágonos. Cada átomo de carbono está en el centro de un triángulo equilátero y unido a otros tres átomos de carbono vecinos, que son los vértices del triángulo. Los enlaces entre los distintos átomos de carbono de una misma capa son muy fuertes.

Las capas se apilan las unas sobre las otras, pero en este caso se trata de enlaces débiles y, por este motivo, el grafito es un compuesto blando. La distancia entre capas es muy grande en comparación con los enlaces carbono-carbono.

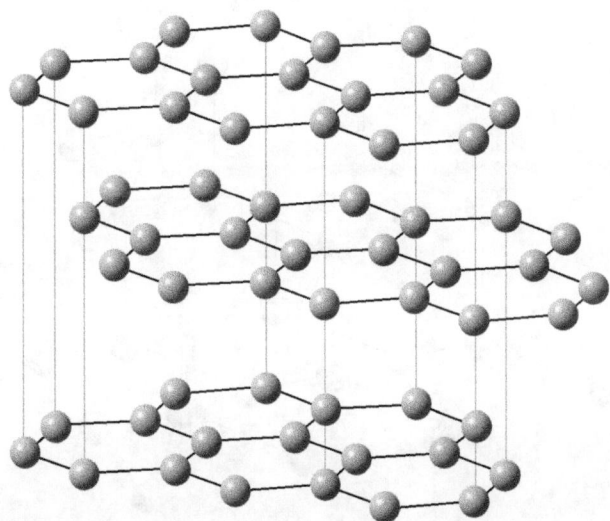

Figura 3.17. Estructura en capas del grafito, forma alotrópica del carbono. Cada átomo de carbono se une a otros tres átomos con disposición trigonal plana. Las distintas capas se apilan unas sobre otras con interacciones mucho más débiles que los enlaces covalentes entre átomos. Por este motivo, el grafito es un material blando.

Dado que las capas, como decimos, se unen débilmente entre sí, el grafito es exfoliable y untuoso al tacto. La exfoliación es lo que permite que el grafito se use como mina de lápiz, ya que al frotar la mina sobre el papel se van desprendiendo capas que se quedan adheridas a este.

El diamante es otra forma natural de carbono puro, pero en este caso está constituida por una red de átomos de carbono con geometría tetraédrica, de forma que cada átomo de carbono se une a otros cuatro átomos situados en los vértices de un tetraedro, y así sucesivamente en las tres dimensiones.

Cada carbono de estos vértices es, a su vez, el átomo central de otro tetraedro. Por tanto, todo el cristal se puede considerar como una molécula gigante o macromolécula.

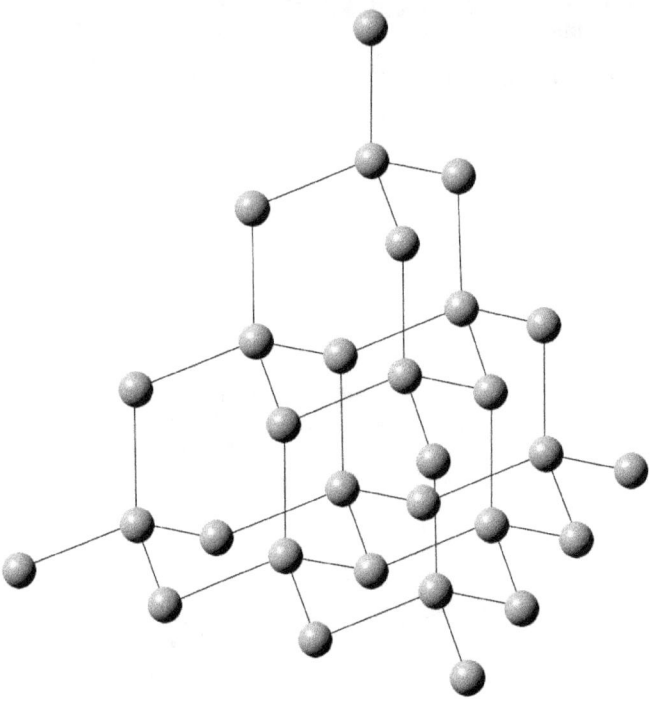

Figura 3.18. Fragmento de la estructura tridimensional del diamante, una forma alotrópica de carbono. Cada átomo de carbono se une a otros cuatro átomos formando un tetraedro. Como estos enlaces covalentes son muy fuertes y se prolongan por toda la red, el diamante es un compuesto de una dureza inusitada.

Puesto que los enlaces carbono-carbono presentes en las tres dimensiones son muy fuertes, el diamante se caracteriza por su gran dureza y por sus elevados puntos de fusión y ebullición, además de no conducir la corriente eléctrica y ser insoluble. Otro compuesto de estructura semejante al diamante y también de elevada dureza es el carburo de silicio, SiC, llamado industrialmente carborundo, con disposición tetraédrica tanto de los átomos de silicio como de los átomos de carbono.

3.3.4. Propiedades de las sustancias covalentes moleculares

Las sustancias covalentes moleculares, opuestas a las redes covalentes, están formadas por moléculas individuales. Dentro de este grupo hallamos compuestos que a temperatura ambiente son gases (O_2, N_2, Cl_2...), líquidos (agua, Br_2, etanol...) y sólidos (glucosa, I_2...). Por ejemplo, si consideramos el oxígeno (O_2), está formado por moléculas diatómicas con enlace covalente doble (enlace *intra*molecular). La estructura de Lewis de la molécula de oxígeno es:

$$\bar{\underline{O}}=\bar{\underline{O}}$$

Sin embargo, si tenemos un recipiente con una cierta cantidad de oxígeno gaseoso, este se compone de moléculas individuales que no forman enlace químico entre sí. Entre las distintas moléculas únicamente se establecerán unas fuerzas de carácter débil, llamadas fuerzas *inter*moleculares. Estas fuerzas son muchísimo más débiles que el enlace covalente que mantiene unidos los dos átomos de oxígeno en una molécula.

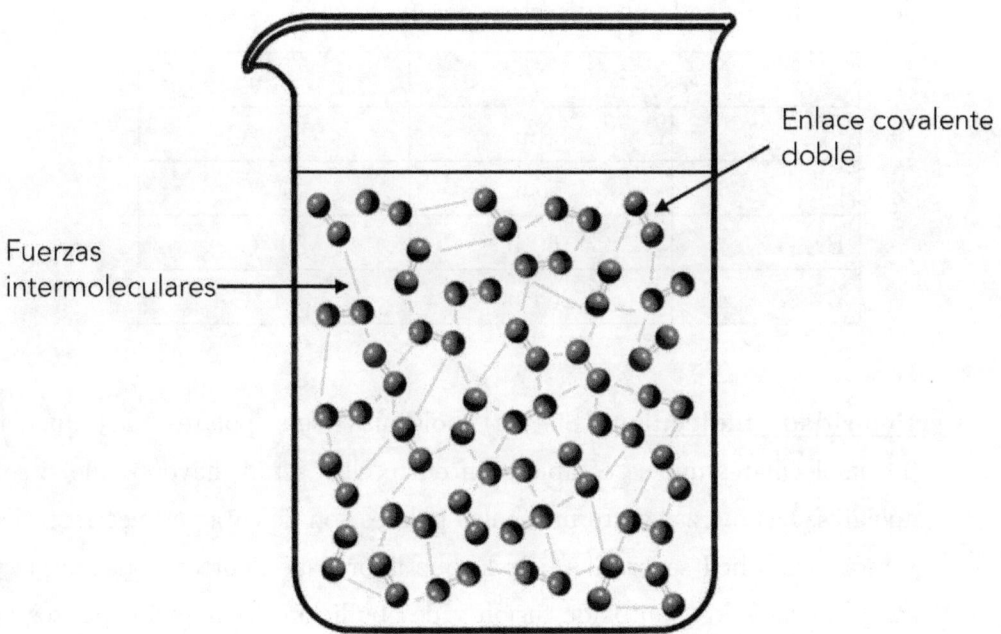

Figura 3.19. En un recipiente con oxígeno tenemos moléculas diatómicas, O_2. Los dos átomos de oxígeno de cada molécula están unidos entre sí mediante un enlace covalente doble, muy fuerte, mientras que las distintas moléculas interaccionan entre ellas débilmente mediante las llamadas fuerzas intermoleculares.

El hecho de que estas fuerzas intermoleculares sean débiles hace que, en general, las sustancias covalentes moleculares se hallen como gases a temperatura ambiente, ya que habrá que aportar poca energía para separar unas moléculas de otras y, por tanto, para fundir y evaporar dichas sustancias.

No obstante, existen factores que pueden hacer que las fuerzas intermoleculares aumenten, de modo que algunas sustancias covalentes moleculares son líquidas e incluso sólidas a temperatura ambiente, a pesar de estar formadas por moléculas independientes. Estos factores son dos: la masa molecular y la polaridad global de la molécula.

- **Masa molecular**. A mayor masa molecular, mayores son las fuerzas intermoleculares, aunque se trate de moléculas muy semejantes en cuanto a estructura. Por ejemplo, en el grupo de los halógenos, a temperatura ambiente el diflúor (F_2) y el dicloro (Cl_2) son gases, el dibromo (Br_2) es líquido y el diyodo (I_2), sólido. Veamos las masas moleculares y los puntos de ebullición de cada uno de estos compuestos:

Compuesto	Masa molecular	Punto ebullición
F_2	38 u	-188 °C
Cl_2	71 u	-34 °C
Br_2	160 u	59 °C
I_2	254 u	184 °C

- **Polaridad molecular**. Si las moléculas son polares, las fuerzas intermoleculares que se establecerán entre ellas serán mayores que si son apolares. Las fuerzas entre moléculas polares son de carácter electrostático y será más difícil separarlas, por lo que habrá que aportar más energía y serán mayores los puntos de fusión y de ebullición. Veamos los puntos de ebullición de tres compuestos con masas moleculares similares pero distinto grado de polaridad:

Compuesto	Masa molecular	Punto ebullición
CH_4 (apolar)	16 u	-162 °C
NH_3 (ligeramente polar)	17 u	-33 °C
H_2O (muy polar)	18 u	100 °C

❓ Recuerda

> Las moléculas covalentes pueden ser polares cuando sus enlaces presentan momentos dipolares permanentes que no se anulan por geometría, y un enlace es polar si existe una diferencia de electronegatividad entre sus átomos.

También de la polaridad molecular dependerá la **solubilidad**, es decir, el tipo de disolventes en los cuales es soluble una sustancia covalente molecular.

> *Los compuestos covalentes polares son solubles en disolventes polares (agua, etanol...) y los compuestos covalentes apolares son solubles en disolventes apolares (hexano, benceno...).*

Así, las propiedades físicas de las sustancias covalentes moleculares son:

- Están **formadas por moléculas independientes** que interaccionan entre sí con fuerzas débiles denominadas fuerzas intermoleculares.
- Existen sustancias covalentes moleculares que a temperatura ambiente se hallan en estado gaseoso, otras en estado líquido y otras en estado sólido, dependiendo de la fortaleza de dichas fuerzas intermoleculares. No obstante, en general, **presentan puntos de fusión y ebullición bajos**, menores de 300 °C en todo caso.
- **La solubilidad depende de la polaridad**. Los compuestos polares son solubles en disolventes polares como agua o etanol, los apolares en disolventes apolares como benceno o hexano.
- **No conducen la corriente eléctrica** o son muy malos conductores de la misma, porque los electrones se hallan muy localizados y son moléculas independientes. Únicamente la conducen los compuestos covalentes muy polares en disolución acuosa que se puedan disociar como electrolitos, como el cloruro de hidrógeno, HCl, que disuelto en agua se disocia como H^+ y Cl^-. La disolución recibe el nombre de ácido clorhídrico.

3.4. Fuerzas de interacción entre moléculas. Enlace de hidrógeno.

Como hemos visto en el apartado previo, existen compuestos con enlace covalente que forman moléculas. Dichas moléculas interaccionan débilmente entre sí mediante las llamadas **fuerzas intermoleculares**.

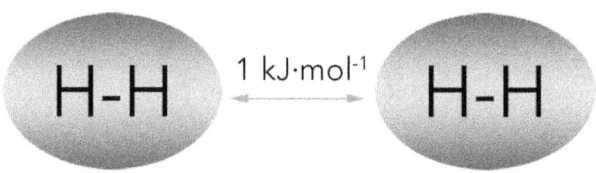

Figura 3.20. La energía del enlace covalente hidrógeno-hidrógeno es de 435 kJ · mol^{-1}, mientras que la energía de las fuerzas intermoleculares es solo de 1 kJ · mol^{-1}. El hecho de que las fuerzas intermoleculares entre las distintas moléculas de dihidrógeno sean tan débiles hace que su punto de ebullición sea muy bajo, -253 °C.

Aunque las fuerzas intermoleculares son débiles, las hay de distinta magnitud en función del compuesto considerado. Mientras que en el caso del dihidrógeno, H$_2$, las fuerzas intermoleculares son de 1 kJ · mol^{-1}, en otros compuestos, como el HCl, son mucho mayores, 16 kJ · mol^{-1}.

Cuanto más intensa es la fuerza intermolecular que une las moléculas mayores serán los puntos de fusión y de ebullición, porque son estas las fuerzas que debemos vencer para separarlas. En efecto, como vemos en los dos casos anteriores, el HCl, que forma fuerzas intermoleculares mucho más intensas, tiene un punto de ebullición 167 °C más elevado que el del dihidrógeno (-85 °C frente a -253 °C).

La intensidad de las fuerzas intermoleculares depende esencialmente de la polaridad de la molécula. En base a este criterio estableceremos la clasificación de los distintos tipos de fuerzas:

- **<u>Fuerzas intermoleculares entre moléculas apolares</u>**. Reciben el nombre de fuerzas dipolo instantáneo-dipolo inducido, o también fuerzas de dispersión o fuerzas de London. En este caso, la mayor intensidad de este tipo de fuerzas dependerá de la masa. A mayor masa molecular, mayores fuerzas de dispersión y, por tanto, mayores puntos de fusión y de ebullición.

- **Fuerzas intermoleculares entre moléculas polares.** En este caso tenemos dos tipos:
  - **Fuerzas dipolo-dipolo**. Se trata de fuerzas entre dipolos permanentes. Los dipolos permanentes se dan por diferencia de electronegatividad entre los átomos en moléculas cuyos dipolos no se anulan por geometría.
  - **Enlaces de hidrógeno**. Como las fuerzas dipolo-dipolo, se dan entre dipolos permanentes, pero se presentan cuando la molécula tiene enlaces formados por un átomo de hidrógeno y un átomo pequeño y muy electronegativo, como flúor, nitrógeno u oxígeno.

3.4.1. Fuerzas intermoleculares entre moléculas apolares

Las fuerzas dipolo instantáneo-dipolo inducido se dan entre moléculas covalentes apolares, e incluso entre átomos individuales, como es el caso de los gases nobles. ¿Cómo es posible que estas moléculas totalmente apolares establezcan entre sí una unión, por débil que sea? Se comprende que haya fuerzas de carácter electrostático entre moléculas covalentes polares pero... ¿cómo puede haberlas entre las apolares?

Veamos el porqué. En las moléculas covalentes apolares, la nube electrónica, que estará en movimiento constante en torno a los núcleos atómicos, puede hallarse desplazada hacia un lado de la molécula durante un brevísimo lapso de tiempo.

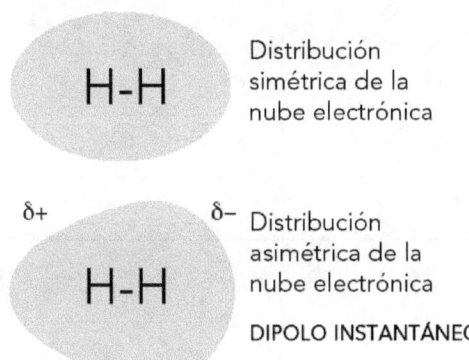

Figura 3.21. Distribución simétrica y asimétrica de la carga en una molécula de H_2. La distribución asimétrica genera una zona con densidad de carga positiva, δ^+, y una zona con densidad de carga negativa, δ^-. Esto recibe el nombre de dipolo instantáneo, por su breve duración.

Así, la especie que es normalmente apolar, se puede comportar fugazmente como polar y formar un dipolo instantáneo. Además, por un proceso de inducción, este dipolo instantáneo puede provocar, a su vez, el desplazamiento de la nube electrónica de las moléculas vecinas, formando lo que se conoce como un **dipolo inducido**.

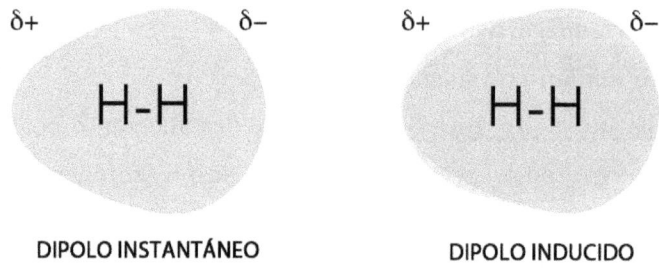

Figura 3.22. Formación de un dipolo inducido en la molécula vecina a un dipolo instantáneo.

Estos dipolos sienten una cierta atracción mutua, de carácter débil. Por este motivo, dichas fuerzas reciben el nombre de fuerzas dipolo instantáneo – dipolo inducido y aumentan con el tamaño de la molécula, es decir, con la masa molecular. Cuanto más grande es la molécula más electrones tiene, más grande es la nube electrónica y más alejada se halla esta del núcleo. Esto hace que en las moléculas grandes sea más fácil la formación de dipolos instantáneos; se dice que estas moléculas son más polarizables.

Si consideramos nuevamente las moléculas diatómicas de los halógenos: dicloro (Cl_2), dibromo (Br_2) y diyodo (I_2), sus puntos de fusión y ebullición y su estado de agregación a temperatura ambiente son:

Compuesto	Punto fusión	Punto ebullición	Estado a 25 °C
Cl_2	-102 °C	-34 °C	Gas
Br_2	-7 °C	59 °C	Líquido
I_2	83 °C	184 °C	Sólido

De forma esquemática, podemos representar la nube electrónica de cada una de estas moléculas cada vez más grande y, por tanto, más polarizable:

Figura 3.23. A mayor tamaño molecular mayor es la polarizabilidad.

A pesar de esto, se cumple que las fuerzas de London o de dispersión son las más débiles de todas las fuerzas intermoleculares, por lo que, en general, las moléculas covalentes apolares presentarán bajos puntos de fusión y ebullición, aumentando en un mismo grupo con el tamaño atómico. Lo mismo ocurre con los gases nobles, que son átomos que no forman enlace, en los cuales el punto de ebullición superior corresponde, en efecto, al más grande de la serie, el radón.

Gas noble	Punto ebullición
Helio	-269 °C
Neón	-246 °C
Argón	-186 °C
Criptón	-152 °C
Xenón	-108 °C
Radón	-62 °C

No obstante, como vemos, todos ellos siguen teniendo puntos de ebullición realmente bajos y son gases a temperatura ambiente; esto nos indica la poca entidad de las fuerzas intermoleculares entre sustancias apolares.

3.4.2. Fuerzas intermoleculares entre moléculas polares

Las moléculas covalentes polares forman **dipolos permanentes** que establecen fuerzas electrostáticas con los dipolos de las moléculas vecinas.

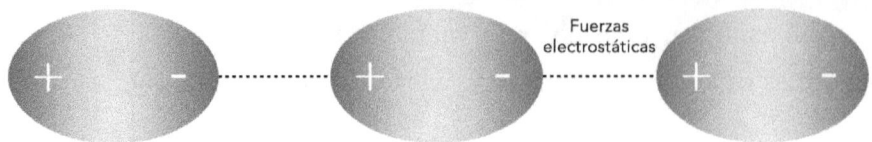

Figura 3.24. Cuando una sustancia covalente está formada por moléculas covalentes polares, que dan lugar a dipolos permanentes, estos dipolos interaccionan entre sí mediante fuerzas electrostáticas.

💡 **Recuerda**

> Para que una molécula covalente sea polar es necesario que se cumplan dos condiciones:
>
> **1.** Que algunos de sus enlaces o todos ellos sean polares, por estar formados por átomos con distinta electronegatividad, es decir, enlaces intramoleculares con un momento dipolar permanente.
>
> **2.** Que los momentos dipolares de los distintos enlaces de la molécula no se anulen entre sí por geometría, de forma que la molécula presente un momento dipolar total neto distinto de cero.

Aunque la naturaleza de este tipo de fuerzas intermoleculares siempre es la misma, la formación de dipolos permanentes, se clasifican en dos tipos de fuerzas distintas:

- **Enlaces de hidrógeno**: cuando la molécula polar presenta enlaces formados por un átomo de hidrógeno unido a un átomo pequeño y electronegativo (nitrógeno, oxígeno o flúor; N,O,F). Dentro de los dos tipos de fuerzas intermoleculares entre moléculas polares son las más intensas.
- **Fuerzas dipolo-dipolo**: el resto de las combinaciones posibles, es decir, cualquier enlace polar que no esté formado por hidrógeno enlazado a N,O,F.

Puesto que los enlaces de hidrógeno tienen una intensidad mayor que las restantes fuerzas entre moléculas polares, las moléculas que los forman presentan unos puntos de fusión y ebullición anormalmente elevados en comparación con los compuestos análogos de su mismo grupo. Por ejemplo, en el caso del grupo de los anfígenos, los compuestos H_2O, H_2S, H_2Se y H_2Te, tienen los siguientes puntos de ebullición:

Compuesto	Masa molecular	Punto ebullición
H_2O	18 u	100 °C
H_2S	34 u	-60 °C
H_2Se	81 u	-42 °C
H_2Te	130 u	-2 °C

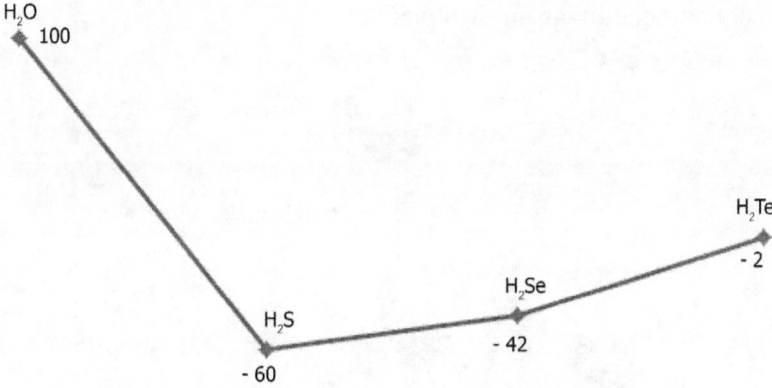

Figura 3.25. Puntos de ebullición de los hidruros del grupo 16 (O, S, Se y Te). Si seguimos la línea de tendencia vemos que el punto de ebullición del agua debería ser el más bajo de todos, ya que se trata de una línea descendente desde el teluro hasta el azufre. Sin embargo, el punto de ebullición del agua es anómalo, siendo con mucha diferencia el mayor de todos.

El punto de ebullición del agua debería ser el menor de todos ellos, dado que sabemos que, en general, a mayor masa molecular de una sustancia mayor punto de ebullición. Sin embargo, vemos que es el mayor de la serie y con una diferencia muy considerable.

Esto es debido a que, puesto que en las moléculas de agua se forman enlaces de hidrógeno, costará más separarlas, habrá que aportar una mayor cantidad de energía y, por tanto, mayor temperatura.

> *El punto de ebullición del agua es anormalmente elevado por su capacidad para formar enlaces de hidrógeno.*

Otras moléculas de la serie, como H_2S y H_2Se, serán levemente polares (electronegatividad del S: 2,58; electronegatividad del Se: 2,55; electronegatividad del H: 2,20). Pero, dado que las diferencias de electronegatividad son pequeñas, la magnitud de los dipolos permanentes formados será muy inferior a la de las moléculas de agua y, por este motivo, también será menor la magnitud de las fuerzas intermoleculares formadas.

Es la formación de enlaces de hidrógeno lo que le confiere las peculiares propiedades que la hacen un compuesto indispensable para el desarrollo de la vida y la química de los seres vivos, pues la inmensa mayoría de reacciones que se dan en las células tiene lugar en disolución.

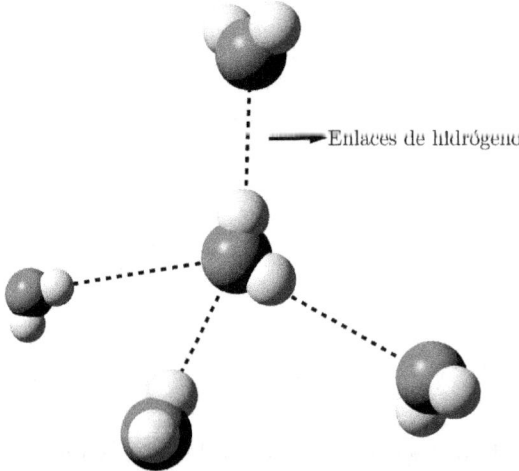

Figura 3.26. La formación de enlaces de hidrógeno en el agua líquida le confiere sus especiales propiedades.

La formación de enlaces de hidrógeno es también la causa de la estructura altamente ordenada del hielo.

Otros compuestos que presentan enlaces de hidrógeno son, por ejemplo, el fluoruro de hidrógeno, HF, y el amoníaco, NH_3, en las que el átomo de hidrógeno se une a flúor y nitrógeno, átomos también muy electronegativos y de pequeño tamaño.

4. Disoluciones

4.1. Componentes de las disoluciones

Hemos visto en el apartado 2.4: «Notación química: símbolos y fórmulas», que las sustancias puras se pueden mezclar entre ellas de forma heterogénea (como una mezcla de sal y arena, en la que los componentes se distinguen a simple vista) u homogénea (como el agua de mar, que es una disolución).

> *Una **disolución** es una mezcla homogénea de sustancias puras: un componente mayoritario, denominado **disolvente**, y un componente minoritario, denominado **soluto**.*

💡 Recuerda

> En una misma disolución puede haber más de un soluto. Por ejemplo, el agua del grifo es una disolución que contiene una gran cantidad de iones distintos, como el catión calcio, Ca^{2+}, o el anión cloruro, Cl^-, entre otros.

Que una disolución sea homogénea implica que si dividimos la disolución inicial en distintas porciones (por ejemplo, tomamos una disolución de 1 L en porciones de 100 mL) todas ellas tendrán la misma composición y las mismas propiedades.

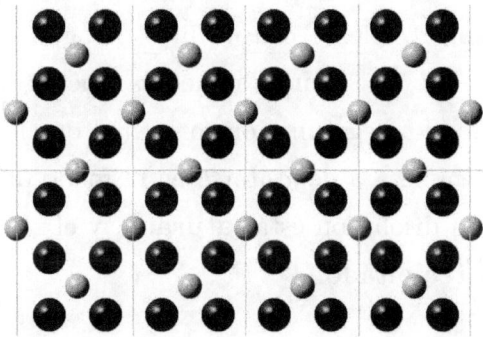

Figura 4.1. Las ocho porciones de la disolución mostrada en la imagen tienen la misma concentración (misma proporción de soluto en relación al disolvente).

Son disoluciones, por ejemplo: azúcar en agua, sal en agua, etanol en agua o benceno en etanol.

Aunque es probable que, cuando hablamos de disolución, tengamos en mente un líquido (como en el caso de los ejemplos indicados), también existen disoluciones gaseosas y disoluciones sólidas. Por ejemplo el aire (disolución gaseosa de oxígeno y dinitrógeno, principalmente) o el latón (disolución sólida de cobre y cinc).

Disolución final	Soluto	Disolvente	Ejemplo
Gas	Gas	Gas	Aire
Líquido	Gas	Líquido	Refresco con gas
Líquido	Líquido	Líquido	Agua y etanol
Líquido	Sólido	Líquido	Agua y sal
Sólido	Gas	Sólido	Dihidrógeno sobre vanadio
Sólido	Líquido	Sólido	Amalgama (mercurio, metal líquido, con otros metales)
Sólido	Sólido	Sólido	Latón (cinc y cobre)

Tabla 4.1. Tipos de disoluciones en función del estado del soluto y del disolvente.

4.2. Concepto de solubilidad. Factores que afectan a la solubilidad.

Imagina que tenemos un recipiente con un litro de agua y vamos agregando sal común (NaCl), que se va disolviendo a medida que agitamos. Si se continúa añadiendo NaCl y agitando, llega un momento en el que la disolución es incapaz de disolver más sal y empieza a depositarse en el fondo del recipiente, en forma de sólido. Se dice que la disolución está **saturada**, y el sólido que se deposita en el fondo se denomina **precipitado**.

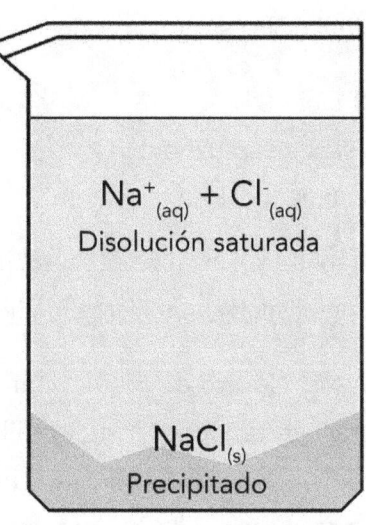

Figura 4.2. Disolución saturada de cloruro de sodio con iones disueltos y sólido precipitado en el fondo.

Por tanto, una disolución saturada es aquella que no puede disolver más cantidad de un determinado soluto. A la concentración de la disolución saturada se la llama **solubilidad**.

*La máxima cantidad de una sal que se puede disolver en un cierto volumen de disolvente se denomina **solubilidad**, s, y depende de la sustancia que estemos disolviendo.*

Las unidades de la solubilidad son gramos de sólido por litro de disolvente (g/L o $g \cdot L^{-1}$), aunque también se expresa como gramos de sólido por cada 100 mL de disolvente (g/100 mL) o molaridad ($mol \cdot L^{-1}$).

Por ejemplo, en agua y a 25 °C:

Solubilidad del NaCl (cloruro de sodio): $359 \; g \cdot L^{-1} = 6{,}14 \; mol \cdot L^{-1}$

Solubilidad del AgCl (cloruro de plata): $0{,}0052 \; g \cdot L^{-1} = 3{,}63 \cdot 10^{-5} \; mol \cdot L^{-1}$

Como vemos, la diferencia entre la solubilidad de ambas sales tomadas como ejemplo, NaCl y AgCl, es muy grande.

Así, en función de su solubilidad, las sales se pueden clasificar como:

- Solubles, si s > 0,02 mol · L^{-1}
- Ligeramente solubles, si s $\cong$ 0,02 mol · L^{-1}
- Poco solubles, si s < 0,02 mol · L^{-1}

A estas últimas, las poco solubles, en ocasiones se las denomina insolubles, a pesar de que todas las sales se disuelven en cierta medida, aunque sea muy poco.

Las sales muy solubles, como el cloruro de sodio, están completamente disociadas en agua cuando su concentración es inferior a su solubilidad. Esto significa que no tenemos sólido como tal, NaCl$_{(s)}$, sino que todo el compuesto está disociado como cationes sodio, Na$^+$, y aniones cloruro, Cl$^-$. Este proceso se escribe con una única flecha hacia la derecha, que nos indica la disociación total del sólido:

$$NaCl_{(s)} \longrightarrow Na^+_{(aq)} + Cl^-_{(aq)}$$

El subíndice $_{(aq)}$ indica que los iones están disueltos en agua.

Para las sales ligeramente solubles y poco solubles en disolución saturada, en cambio, plantearemos el siguiente equilibrio químico, denominado **equilibrio de solubilidad**:

$$A_nB_{m(s)} \rightleftharpoons nA^{m+}_{(aq)} + mB^{n-}_{(aq)}$$

💡 Recuerda

> Como veremos en el apartado 7.2, en la constante de un equilibrio químico únicamente tendremos en cuenta la concentración de especies que se hallan disueltas o en estado gaseoso, y no los sólidos ni los líquidos.

Un equilibrio de solubilidad es un equilibrio heterogéneo en el que tenemos una fase sólida, $A_nB_{m(s)}$, y una fase disuelta, $A^{m+}_{(aq)}$ y $B^{n-}_{(aq)}$.

Por tanto, en la constante de equilibrio únicamente se incluirán las concentraciones de los iones disueltos:

$$K_s = [A^{m+}]^n \cdot [B^{n-}]^m$$

Donde:

[A^{m+}]: concentración del catión A^{m+} en el equilibrio

[B^{n-}]: concentración del anión B^{n-} en el equilibrio

n: coeficiente estequiométrico de A^{m+}

m: coeficiente estequiométrico de B^{n-}

> *A la constante de un equilibrio de solubilidad se la denomina* **producto de solubilidad**, K_s.

El valor del producto de solubilidad depende de cuál es la sal disuelta y de la temperatura a la que se encuentra la disolución. Por convenio no se indican unidades para K_s.

Comparar el producto de las concentraciones de los iones presentes en una disolución con el producto de solubilidad de la sal correspondiente, nos permite determinar de qué tipo de disolución se trata (disolución insaturada, disolución saturada o disolución sobresaturada). Así:

- **Si el producto $[A^{m+}]^n \cdot [B^{n-}]^m$ es inferior a K_s, la disolución está insaturada.** Esto significa que toda la sal está disuelta y que se podrá seguir disolviendo más. El sistema no está en equilibrio y no se formará un precipitado en el fondo del recipiente.
- **Si el producto $[A^{m+}]^n \cdot [B^{n-}]^m$ es igual a K_s, la disolución está saturada.** El sistema se halla en equilibrio y no se produce precipitado, a no ser que se añada más sal.
- **Si el producto $[A^{m+}]^n \cdot [B^{n-}]^m$ es mayor que K_s, la disolución está sobresaturada** y precipitará cierta cantidad de sólido en el fondo del recipiente hasta que el sistema se encuentre en equilibrio, es decir, hasta que la disolución pase a ser una disolución saturada.

Ejemplo resuelto: Solubilidad y disoluciones saturadas

Se tiene una disolución $5 \cdot 10^{-4}$ M de yoduro de plomo(II), PbI_2. Si el producto de solubilidad de esta sal a 25 °C es $K_s = 1{,}39 \cdot 10^{-8}$, determinar si la disolución estará insaturada, saturada o sobresaturada.

En primer lugar debemos plantear el equilibrio de solubilidad del yoduro de plomo(II):

$$PbI_{2(s)} \rightleftharpoons Pb^{2+}_{(aq)} + 2I^{-}_{(aq)}$$

La expresión para el producto de solubilidad de este equilibrio será:

$$K_s = [Pb^{2+}] \cdot [I^-]^2$$

Donde las concentraciones serán las del sistema en equilibrio. Puesto que la concentración de sal en la disolución es $5 \cdot 10^{-4}$ M, y por cada mol de sólido disuelto se disolverán 1 mol de Pb^{2+} y 2 moles de I^- (tal y como podemos deducir de los coeficientes estequiométricos del equilibrio planteado), la concentración de cada ion es:

$$[Pb^{2+}] = 5 \cdot 10^{-4} M$$
$$[I^-] = 2 \cdot (5 \cdot 10^{-4}) = 10^{-3} M$$

Para determinar el estado del sistema (disolución insaturada, disolución saturada o disolución sobresaturada) debemos comparar el siguiente producto de concentraciones con K_s:

$$[Pb^{2+}] \cdot [I^-]^2 = (5 \cdot 10^{-4}) \cdot (10^{-3})^2 = 5 \cdot 10^{-10} < K_s = 1{,}39 \cdot 10^{-8}$$

Puesto que el producto de las concentraciones de los iones en disolución es inferior al valor de K_s de esta sal a 25 °C, la disolución está insaturada. Por tanto, toda la sal se hallará disuelta y se podría seguir disolviendo más cantidad de PbI_2 hasta alcanzar K_s. El sistema no estará en equilibrio y no se formará precipitado en el fondo del recipiente.

4.2.1. Relación entre la solubilidad y el producto de solubilidad

Aunque el valor de solubilidad de una sal, s, y el del producto de solubilidad, K_s, son distintos, existe una relación matemática entre ambos valores, de modo que conociendo uno se puede calcular el otro. Vamos a deducir dicha relación.

Consideremos el equilibrio de solubilidad genérico:

$$A_n B_{m(s)} \rightleftharpoons nA^{m+}_{(aq)} + mB^{n-}_{(aq)}$$

Los coeficientes estequiométricos de dicho equilibrio nos indican que, por cada mol de sólido, $A_n B_{m(s)}$, que se disuelve, en la disolución tendremos n moles de $A^{m+}_{(aq)}$ y m moles de $B^{n-}_{(aq)}$. Por cada s moles de sólido (es decir, el valor de la solubilidad de la sal), en la disolución tendremos n · s moles de $A^{m+}_{(aq)}$ y m · s moles de $B^{n-}_{(aq)}$.

Moles de $A_n B_{m(s)}$	Moles de $A^{m+}_{(aq)}$	Moles de $B^{n-}_{(aq)}$
1	n	m
s	n · s	m · s

Sustituyendo estos valores en la expresión del producto de solubilidad indicada en el apartado previo:

$$[A^{m+}] = n \cdot s$$

$$[B^{n-}] = m \cdot s$$

$$K_s = [A^{m+}]^n \cdot [B^{n-}]^m$$

$$K_s = (n \cdot s)^n \cdot (m \cdot s)^m$$

Esta expresión nos permite calcular el producto de solubilidad de una sal conociendo su estequiometría y su solubilidad o viceversa.

4.2.2. Factores que afectan a la solubilidad

Los factores que afectan a la solubilidad de una sustancia en un determinado disolvente son, principalmente: la naturaleza química del soluto y la del disolvente, la temperatura y la presencia de otras especies en la misma disolución. Asimismo, en el caso de las disoluciones en las que intervienen gases, un factor de gran importancia es la presión.

Naturaleza del soluto y del disolvente

Que una sustancia sea soluble en otra depende, en primera instancia, de la naturaleza química de ambas, es decir, de su composición y de su estructura, ya que estas determinan las fuerzas que se pueden formar entre ellas.

Recordemos que, en general, las sustancias polares se disuelven en disolventes polares como el agua, mientras que los compuestos apolares se disuelven en disolventes apolares como el benceno o el hexano.

Soluto	Disolvente	Solubilidad
I_2 (apolar)	Agua (polar)	Insoluble
I_2 (apolar)	CCl_4 (apolar)	Soluble
KCl (polar, iónico)	Agua (polar)	Soluble
KCl (polar, iónico)	CCl_4 (apolar)	Insoluble

Tabla 4.2. Ejemplos de solubilidad en función de la naturaleza del soluto y del disolvente.

Cuando la naturaleza de ambos compuestos es totalmente opuesta, la solubilidad es nula. Por ejemplo, el aceite no se disuelve en agua en ninguna proporción, sino que se forman dos fases diferenciadas en las que el aceite se dispone en la capa superior por ser menos denso.

> *Cuando dos líquidos no se mezclan entre sí, como el aceite y el agua, decimos que son **inmiscibles**. Si se mezclan, como el agua y el etanol, decimos que son **miscibles**.*

Si las fuerzas que se establecen entre el soluto y el disolvente en una disolución son intensas, el soluto será muy soluble. Si son débiles o incluso nulas, el soluto será insoluble.

Imaginemos que preparamos una disolución en el laboratorio. En un recipiente tenemos el disolvente, agua, y en otro recipiente tenemos el soluto, etanol. Cuando tomemos ambos compuestos y los mezclemos, en primer lugar se deberán vencer las fuerzas de atracción entre las distintas moléculas de agua y las fuerzas de atracción entre las distintas moléculas de etanol. En la disolución se formarán unas nuevas fuerzas de atracción entre las moléculas de agua y las de etanol.

La disolución únicamente tendrá lugar si las interacciones soluto-disolvente superan a la suma de las interacciones soluto-soluto y disolvente-disolvente que previamente se deben vencer.

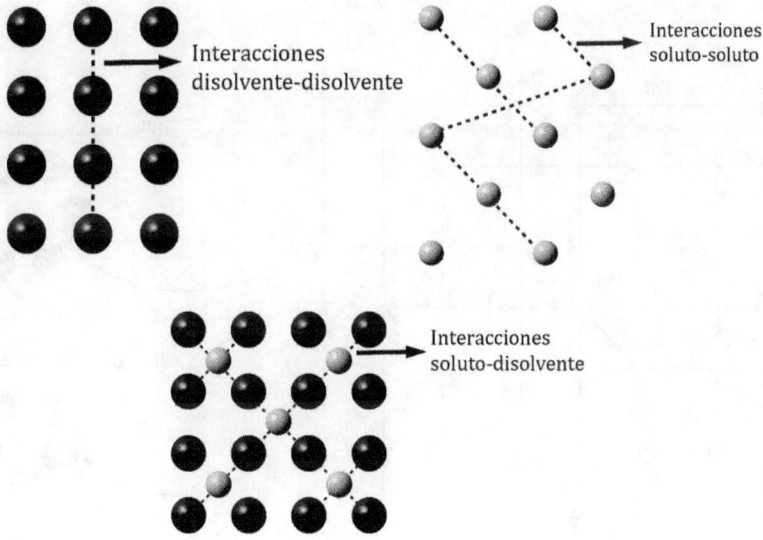

Figura 4.3. Un soluto será soluble en un determinado disolvente si la energía de las interacciones soluto-disolvente es mayor que la energía requerida para vencer las interacciones disolvente-disolvente y soluto-soluto. Si no lo es, ambos compuestos permanecerán separados, y no disueltos, porque energéticamente será más favorable.

Si, por el contrario, las interacciones soluto-disolvente son muy inferiores, la disolución no tendrá lugar y diremos que el soluto es insoluble en dicho disolvente.

> *Una sustancia será soluble en un determinado disolvente si las interacciones soluto-disolvente son más intensas que las interacciones soluto-soluto y disolvente-disolvente iniciales.*

Por ello, cuanto más similar es la naturaleza química del soluto y del disolvente mayores son las interacciones entre ellos y mayor probabilidad hay de que dichas interacciones superen a las iniciales soluto-soluto y disolvente-disolvente.

Si aplicamos esto al caso concreto de los sólidos iónicos en agua, debemos considerar dos interacciones. Por una parte, los iones se unen en una red iónica mediante una atracción electrostática intensa, desprendiéndose cierta cantidad de energía que denominamos energía reticular. Por otra parte, un ion disuelto en agua interacciona con las moléculas de agua mediante fuerzas ion-dipolo, fenómeno que denominamos hidratación.

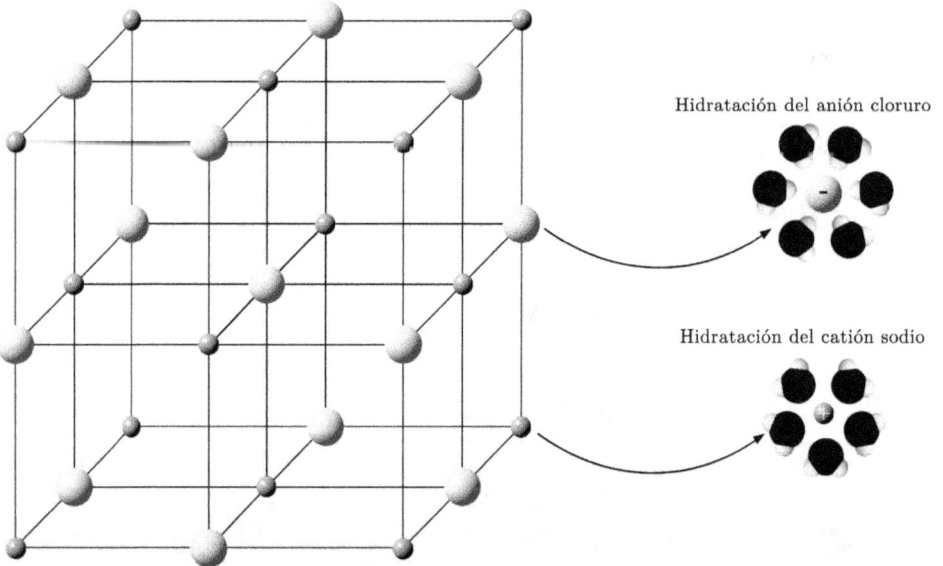

Figura 4.4. Hidratación de los aniones cloruro, Cl^-, y de los cationes sodio, Na^+, en la disolución de cloruro de sodio, NaCl. La energía de hidratación permite que los iones se separen de la red cristalina y el compuesto se disuelva.

En general, si la energía de hidratación de los iones en agua es superior a la energía de red del compuesto, este será soluble. Si, por el contrario, la energía reticular es superior, entonces el compuesto será insoluble.

Q Para saber más

> *Aunque hemos simplificado el proceso de disolución de un compuesto iónico centrándonos únicamente en la energía reticular y en la de hidratación de los iones, hay otra fuerza impulsora a tener en cuenta: la entropía. Como veremos en el apartado 6.3: «Espontaneidad de las reacciones químicas», los procesos en los que aumenta el desorden tienden a ser espontáneos, tal y como ocurre cuando se forma una disolución.*

Así, los compuestos iónicos con una energía reticular elevada, como los formados por iones divalentes o trivalentes o de gran tamaño, suelen ser insolubles en agua. Esto hace que este tipo de compuestos presente un rango de solubilidades muy amplio, desde muy solubles hasta insolubles, como hemos indicado al principio de este apartado 4.2.

Efecto de la temperatura

El producto de solubilidad de una determinada sustancia, K_s, es una constante de equilibrio, por lo que su valor depende de la temperatura. Esto hace que la temperatura sea un factor fundamental a la hora de considerar en qué medida será soluble una sustancia en un disolvente determinado.

Reflexiona

> ¿Es más fácil disolver azúcar en el café cuando está caliente o cuando está frío?

En general, la solubilidad de una sustancia aumenta con la temperatura. La mayoría de los compuestos iónicos son más solubles en agua a medida que la temperatura se eleva, aunque los hay que se ven poco afectados por este factor (como el cloruro de sodio, NaCl) y también con la tendencia contraria, más insolubles a medida que la temperatura aumenta (como por ejemplo el sulfato de calcio, $CaSO_4$).

Que la temperatura aumente la solubilidad de un compuesto iónico o la disminuya, dependerá de que el proceso global sea endotérmico o exotérmico (ver tema 6: «Energía de las reacciones químicas»). Como estudiaremos en profundidad en el apartado 7.5: «Factores que afectan al equilibrio químico», los procesos endotérmicos se ven favorecidos por un aumento de la temperatura, mientras que los procesos exotérmicos se ven favorecidos por una disminución de la temperatura.

- Si el proceso de disolución del soluto es endotérmico, el aumento de la temperatura aumenta la solubilidad.
- Si el proceso de disolución del soluto es exotérmico, el aumento de la temperatura disminuye la solubilidad.

Compuesto	Solubilidad a 20 °C	Solubilidad a 100 °C
KNO_3	25	240
NaCl	35	40
Na_2SO_4	75	30

Tabla 4.3. Valores de solubilidad, en gramos de compuesto por 100 mL de agua, a 20 °C y a 100 °C para el KNO_3, el NaCl y el Na_2SO_4. Como vemos, la solubilidad del primer compuesto aumenta muchísimo con la temperatura, la del segundo se ve poco afectada y la del tercero disminuye.

Presencia de otras sales: el efecto del ion común y el efecto salino

La solubilidad de una sal en una disolución depende, asimismo, de la presencia de otras sales. Que la solubilidad de la sal considerada disminuya o aumente depende de la naturaleza de la otra sal presente: si tiene iones comunes, la solubilidad disminuirá; si no tiene iones comunes, la solubilidad aumentará.

Consideremos el siguiente equilibrio de solubilidad:

$$A_nB_{m(s)} \rightleftharpoons nA^{m+}_{(aq)} + mB^{n-}_{(aq)}$$

Si añadimos otra sal que contiene el catión A^{m+} o el anión B^{n-}, el equilibrio se desplazará hacia la izquierda por haber aumentado la concentración de un producto (ver apartado 7.5: «Factores que afectan al equilibrio químico»). Esto hace que precipite cierta cantidad de $A_nB_{m(s)}$ y que, por tanto, la solubilidad disminuya.

> *La solubilidad de una sal disminuye en presencia de otra sal que aporte un ion común.*

Por ejemplo, si tenemos el equilibrio de solubilidad del cloruro de plata:

$$AgCl_{(s)} \rightleftharpoons Ag^+_{(aq)} + Cl^-_{(aq)}$$

Y añadimos NaCl, que comparte con él el anión cloruro, Cl⁻, precipitará cierta cantidad de AgCl sólido para recuperar el equilibrio.

Sin embargo, si añadimos una sal que no comparte ningún ion común, la solubilidad de la sal poco soluble aumenta. Esto se conoce como efecto salino.

> *Añadir una sal sin iones comunes aumenta la solubilidad de una sal poco soluble presente en la disolución.*

Por ejemplo, si tenemos una disolución de bromuro de plata y añadimos NaCl, se disolverá cierta cantidad adicional de AgBr$_{(s)}$ por efecto salino, dado que ambas sales no comparten ningún ion en su composición.

Efecto de la presión

Por último consideraremos brevemente el efecto de la presión, la cual solo tiene influencia cuando tenemos una disolución en la que el soluto es un gas (por ejemplo, el agua con gas), o en la que tanto el soluto como el disolvente son gases (por ejemplo, el aire). En estos casos la presión externa afecta de forma muy notable a la solubilidad. La relación existente entre la solubilidad de los gases y la presión recibe el nombre de ley de Henry.

> *La **ley de Henry** establece que, a temperatura constante, la solubilidad de un gas en un líquido es directamente proporcional a la presión parcial que ejerce dicho gas sobre el líquido.*

4.3. Formas de expresar la concentración de las disoluciones

La concentración de una disolución nos indica la proporción en la que se encuentran el soluto y el disolvente en la misma.

> *Las propiedades físicas de una disolución dependen de su **concentración**, es decir, de la proporción entre soluto y disolvente.*

Así, podemos clasificar las disoluciones en función de su concentración:

- **Disolución diluida**: tiene una cantidad pequeña de soluto en relación con la cantidad de disolvente.

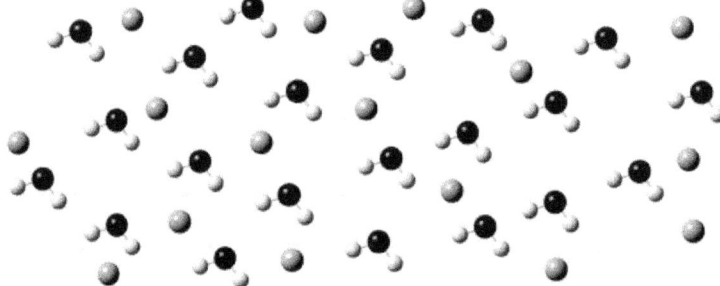

- **Disolución concentrada**: tiene una gran cantidad de soluto en relación con la cantidad de disolvente.

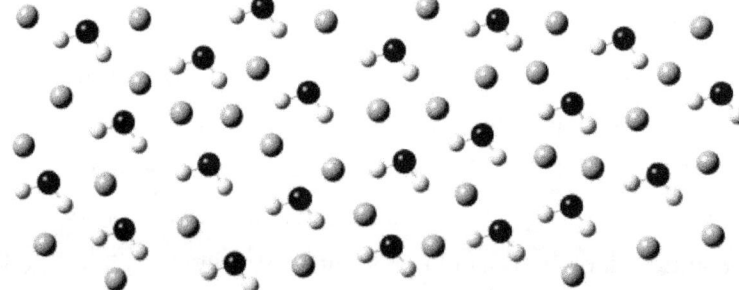

- **Disolución saturada**: no admite más cantidad de soluto.

Existen distintas formas de expresar la concentración de una disolución química, tal y como vemos a continuación.

4.3.1. Porcentaje en masa (% m)

El tanto por ciento en masa de soluto es el número de gramos de soluto que hay en 100 gramos de disolución. Se calcula:

$$\% \text{ masa de soluto} = \frac{\text{gramos de soluto}}{\text{gramos de disolución}} \cdot 100$$

Ejemplo resuelto: Concentración % en masa

Se disuelven 20 gramos de azúcar en 100 mL de agua. Calcular la concentración de la disolución en tanto por ciento en masa, sabiendo que la densidad del agua es de 1 g/mL.

Soluto: 20 g de azúcar

Disolvente: 100 mL de agua = 100 g de agua (la densidad del agua nos indica que 1 gramo de agua ocupa un volumen de 1 mililitro).

Disolución: 20 g de azúcar + 100 g de agua = 120 g de disolución

Puesto que ya disponemos de todos los datos, únicamente debemos sustituir en la fórmula del porcentaje en masa.

$$\% \text{ masa de soluto} = \frac{\text{gramos de soluto}}{\text{gramos de disolución}} \cdot 100 = \frac{20 \text{ g azúcar}}{120 \text{ g disolución}} \cdot 100 = 16{,}7\,\%$$

Por cada 100 gramos de disolución habrá 16,7 gramos de azúcar.

4.3.2. Concentración en masa (g/L)

La concentración en masa de una disolución nos indica la masa de soluto, en gramos, disuelta en un litro de disolución, por lo que sus unidades son $g \cdot L^{-1}$ o g/L. Se calcula:

$$\text{Concentración en masa} = \frac{\text{gramos de soluto}}{\text{litros de disolución}}$$

 EJEMPLO RESUELTO: CONCENTRACIÓN EN GRAMOS/LITRO

Se tienen 500 mL de una disolución que contiene 30 gramos de cloruro de sodio, NaCl. Calcular la concentración de la disolución en g/L.

Soluto: 30 g de NaCl

Disolución: 500 mL

En primer lugar, debemos pasar los mL de disolución a L:

$$500 \; mL \cdot \frac{1 L}{1000 \; mL} = 0,5 \; L \; de \; disolución$$

Seguidamente, ya podemos aplicar la fórmula:

$$Concentración \; en \; masa = \frac{gramos \; de \; soluto}{litros \; de \; disolución} = \frac{30 \; g \; de \; NaCl}{0,5 \; L \; de \; disolución} = 60 \; ^g/_L$$

4.3.3. Molaridad (M)

La molaridad es la cantidad de soluto, en moles, disuelta en un determinado volumen de disolución. En el SI sus unidades son mol/m^3, si bien es más habitual utilizar mol/L (mol · L^{-1}). Para expresar la molaridad de un determinado soluto A se escribe entre corchetes, [A]. En general:

$$[A] = \frac{\text{moles del soluto A}}{\text{litros de disolución}}$$

El valor de la concentración molar de una disolución se expresa seguida de una M mayúscula. Por ejemplo: una disolución 3 M (se lee «3 molar»), o una disolución 0,5 M (se lee «0,5 molar»).

Ejemplo resuelto: Molaridad

Se disuelven 50 gramos de un compuesto AB en 2000 mL de disolución. Calcular la molaridad de la disolución sabiendo que la masa molar del compuesto es 25 g/mol.

Soluto: 50 g de AB   Disolución: 2000 mL

En primer lugar debemos determinar a cuántos moles del compuesto AB equivalen 50 gramos. Para ello utilizaremos el dato de la masa molar, que nos indica que 1 mol del compuesto son 25 gramos:

$$50 \; g \; AB \cdot \frac{1 \; mol \; AB}{25 \; g \; AB} = 2 \; mol \; de \; AB$$

Puesto que el volumen de disolución viene dado en mL, debemos convertirlo en L.

$$2000 \; mL \cdot \frac{1 L}{1000 \; mL} = 2 \; L \; de \; disolución$$

Ahora que tenemos la cantidad de soluto en moles y el volumen de disolución en litros, ya podemos aplicar la fórmula de la molaridad:

$$[AB] = \frac{\text{moles de soluto AB}}{\text{litros de disolución}} = \frac{2 \; mol \; de \; AB}{2 \; L \; de \; disolución} = 1 \; M$$

4.3.4. Molalidad (m)

La molalidad es la cantidad de soluto, en moles, disuelta en una unidad de masa de disolvente, no de disolución. Se expresa en mol/kg (mol · kg^{-1}). Así:

$$m = \frac{\text{moles de soluto}}{\text{kilogramos de disolvente}}$$

Del mismo modo que el valor de la concentración molar de una disolución se expresa con una M mayúscula, el de la molalidad se expresa con una m minúscula. Por ejemplo, una disolución 0,8 m (se lee «0,8 molal»).

Ejemplo resuelto: Molalidad

Se disuelven 30 gramos de cloruro de sodio, NaCl, en 800 mL de un disolvente cuya densidad es 1,2 g/mL. Calcular la molalidad de la disolución.

Masas atómicas: Na: 23; Cl: 35,5

Soluto: 30 g de NaCl   Disolvente: 800 mL

Puesto que la molalidad son moles de soluto por cada kg de disolvente, debemos hacer las conversiones de unidades oportunas. En primer lugar, calcularemos cuántos moles de NaCl son 30 gramos. Para ello debemos determinar la masa molar:

M(NaCl) = masa atómica Na + masa atómica Cl = 23 + 35,5 = 58,5 g/mol

$$30 \; g \; NaCl \cdot \frac{1 \; mol \; NaCl}{58,5 \; g \; NaCl} = 0,51 \; moles \; NaCl$$

Seguidamente, debemos determinar cuántos kilogramos de disolvente son 800 mL. Para ello debemos utilizar un dato del enunciado, la densidad. Siempre utilizaremos la densidad cuando debamos pasar de masa a volumen y viceversa.

$$800 \; mL \; disolvente \cdot \frac{1,2 \; g \; disolvente}{1 \; mL \; disolvente} \cdot \frac{1 \; kg}{1000 \; g} = 0,96 \; kg \; de \; disolvente$$

Ahora ya podemos aplicar la fórmula de la molalidad:

$$m = \frac{\text{moles de soluto}}{\text{kilogramos de disolvente}} = \frac{0,51 \; moles \; NaCl}{0,96 \; kg \; disolvente} = 0,53 \; m$$

4.3.5. Fracción molar (χ)

La fracción molar de uno de los componentes de una disolución (soluto o disolvente) es el cociente entre el número de moles de dicho componente y el número de moles totales (es decir, la suma de los moles de todos los componentes). Así:

Moles de soluto: n_s

Moles de disolvente: n_d

Moles totales: $n_t = n_s + n_d$

La fracción molar de cada uno de ellos, representada como χ, será:

$$\chi_s = \frac{n_s}{n_s + n_d} = \frac{n_s}{n_t}$$

$$\chi_d = \frac{n_d}{n_s + n_d} = \frac{n_d}{n_t}$$

La fracción molar no tiene unidades y siempre es menor de la unidad.

La suma de las fracciones molares de todos los componentes de una disolución siempre debe ser igual a la unidad.

$$\chi_s + \chi_d = 1$$

Ejemplo resuelto: Fracción molar

Se prepara una disolución mezclando 100 gramos de agua con 50 gramos de etanol (C_2H_6O). Calcular la fracción molar de cada componente en la disolución.

Masas atómicas: C: 12; H: 1; O: 16

Soluto: 50 g de etanol   Disolvente: 100 g de agua

Disolución: 50 g de etanol + 100 g de agua

En primer lugar, debemos pasar las masas de soluto y de disolvente a moles. Para ello, necesitamos determinar la masa molar de cada compuesto y realizar posteriormente los correspondientes factores de conversión:

M(C_2H_6O) = 2 · (masa atómica C) + 6 · (masa atómica H) + (masa atómica O) = 2 · 12 + 6 · 1 + 16 = 46 g/mol

M(H_2O) = 2 · (masa atómica H) + (masa atómica O) = 2 · 1 + 16 = 18 g/mol

$$50\ g\ etanol \cdot \frac{1\ mol\ etanol}{46\ g\ etanol} = 1{,}09\ moles\ de\ etanol$$

$$100\ g\ agua \cdot \frac{1\ mol\ agua}{18\ g\ agua} = 5{,}56\ moles\ de\ agua$$

Los moles totales presentes en la disolución serán la suma de ambos valores:

$$n_t = n_{etanol} + n_{agua} = 1{,}09 + 5{,}56 = 6{,}65\ moles\ totales$$

De modo que ya podemos calcular la fracción molar de cada componente:

$$\chi_{etanol} = \frac{n_{etanol}}{n_t} = \frac{1{,}09}{6{,}65} = 0{,}164$$

$$\chi_{agua} = \frac{n_{agua}}{n_t} = \frac{5{,}56}{6{,}65} = 0{,}836$$

Efectivamente, se cumple que:

$$\chi_{etanol} + \chi_{agua} = 1$$

Procedimiento práctico 4.1: Cómo determinar la molaridad de un ácido a partir de su porcentaje en masa (% m) y su densidad

Cuando se dispone de un ácido comercial concentrado, frecuentemente se muestra en la etiqueta su concentración en tanto por ciento en masa y su densidad. No obstante, para muchos cálculos químicos necesitamos la concentración del ácido en forma molar.

Supongamos que tenemos una disolución concentrada de cloruro de hidrógeno (HCl) del 35 % en masa y densidad 1,19 g/mL. Para determinar la molaridad a partir de estos dos datos debemos realizar los siguientes factores de conversión:

$$\frac{35 \; \cancel{g \; HCl}}{100 \; \cancel{g \; dión}} \cdot \frac{1,19 \; \cancel{g \; dión}}{1 \; \cancel{mL \; dión}} \cdot \frac{1 \; \textbf{mol HCl}}{36,5 \; \cancel{g \; HCl}} \cdot \frac{1000 \; \cancel{mL \; dión}}{1 \; \textbf{L di}\text{ón}} = 11,4 \; \frac{mol \; HCl}{L \; dión} = 11,4 \; M$$

Procedimiento práctico 4.2: Cómo preparar una disolución diluida

Es muy frecuente en un laboratorio químico utilizar una disolución comercial muy concentrada para preparar un determinado volumen de otra disolución más diluida, necesaria para un procedimiento analítico.

Comenzaremos nuestros cálculos siempre partiendo de la cantidad de disolución diluida que queremos preparar.

Supongamos que necesitamos preparar un litro de ácido clorhídrico 2 M, a partir de un ácido clorhídrico comercial del 35 % en masa y 1,19 g/mL de densidad. Así:

$$1 \; L \; HCl \; 2 \; M \; \overset{\text{Molaridad}}{\frac{2 \; mol \; HCl}{1 \; L \; HCl \; 1 \; M}} \cdot \overset{\text{Masa molar}}{\frac{36,5 \; g \; HCl}{1 \; mol \; HCl}} \cdot \overset{\text{\% masa}}{\frac{100 \; g \; HCl \; com.}{35 \; g \; HCl}} \cdot \overset{\text{Densidad}}{\frac{1 \; mL \; HCl \; com.}{1,19 \; g \; HCl \; com.}}$$
$$= 175,3 \; mL \; de \; HCl \; comercial$$

Nota: la molaridad es la correspondiente a la disolución diluida que deseamos preparar. El % en masa y la densidad son de la disolución comercial concentrada de la que partimos.

Tomaremos 175,3 mL de la disolución comercial y agregaremos agua hasta completar un volumen total de 2 L. De esta forma tendremos 2 L de disolución 2 M de HCl.

Procedimiento práctico 4.3: Cómo calcular la fracción molar a partir del porcentaje en masa (% m)

Para calcular la fracción molar de cada componente en una disolución, a partir de la concentración del soluto en % en masa, procederemos como detallamos a continuación.

Recordemos que las fórmula de las fracciones molares para soluto y disolvente son:

$$\chi_s = \frac{n_s}{n_s + n_d} = \frac{n_s}{n_t}$$

$$\chi_d = \frac{n_d}{n_s + n_d} = \frac{n_d}{n_t}$$

Donde n_s son los moles de soluto, n_d los de disolvente y n_t la suma de ambos.

Para determinar los moles de soluto y los moles de disolvente, tomaremos como referencia 100 gramos de disolución.

Supongamos que tenemos una disolución de HCl del 20 % en masa. Por cada 100 gramos de disolución tendremos 20 gramos de HCl y el resto, 80 gramos, de agua. Calculando cuántos moles son de cada compuesto mediante las correspondientes masas molares:

$$20 \; g \; HCl \cdot \frac{1 \; mol \; HCl}{36{,}5 \; g \; HCl} = 0{,}55 \; moles \; de \; HCl$$

$$80 \; g \; H_2O \cdot \frac{1 \; mol \; H_2O}{18 \; g \; H_2O} = 4{,}44 \; moles \; de \; H_2O$$

$$\chi_{HCl} = \frac{n_{HCl}}{n_{HCl} + n_{H_2O}} = \frac{0{,}55}{0{,}55 + 4{,}44} = 0{,}110$$

$$\chi_{H_2O} = \frac{n_{H_2O}}{n_{HCl} + n_{H_2O}} = \frac{4{,}44}{0{,}55 + 4{,}44} = 0{,}890$$

Las fracciones molares de todos los componentes que forman la disolución deben sumar 1.

5. Estequiometría de las reacciones químicas

5.1. Reacciones químicas homogéneas y heterogéneas

A nuestro alrededor, la materia se transforma continuamente. Son dos los tipos de transformaciones que esta sufre: los cambios físicos y los cambios químicos. Un cambio físico es aquel en el que la naturaleza de una sustancia no se altera. Por ejemplo, cuando el hielo se derrite y pasa a agua líquida sufre un cambio físico denominado fusión, pero sigue siendo agua, formada por moléculas de fórmula H_2O.

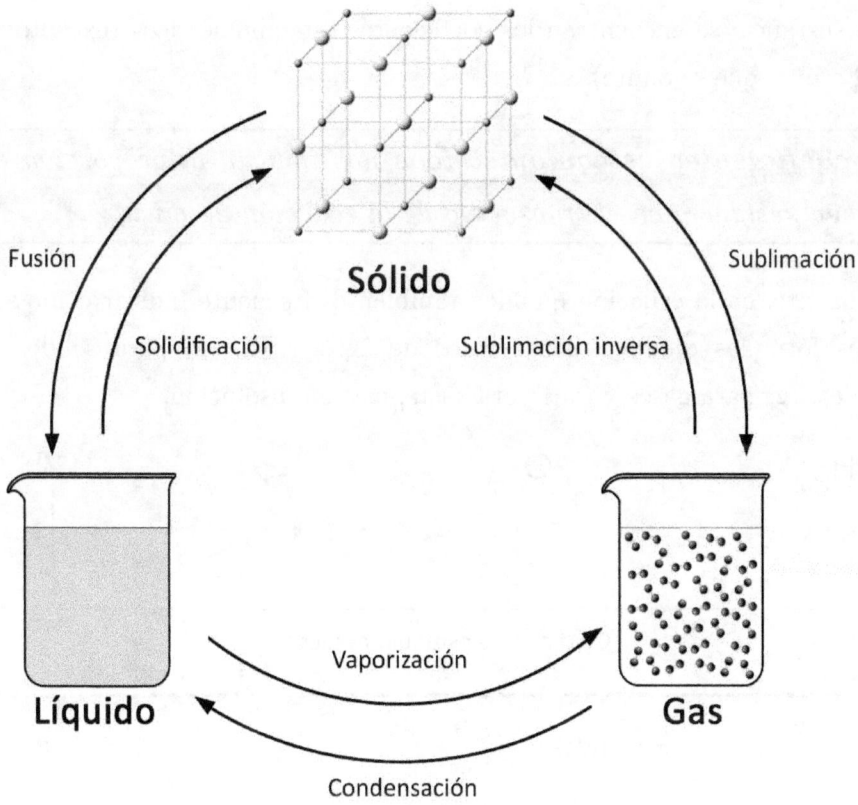

Figura 5.1. La materia se puede encontrar en estado sólido, líquido o gaseoso. Los tres estados pueden transformarse entre sí; estos procesos se denominan cambios físicos.

Los cambios químicos, por el contrario, sí que suponen una transformación de la naturaleza de las sustancias. Por ejemplo, la combustión de un tronco convierte las sustancias iniciales que lo forman en otras distintas; las cenizas no tienen la misma composición química que la madera. Decimos que se ha producido una **reacción química**.

> *En una reacción química, unas sustancias, denominadas reactivos, se transforman en otras sustancias nuevas denominadas productos.*

Para representar una reacción química utilizamos las denominadas **ecuaciones químicas**, que son representaciones simbólicas y abreviadas de las reacciones. En una ecuación química se representan las fórmulas de los reactivos (izquierda) y las de los productos (derecha) separadas por una flecha. Delante de la fórmula de cada sustancia se encuentran los coeficientes estequiométricos (excepto si este es igual a uno, que se omite).

> *Los **coeficientes estequiométricos** nos indican la proporción de moles de cada sustancia en el transcurso de la reacción química.*

Finalmente, en la ecuación química también es frecuente indicar como subíndices de las fórmulas químicas los estados de agregación: (s) para sólidos, (l) para líquidos, (g) para gases y (aq) para sustancias en disolución.

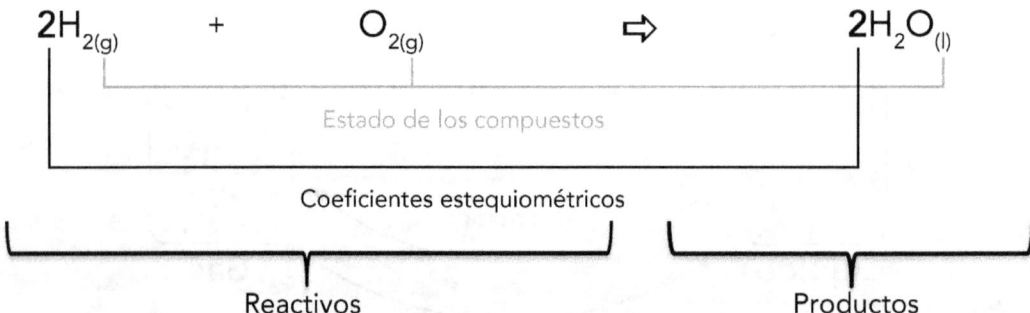

Figura 5.2. Elementos que componen una ecuación química, en este caso la de la reacción de formación de agua a partir de dihidrógeno y oxígeno. Si hay varios, el orden en el que aparezcan los reactivos o los productos en una ecuación química es indiferente (podríamos haber escrito también $O_{2(g)} + 2H_{2(g)} \rightarrow 2H_2O_{(l)}$).

En base a los estados de agregación de las sustancias que intervienen en una reacción química, esta se puede clasificar de dos modos distintos:

- **Reacción homogénea**: es aquella en la que todos los reactivos y los productos se encuentran en el mismo estado de agregación, como las reacciones en fase gas o en disolución. Por ejemplo:

$$CO_{(g)} + \frac{1}{2}O_{2(g)} \rightarrow CO_{2(g)}$$

$$HCl_{(aq)} \rightarrow H^+_{(aq)} + Cl^-_{(aq)}$$

- **Reacción heterogénea**: es aquella en la que los reactivos y los productos se encuentran en distinto estado de agregación. Por ejemplo, la descomposición térmica de un sólido:

$$CaCO_{3(s)} \rightarrow CaO_{(s)} + CO_{2(g)}$$

O el equilibrio de solubilidad entre una disolución saturada y el precipitado:

$$PbI_{2(s)} \rightleftharpoons Pb^{2+}_{(aq)} + 2I^-_{(aq)}$$

5.2. Ajuste de reacciones químicas

Los coeficientes estequiométrico que hallamos en una ecuación química nos indican la proporción de moles de los compuestos implicados en la reacción. Por este motivo, para poder realizar cálculos químicos a partir de una determinada reacción, es imprescindible que los coeficientes estequiométricos sean correctos. Al proceso mediante el cual determinamos dichos coeficientes se le denomina ajuste.

Para poder ajustar una reacción química necesitamos conocer dos leyes fundamentales a las que toda reacción obedece: la ley de Lavoisier y la ley de Dalton.

- **Ley de Lavoisier o ley de conservación de la masa**. En toda reacción química la masa se conserva, es decir, la masa inicial de los reactivos (m_R) es igual a la masa final de los productos (m_P).

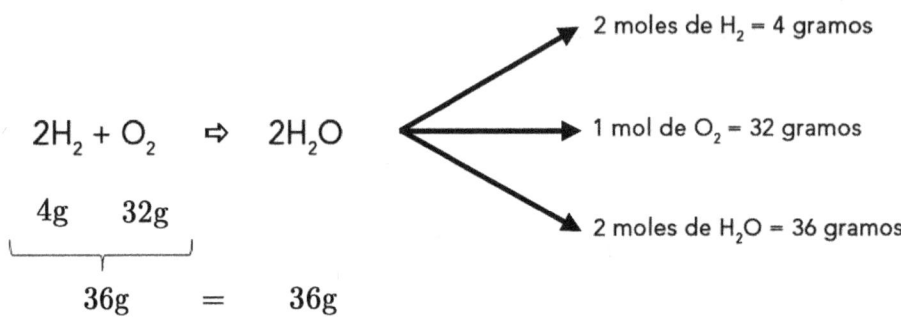

Figura 5.3. La masa de los reactivos y de los productos se conserva en el transcurso de una reacción química. De esta forma, 4 gramos de dihidrógeno y 32 gramos de oxígeno reaccionan para producir 36 gramos de agua.

⌛ Un poco de historia

Antoine Lavoisier vivió en el siglo XVIII y es considerado el padre de la química moderna. Los estudios que llevó a cabo junto con su esposa, Marie Pierrette, consolidaron la química como la ciencia fundamental que es. Lamentablemente, durante la Revolución francesa, fue acusado de traición por su vinculación con una institución encargada del cobro de impuestos, lo que le supuso la guillotina en el año 1794, con tan solo 50 años de edad. Al día siguiente de su ejecución, el famoso matemático Lagrange dijo: «Ha bastado un instante para cortarle la cabeza, pero Francia necesitará un siglo para que aparezca otra que se le pueda comparar».

- **Ley de Dalton**: la ley de Dalton nos indica que el número de átomos de cada elemento químico es el mismo en los reactivos y en los productos, solo cambia la organización de los mismos.

Consideremos la reacción de formación de amoníaco, NH_3, a partir de dinitrógeno, N_2, y dihidrógeno, H_2.

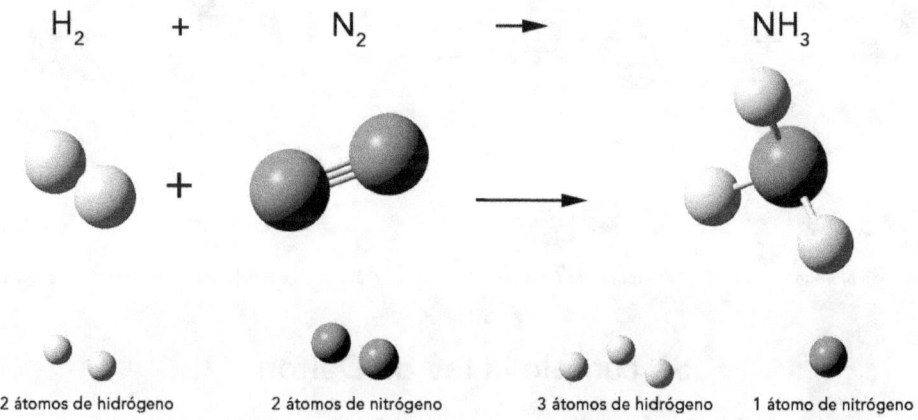

Figura 5.4. Tal y como está aquí escrita la reacción, con un coeficiente estequiométrico de 1 para todos los compuestos que intervienen (H_2, N_2 y NH_3), no se cumple la ley de Dalton, dado que no tenemos el mismo número de átomos de hidrógeno y de nitrógeno en los reactivos y en los productos.

Como vemos, escrita de este modo no se cumple la ley de Dalton. Para que esta se cumpla, es necesario modificar los coeficientes estequiométricos de forma adecuada, es decir, ajustar la reacción.

Ajustar una reacción química es escribir los coeficientes estequiométricos en la ecuación química de forma que se cumpla la ley de Dalton.

Una reacción química está ajustada cuando el número de átomos de cada elemento en los reactivos es el mismo que el número de átomos de cada elemento en los productos.

Para la reacción anterior:

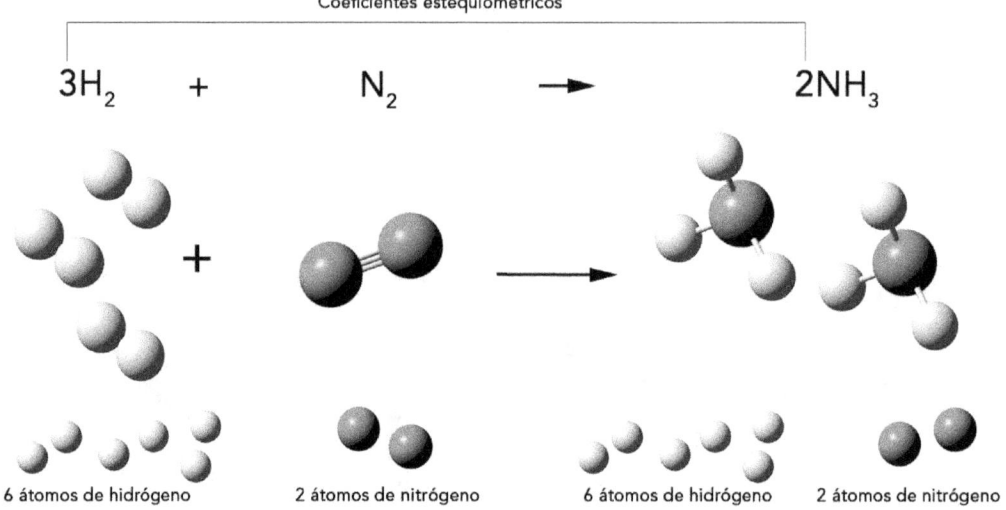

Se cumple la ley de Dalton

Figura 5.5. Con un coeficiente estequiométrico de 3 delante del dihidrógeno, H_2, y de 2 delante del amoníaco, NH_3, sí se cumple la ley de Dalton, pues tendremos el mismo número de átomos de hidrógeno (6) y de nitrógeno (2) en reactivos y productos. Decimos que la reacción está ajustada.

Procedimiento práctico 5.1: pasos para ajustar una reacción química por tanteo

- Escribir las fórmulas de los reactivos y de los productos separadas por una flecha.
- Analizar ambos miembros de la ecuación para determinar cuántos átomos hay de cada elemento químico.
- Empezar ajustando los elementos químicos que aparecen únicamente en un reactivo y en un producto (en un compuesto a cada lado de la ecuación química).
- Ajustar el resto de elementos químicos tanteando, es decir, probando coeficientes estequiométricos hasta dar con los adecuados. Recuerda que un coeficiente estequiométrico puede ser fraccionario.
- Comprobar que hay el mismo número de átomos de cada elemento químico a cada lado de la ecuación.

El método de ajuste por tanteo es únicamente posible para reacciones muy sencillas, ya que esencialmente consiste en probar distintos coeficientes para lograr que la reacción quede correctamente ajustada. Existen reacciones químicas complejas para las que el ajuste por tanteo es inaplicable, como las reacciones de oxidación-reducción. Para este tipo de reacciones veremos un método de ajuste sistemático distinto, denominado método del ion-electrón, en el apartado 8.6.

 Ejemplo resuelto: Ajuste de reacciones químicas por tanteo

Ajustar las siguientes reacciones químicas por tanteo:

a) $KClO_3 \longrightarrow KCl + O_2$

La ecuación no está ajustada, ya que el número de átomos de oxígeno no es el mismo en reactivos y en productos. Para ajustarla es suficiente con añadir 3/2 ante el oxígeno:

$$KClO_3 \longrightarrow KCl + \frac{3}{2}O_2$$

No obstante, si no deseamos utilizar coeficientes estequiométricos fraccionarios, podemos multiplicar toda la ecuación ajustada por dos, quedando:

$$2KClO_3 \longrightarrow 2KCl + 3O_2$$

b) $Li + H_2O \longrightarrow LiOH + H_2$

La ecuación no está ajustada, ya que el número de átomos de hidrógeno no es el mismo en reactivos y en productos. Para ajustarla es suficiente con añadir ½ ante el dihidrógeno:

$$Li + H_2O \longrightarrow LiOH + \frac{1}{2}H_2$$

O también:

$$2Li + 2H_2O \longrightarrow 2LiOH + H_2$$

c) $Cu + H_2SO_4 \longrightarrow CuSO_4 + H_2$

La ecuación ya está ajustada. El número de átomos de cada elemento químico en reactivos y en productos es el mismo.

d) $NH_3 + O_2 \rightarrow NO + H_2O$

La reacción no está ajustada, ya que el número de hidrógenos no es el mismo en reactivos y en productos. Así, en primer lugar ajustaremos los hidrógenos que son los que inicialmente están desajustados:

$$2NH_3 + O_2 \rightarrow NO + 3H_2O$$

El ajuste de los hidrógenos ha desajustado el resto de los elementos químicos. Ajustaremos el nitrógeno:

$$2NH_3 + O_2 \rightarrow 2NO + 3H_2O$$

Y por último el oxígeno, del cual hay cinco a la derecha y solo dos a la izquierda:

$$2NH_3 + \frac{5}{2}O_2 \rightarrow 2NO + 3H_2O$$

También la podemos escribir como:

$$4NH_3 + 5O_2 \rightarrow 4NO + 6H_2O$$

Un tipo de reacciones muy habituales y cuyo ajuste por tanteo tiene ciertas particularidades son las reacciones de combustión. A continuación se muestran los pasos para ajustar una reacción de este tipo y se pone como ejemplo la reacción de combustión del butano, C_4H_{10}.

Procedimiento práctico 5.2: Cómo ajustar una reacción química de combustión

- Escribir las fórmulas de los reactivos y de los productos separadas por una flecha. En la reacción de combustión de un hidrocarburo, este siempre reacciona con oxígeno, O_2, y se producen dióxido de carbono, CO_2, y agua. Por ejemplo, para la combustión del gas butano, C_4H_{10}:

$$C_4H_{10(g)} + O_{2(g)} \rightarrow CO_{2(g)} + H_2O_{(l)}$$

- Analizar ambos miembros de la ecuación para determinar cuántos átomos hay de cada elemento químico (podría ser que ya estuviera ajustada). En el ejemplo anterior tenemos, en reactivos: 4 átomos de carbono, 10 átomos de hidrógeno y 2 átomos de oxígeno; en productos: 1 átomo de carbono, 2 átomos de hidrógeno y 3 átomos de oxígeno. No está ajustada.

- Empezar ajustando los átomos de carbono. Para ello, el coeficiente estequiométrico del dióxido de carbono debe coincidir con el número de átomos de carbono del hidrocarburo.

$$C_4H_{10(g)} + O_{2(g)} \rightarrow 4CO_{2(g)} + H_2O_{(l)}$$

- Continuar ajustando los hidrógenos. Para ello, el coeficiente estequiométrico del agua debe ser la mitad que el número de átomos de hidrógeno del hidrocarburo.

$$C_4H_{10(g)} + O_{2(g)} \rightarrow 4CO_{2(g)} + 5H_2O_{(l)}$$

- Ajustar finalmente los oxígenos. El coeficiente estequiométrico del O_2 debe ser la mitad que el número de átomos de oxígeno en los productos (entre el CO_2 y el H_2O). En la reacción de combustión del butano, a la derecha tenemos 13 átomos de oxígeno, por lo que el coeficiente estequiométrico del O_2 será 13/2.

$$C_4H_{10(g)} + {}^{13}/_2 O_{2(g)} \rightarrow 4CO_{2(g)} + 5H_2O_{(l)}$$

Si no deseamos trabajar con un coeficiente estequiométrico no entero, podemos multiplicar por 2 todos los coeficientes de la reacción, quedando:

$$2C_4H_{10(g)} + 13O_{2(g)} \rightarrow 8CO_{2(g)} + 10H_2O_{(l)}$$

Ejemplo resuelto: Comprobar que se cumple la ley de Dalton

Plantear y ajustar la reacción de combustión del metano, CH_4, y comprobar posteriormente que se cumple la ley de Dalton.

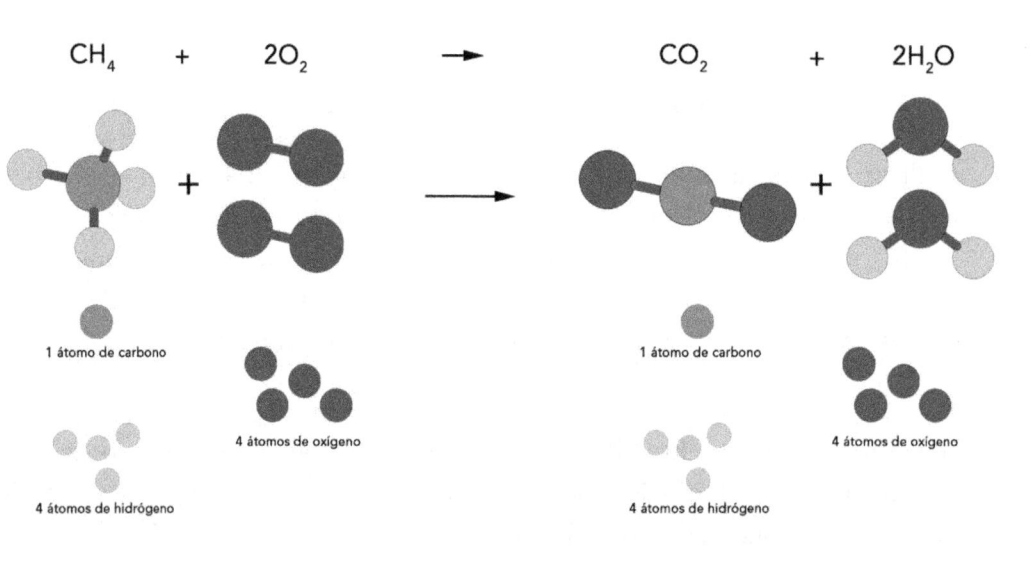

5.3. Cálculos estequiométricos

A partir de una reacción química ajustada podemos calcular qué cantidad de producto se obtendrá por reacción completa de una cierta cantidad de reactivo; del mismo modo, podemos calcular qué cantidad de reactivo habrá reaccionado si se ha obtenido una cierta cantidad de producto.

*Los cálculos químicos realizados a partir de una reacción química ajustada reciben el nombre de **cálculos estequiométricos**.*

Que los resultados obtenidos sean correctos o no dependerá de que hayamos ajustado correctamente la reacción química, de aquí la importancia de este paso previo a la realización de cualquier cálculo.

Procedimiento práctico 5.3: Factores de conversión

Es muy frecuente en química el uso de factores de conversión para la realización de distintos cálculos. Los hemos utilizado ya, por ejemplo, para pasar de moles a gramos, o para determinar la molaridad de una disolución cuando disponemos del tanto por ciento en masa y la densidad.

Cuando escribimos un factor de conversión o una secuencia de ellos, debemos tener en cuenta que las unidades se deben ir encadenando, de forma que aquellas que deseamos descartar en el resultado final se simplifiquen con el denominador del factor de conversión siguiente. Por ejemplo:

$$X\,Unidad\,A \cdot \frac{Unidad\,B}{Unidad\,A} \cdot \frac{Unidad\,C}{Unidad\,B} \cdot \frac{Unidad\,D}{Unidad\,C} = X\,unidad\,D$$

En esta secuencia, las unidades del resultado final son D porque las demás se han ido simplificando.

Vamos a considerar a continuación dos tipos de cálculos estequiométricos: sin reactivo limitante y con reactivo limitante.

5.3.1. Cálculos estequiométricos sin reactivo limitante

Consideremos la reacción genérica:

$$aA + bB \longrightarrow cC + dD$$

Los coeficientes estequiométricos de esta reacción nos indican que:

- Por cada a moles del reactivo A que reaccionan, se requieren b moles de B y se obtienen c moles de C y d moles de D.
- Por cada b moles del reactivo B que reaccionan, se requieren a moles de A y se obtienen c moles de C y d moles de D.
- Por cada c moles de C que se obtienen, se obtendrán a su vez d moles de D y habrán reaccionado a moles de A y b moles de B.
- Por cada d moles de D que se obtienen, se obtendrán a su vez c moles de C y habrán reaccionado a moles de A y b moles de B.

Como vemos, todos los reactivos y productos se pueden relacionar entre sí. Se trata, además, de proporciones; no necesariamente reaccionarán a moles de A o b

moles de B, sino que puede reaccionar cualquier otra cantidad, pero siempre en las proporciones indicadas por los coeficientes estequiométricos.

Ejemplo resuelto: Cálculos químicos sin reactivo limitante

Si se queman completamente 0,575 kg de butano:

a) ¿Qué cantidad de oxígeno se necesitará?

b) ¿Qué cantidad de dióxido de carbono se desprenderá en el proceso?

c) ¿Qué volumen ocupará cada uno de estos gases medido a 50 °C y 2 atmósferas de presión?

Masas atómicas: C = 12; H = 1; O = 16

En primer lugar, debemos plantear la reacción de combustión del butano y ajustarla correctamente. La fórmula molecular del butano (alcano de 4 átomos de carbono) es C_4H_{10}. Su reacción con oxígeno, como corresponde a la combustión de un hidrocarburo, produce dióxido de carbono y agua:

$$C_4H_{10(g)} + O_{2(g)} \rightarrow CO_{2(g)} + H_2O_{(l)}$$

Ajustada:

$$C_4H_{10(g)} + \frac{13}{2}O_{2(g)} \rightarrow 4CO_{2(g)} + 5H_2O_{(l)}$$

Si no se desea trabajar con coeficiente estequiométricos fraccionarios, como el 13/2 del oxígeno, se puede multiplicar toda la reacción por 2 para simplificarlo:

$$2C_4H_{10(g)} + 13O_{2(g)} \rightarrow 8CO_{2(g)} + 10H_2O_{(l)}$$

Esta reacción ajustada pone de manifiesto que 2 moles de butano reaccionan con 13 moles de oxígeno para dar 8 moles de dióxido de carbono y 10 moles de agua.

Una vez planteada y ajustada correctamente la reacción química calcularemos la cantidad de oxígeno requerida para reaccionar con 0,575 kg de butano. Para ello utilizaremos factores de conversión. Así:

$$0{,}575 \; kg \; de \; C_4H_{10} \cdot \frac{1000 \; g \; de \; C_4H_{10}}{1 \; kg \; de \; C_4H_{10}} \cdot \frac{1 \; mol \; de \; C_4H_{10}}{58 \; g \; de \; C_4H_{10}} \cdot \frac{13 \; mol \; de \; O_2}{2 \; mol \; de \; C_4H_{10}}$$
$$= 64{,}4 \; mol \; de \; O_2$$

El cálculo de la cantidad producida de dióxido de carbono es prácticamente idéntico, aunque cambiará la proporción de moles (8 moles de dióxido de carbono por cada 2 moles de butano):

$$0,575 \text{ kg de } C_4H_{10} \cdot \frac{1000 \text{ g de } C_4H_{10}}{1 \text{ kg de } C_4H_{10}} \cdot \frac{1 \text{ mol de } C_4H_{10}}{58 \text{ g de } C_4H_{10}} \cdot \frac{8 \text{ mol de } CO_2}{2 \text{ mol de } C_4H_{10}}$$
$$= 39,7 \text{ mol de } CO_2$$

Para determinar el volumen que ocupará cada uno de estos gases, oxígeno y dióxido de carbono, a 50 °C y 2 atmósferas de presión, utilizaremos la ecuación general de los gases ideales:

$$P \cdot V = n \cdot R \cdot T$$

Para el oxígeno:

$$2 \cdot V = 64,4 \cdot 0,082 \cdot (273 + 50)$$
$$V = 853 \, L$$

Para el dióxido de carbono:

$$2 \cdot V = 39,7 \cdot 0,082 \cdot (273 + 50)$$
$$V = 526 \, L$$

Ejemplo resuelto: Cálculos químicos sin reactivo limitante

El superóxido de potasio y el dióxido de carbono reaccionan según la siguiente reacción química:

$$KO_{2(s)} + CO_{2(g)} \rightarrow K_2CO_{3(s)} + O_{2(g)}$$

, que elimina dióxido de carbono y produce oxígeno.

Si en un recipiente a 1 atmósfera de presión y 20 grados centígrados de temperatura se tienen 5 metros cúbicos de dióxido de carbono:

¿Cuántos gramos de superóxido de potasio serán necesarios para que el dióxido de carbono reaccione por completo?

Datos: $R = 0,082 \text{ atm} \cdot L \cdot K^{-1} \cdot mol^{-1}$

Masas atómicas: $K = 39,1$; $O = 16$

En primer lugar, debemos ajustar correctamente la reacción por tanteo. Así:

$$4KO_{2(s)} + 2CO_{2(g)} \rightarrow 2K_2CO_{3(s)} + 3O_{2(g)}$$

Una vez ajustada la reacción correctamente, calcularemos cuántos moles de CO_2 tenemos en el recipiente, ya que la cantidad de dicho gas viene dada en metros cúbicos. Así:

$$5\,m^3 \cdot \frac{1000\,L}{1\,m^3} = 5.000\,L\,de\,CO_2$$

$$P \cdot V = n \cdot R \cdot T$$

$$1 \cdot 1000 = n \cdot 0{,}082 \cdot (273 + 20)$$

$$n = 41{,}6\,moles\,de\,CO_2$$

Una vez determinados los moles de CO_2 que reaccionan, podemos calcular la cantidad de superóxido de potasio necesaria por estequiometría:

$$41{,}6\,moles\,CO_2 \cdot \frac{4\,moles\,KO_2}{2\,moles\,CO_2} \cdot \frac{71{,}1\,g\,KO_2}{1\,mol\,KO_2} = 5916\,gramos\,de\,KO_2$$

5.3.2. Cálculos estequiométricos con reactivo limitante

Consideremos la reacción de combustión del propano, ya ajustada:

$$C_3H_{8(g)} + \mathbf{5}O_{2(g)} \longrightarrow \mathbf{3}CO_{2(g)} + \mathbf{4}H_2O_{(l)}$$

Los coeficientes estequiométricos se muestran en negrita. Recuerda que el hecho de que no haya ningún coeficiente estequiométrico ante la fórmula del propano, C_3H_8, implica que se ha omitido por ser igual a 1.

Dichos coeficientes estequiométricos nos indican la relación de moles de cada reactivo y cada producto en el transcurso de la reacción química. Así, referido al propano:

- 1 mol de propano reacciona con 5 moles de oxígeno
- 1 mol de propano produce 3 moles de dióxido de carbono
- 1 mol de propano produce 4 moles de agua

Por tanto, para que 1 mol de propano se queme por completo son necesarios 5 moles de oxígeno... ¿qué ocurriría si, en un recipiente cerrado, tuviésemos 1 mol de propano pero únicamente 3 moles de oxígeno? ¿Podría quemarse por completo el propano del recipiente?

En este caso, uno de los reactivos está en **exceso** (el propano) y otro reactivo está en **defecto** (el oxígeno). Se requieren cinco moles de oxígeno para reaccionar por completo con un mol de propano (cantidad teórica), pero en el recipiente solo tenemos tres (cantidad real). El oxígeno está limitando la reacción y haciendo que el propano no se pueda consumir en su totalidad. Por este motivo, al oxígeno se le denomina en este caso **reactivo limitante**.

> *Al reactivo que está en defecto en un proceso químico se le denomina* **reactivo limitante**.

REFLEXIONA

Imagina que un kit de playa se compone de un bikini, un sombrero y unas gafas de sol. ¿Cuántos kits de playa completos se podrían vender con los siguientes elementos?

kit completo 1 kit completo 2 kit completo 3 kit completo 4 kit completo 5

Cuando un proceso no es estequiométrico, es decir, no tenemos las cantidades exactas necesarias de cada reactivo, sino que uno de ellos está en defecto y actúa como reactivo limitante, se debe tener en cuenta en la realización de los cálculos químicos.

Ejemplo resuelto: Cálculos químicos con reactivo limitante

Se sumergen 30 gramos de carbonato de calcio en 200 mL de ácido clorhídrico 2 M. La reacción que tiene lugar es la siguiente:

$$CaCO_{3(s)} + 2HCl_{(aq)} \rightarrow CaCl_{2(aq)} + CO_{2(g)} + H_2O_{(l)}$$

Determinar cuál es la cantidad de dióxido de carbono que se obtendrá y qué volumen ocupará medido a 100 °C y 3 atmósferas de presión.

Masas atómicas: $Ca = 40$; $O = 16$; $C = 12$; $H = 1$

Puesto que en el enunciado nos indican 2 cantidades, una de cada reactivo (30 gramos de $CaCO_3$ y 200 mL de HCl 2 M) debemos pensar que dichas cantidades pueden no estar en proporción estequiométrica y, por tanto, uno de los dos reactivos podría actuar como reactivo limitante.

Para determinar cuál de ellos actúa como reactivo limitante, vamos a calcular qué volumen de disolución de HCl 2 M sería necesario para consumir por completo 30 gramos de $CaCO_3$:

$$30\ g\ CaCO_3 \cdot \frac{1\ mol\ CaCO_3}{100\ g\ CaCO_3} \cdot \frac{2\ mol\ HCl}{1\ mol\ CaCO_3} \cdot \frac{1\ L\ dión\ HCl}{2\ mol\ HCl} \cdot \frac{1000\ mL\ dión\ HCl}{1\ L\ dión\ HCl}$$
$$= 300\ mL\ de\ disolución\ HCl\ 2\ M$$

Puesto que para consumir por completo 30 gramos de carbonato de calcio se requieren 300 mL de disolución de HCl 2 M, y únicamente tenemos 200 mL (ver enunciado), el HCl del que disponemos es insuficiente. Así, es este reactivo, el ácido clorhídrico, el que actúa como reactivo limitante.

Para calcular la cantidad de dióxido de carbono que se obtendrá debemos partir siempre del reactivo limitante, nunca del reactivo que se halla en exceso.

$$200\ mL\ dión\ HCl \cdot \frac{2\ mol\ HCl}{1000\ mL\ dión\ HCl} \cdot \frac{1\ mol\ CO_2}{2\ mol\ HCl} = 0{,}2\ mol\ CO_2$$

Ahora, para determinar el volumen que ocupará este dióxido de carbono, utilizaremos la ecuación general de los gases ideales:

$$P \cdot V = n \cdot R \cdot T$$
$$3 \cdot V = 0{,}2 \cdot 0{,}082 \cdot (100 + 273)$$
$$V = 2{,}04\ L\ de\ CO_2$$

5.4. Rendimiento de un proceso químico

Si bien la situación ideal es que en una reacción química la totalidad de los reactivos se convierta en productos, esto no es siempre así. Existen multitud de procesos industriales que dan lugar a cantidades inferiores a las calculadas teóricamente por estequiometría. Se dice que el rendimiento del proceso es inferior al 100 %.

> *El **rendimiento** de una reacción química se calcula como:*
>
> $$Rendimiento = \frac{\text{Cantidad real producto}}{\text{Cantidad teórica producto}} \cdot 100$$
>
> *No tiene unidades dado que se trata de un tanto por ciento.*

Para calcular el rendimiento podemos utilizar cantidades tanto en moles como en masa (gramos, kilogramos...) siempre y cuando el numerador y el denominador estén en las mismas unidades.

Por ejemplo, si en una reacción química debemos obtener, teóricamente, 25 gramos de una sustancia A, pero en realidad obtenemos tan solo 22, su rendimiento será:

$$Rendimiento = \frac{22}{25} \cdot 100 = 88\,\%$$

Procedimiento práctico 5.4: Formas de usar el rendimiento en los cálculos

Cuando el rendimiento es un dato del enunciado de un problema, es muy frecuente utilizarlo en forma de factor de conversión para la realización de cálculos estequiométricos. De esta forma, se podrá utilizar de 2 formas distintas:

Cuando calculamos la cantidad obtenida de un producto C:

$$\frac{x \text{ gramos reales de } C}{100 \text{ gramos teóricos de } C}$$

Cuando calculamos la cantidad requerida de un reactivo A:

$$\frac{100 \text{ gramos reales de } A}{x \text{ gramos teóricos de } A}$$

Ejemplo resuelto: cálculo del rendimiento

Se descomponen térmicamente 0,80 gramos de $KClO_3$, produciéndose KCl y O_2. Si se obtienen 160 mL de O_2 medidos en condiciones normales, ¿cuál ha sido el rendimiento de la reacción?

Masas atómicas: $K = 39,1$; $O = 16$; $Cl = 35,5$

En primer lugar debemos plantear la reacción y ajustarla:

$$2KClO_{3(s)} \rightarrow 2KCl_{(s)} + 3O_{2(g)}$$

Para determinar el rendimiento, debemos calcular qué cantidad de $KClO_3$ debe descomponerse para que se produzcan 160 mL de O_2. Esta cantidad será la cantidad real del compuesto que ha reaccionado, mientras que los 0,80 gramos indicados en el enunciado serán la cantidad teórica (ya que no reaccionan en su totalidad). El cálculo será:

$$160 \, mL \, O_2 \cdot \frac{1 \, L \, O_2}{1000 \, mL \, O_2} \cdot \frac{1 \, mol \, O_2}{22,4 \, L \, O_2} \cdot \frac{2 \, mol \, KClO_3}{3 \, mol \, O_2} \cdot \frac{122,5 \, g \, KClO_3}{1 \, mol \, KClO_3}$$
$$= 0,58 \, g \, de \, KClO_3$$

De los 0,80 gramos de $KClO_3$ de los que se disponía únicamente se han descompuesto 0,58 gramos. Así, el rendimiento es:

$$Rendimiento = \frac{0,58}{0,80} \cdot 100 = 72,5 \, \%$$

Ejemplo resuelto: rendimiento como dato del problema calculando un producto

Se hacen reaccionar 250 gramos de óxido de cinc con monóxido de carbono para producir dióxido de carbono y cinc. Si el rendimiento de la reacción es del 75 %, ¿cuál será la cantidad de cinc obtenida?

Masas atómicas: $O = 16$; $C = 12$; $Zn = 65,4$

En primer lugar debemos plantear la reacción química y ajustarla correctamente:

$$ZnO_{(s)} + CO_{(g)} \rightarrow CO_{2(g)} + Zn_{(s)}$$

Una vez hecho esto, podemos proceder a calcular la cantidad de cinc que obtendremos con 250 gramos de ZnO. Puesto que estamos calculando la <u>obtención de un producto</u>, el factor de conversión del rendimiento lo usaremos como se observa:

$$250\ g\ ZnO \cdot \frac{1\ mol\ ZnO}{81,4\ g\ ZnO} \cdot \frac{1\ mol\ Zn}{1\ mol\ ZnO} \cdot \frac{65,4\ g\ Zn\ (teóricos)}{1\ mol\ Zn} \cdot \frac{75\ g\ Zn\ (reales)}{100\ g\ Zn\ (teóricos)}$$
$$= 150,6\ g\ Zn$$

Dado que el rendimiento no es del 100 %, obtenemos menos cinc del que deberíamos obtener.

Ejemplo resuelto: rendimiento como dato del problema calculando un reactivo

Calcular qué cantidad de carbono se necesitará para obtener 0,5 kilogramos de monóxido de carbono a partir de la reacción:

$$2C_{(s)} + O_{2(g)} \rightarrow 2CO_{(g)}$$

El rendimiento de la reacción es del 75 %.

Masas atómicas: $C = 12$; $O = 16$

Puesto que en este caso deseamos calcular la <u>cantidad requerida de un reactivo</u>, debemos utilizar el factor de conversión del rendimiento de forma inversa a como lo hemos utilizado en el ejemplo anterior:

$$0,5\ kg\ CO \cdot \frac{1000\ g\ CO}{1\ kg\ CO} \cdot \frac{1\ mol\ CO}{28\ g\ CO} \cdot \frac{2\ mol\ C}{2\ mol\ CO} \cdot \frac{12\ g\ C\ (teóricos)}{1\ mol\ C} \cdot \frac{100\ g\ C\ (reales)}{75\ g\ C\ (teóricos)}$$
$$= 285,7\ g\ C$$

Puesto que el rendimiento de la reacción no es del 100 %, necesitamos una cantidad de carbono superior a la teórica para obtener 0,5 kilogramos de CO.

5.5. Riqueza o pureza

Como hemos indicado en el apartado 2.4 «Notación química: símbolos y fórmulas», en la naturaleza podemos distinguir entre sustancias puras y mezclas. Si hacemos reaccionar una cierta cantidad de una sustancia química impura, como por ejemplo un mineral formado por un compuesto mayoritario y otros compuestos presentes como impurezas, este hecho debe tenerse en cuenta en los cálculos químicos.

Al porcentaje en masa de un compuesto mayoritario presente en una muestra se le denomina **riqueza** *o* **pureza**. *Se calcula como:*

$$\text{Riqueza} = \frac{\text{Cantidad sustancia pura}}{\text{Cantidad muestra impura}} \cdot 100$$

Por ejemplo, si en 100 gramos de un mineral de cinc hay 92 gramos de cinc puro y el resto son otros metales distintos, su pureza es del 92 %. Si lo hacemos reaccionar, únicamente debemos tener en cuenta la cantidad de cinc que efectivamente está presente en la muestra y no las impurezas, es decir, los 92 gramos.

 Ejemplo resuelto: Cálculo de la riqueza de una muestra

Se introducen 15,5 gramos de un mineral de cinc en 250 mL de ácido nítrico 1,5 M, produciéndose la reacción siguiente:

$$Zn + 2HNO_3 \rightarrow H_2 + Zn(NO_3)_2$$

Calcular la riqueza del mineral.

Masas atómicas: Zn = 65,4; O = 16; H = 1; N = 14

Cuando debemos calcular la pureza o riqueza de una muestra impura, la cantidad inicial de mineral, en este caso 15,5 gramos, no se utilizará en los cálculos iniciales, sino que se reservará para utilizarla finalmente en la fórmula de la riqueza.

Lo que debemos calcular es qué cantidad de cinc reaccionaría completamente con 250 mL de ácido nítrico 1,5 M. Así:

$$250 \text{ mL HNO}_3 \cdot \frac{1,5 \text{ mol HNO}_3}{1000 \text{ mL}} \cdot \frac{1 \text{ mol Zn}}{2 \text{ mol HNO}_3} \cdot \frac{65,4 \text{ g Zn}}{1 \text{ mol Zn}} = 12,3 \text{ g Zn}$$

Puesto que teníamos una muestra de 15,5 gramos, pero solo 12,3 gramos serán de cinc puro (tal y como hemos calculado a partir del ácido nítrico con el que reacciona), podemos determinar la riqueza del mineral como:

$$\frac{12,3}{15,5} \cdot 100 = 79,4 \text{ \%}$$

Esto significa que, de cada 100 gramos de mineral, 79,4 serán de cinc puro y 20,6 de otros compuestos indeterminados.

Ejemplo resuelto: Cálculos de una reacción química cuando la riqueza es un dato del problema

El ácido clorhídrico reacciona con óxido de manganeso(IV), produciéndose la siguiente reacción:

$$4HCl + MnO_2 \rightarrow 2H_2O + MnCl_2 + Cl_2$$

Si reaccionan 350 gramos de MnO_2 del 90 % de riqueza, ¿qué volumen de Cl_2 se obtendrá, medido a 50 °C y 3 atmósferas?

Masas atómicas: Mn = 55; O = 16; H = 1; Cl = 35,5

Para determinar qué cantidad de cloro se obtendrá debemos partir de los 350 gramos de muestra de MnO_2, pero tener en cuenta que no es puro y, por tanto, añadiremos un factor de conversión relativo a la riqueza:

$$350 \text{ } g \text{ } MnO_2 \text{ } impuro \cdot \frac{90 \text{ } g \text{ } MnO_2}{100 \text{ } g \text{ } MnO_2 \text{ } impuro} \cdot \frac{1 \text{ } mol \text{ } MnO_2}{87 \text{ } g \text{ } MnO_2} \cdot \frac{1 \text{ } mol \text{ } Cl_2}{1 \text{ } mol \text{ } MnO_2}$$
$$= 3,6 \text{ } mol \text{ } Cl_2$$

Una vez determinados los moles de Cl_2 que se obtienen cuando reaccionan 350 gramos de MnO_2 impuro, aplicaremos la ecuación de los gases ideales para determinar qué volumen ocupan:

$$P \cdot V = n \cdot R \cdot T$$
$$3 \cdot V = 3{,}6 \cdot 0{,}082 \cdot (273 + 50)$$
$$V = 31{,}8 \, L$$

6. Energía de las reacciones químicas

6.1. Cambios de energía a presión constante. Entalpía.

Toda reacción química obedece a dos leyes fundamentales: la ley de conservación de la masa y la ley de conservación de la energía. Esta última surge del primer principio de la termodinámica: si en un sistema la energía disminuye, necesariamente aparecerá una cantidad de energía equivalente en el entorno.

> *La energía no se crea ni se destruye, sólo se transforma. Esto es aplicable a las reacciones químicas.*

La ecuación del primer principio de la termodinámica es:

$$\Delta U = Q + W$$

Siendo ΔU la variación de energía interna, Q el calor y W el trabajo.

Por tanto, el primer principio de la termodinámica determina cómo afectan los intercambios de calor, Q, y trabajo, W, a la energía global de un sistema. Según el criterio de la IUPAC, es positivo el calor que entra en el sistema o el trabajo realizado sobre él, y negativo el calor que sale del sistema o el trabajo realizado por él.

Criterio de signos de la IUPAC

La IUPAC establece que toda la energía que entra al sistema es positiva, mientras que toda la energía que sale del sistema es negativa.

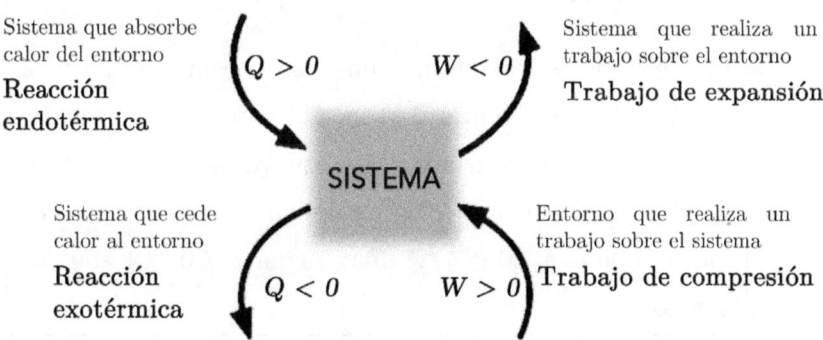

> La **variación de energía interna** de un sistema es igual a la suma del calor y el trabajo que intercambia con su entorno.

Pero... ¿qué es la energía interna de un sistema? Es la energía asociada a la estructura interna del mismo, es decir, la suma de todas las energías que contiene, como la energía cinética de sus partículas individuales (núcleos atómicos, átomos, moléculas... que pueden vibrar, rotar o incluso efectuar movimientos de traslación, como los gases) y la energía potencial de estas (esencialmente energía potencial eléctrica debida a atracciones núcleo-electrón, repulsiones núcleo-núcleo y repulsiones electrón-electrón).

El valor absoluto de la energía interna de un sistema se desconoce por su gran complejidad, pero sí que podemos determinar su variación cuando pasa de un estado inicial a un estado final, ya que, como hemos dicho, la energía interna es una función de estado y solo depende de dichos estados inicial y final:

$$\Delta U = U_f - U_i$$

Donde U_f es la energía interna del sistema en el estado final y U_i la energía interna del sistema en el estado inicial

🔍 Para saber más

> Una **función de estado** es una variable que depende únicamente del estado del sistema y no de las etapas transcurridas hasta llegar a dicho estado. Por este motivo, sus variaciones dependen solo de los estados inicial y final.
>
> Por ejemplo, si calentamos un vaso de agua de 20 °C a 70 °C, podemos calentarlo primero hasta 30 °C y luego de 30 °C a 70 °C, o podemos calentarlo primero hasta 50 °C y luego de 50 °C a 70 °C. En ambos casos, los estados inicial (agua a 20 °C) y final (agua a 70 °C) son los mismos.

En cuanto a la aplicación del primer principio de la termodinámica a las reacciones químicas, la variación de energía interna representa la diferencia de energía entre los productos y los reactivos, siendo Q y W las transferencias de energía como calor y como trabajo que acompañan a dicha reacción química.

$$\Delta U = U_p - U_r$$

Donde:

U_r: energía interna de los reactivos

U_p: energía interna de los productos

Existen reacciones que transcurren a volumen constante y otras que transcurren a presión constante. Estas últimas son las más habituales, ya que la mayor parte de las reacciones químicas suceden al aire libre, a presión atmosférica y con variación de volumen. Por ejemplo, una hoguera o un recipiente de laboratorio abierto.

Cuando aplicamos el primer principio de la termodinámica a las reacciones a presión constante, surge una nueva función de estado, denominada entalpía y representada por la letra H.

Veamos la relación entre la variación de entalpía y la variación de energía interna en una reacción química a presión constante.

El trabajo, W, equivale a:

$$W = -P \cdot \Delta V$$

Y, sustituyendo en la ecuación del primer principio:

$$\Delta U = Q - P \cdot \Delta V$$

Como estamos considerando la transferencia de calor a presión constante, indicaremos dicha transferencia como Q_P:

$$\Delta U = Q_P - P \cdot \Delta V$$

Si despejamos Q_P, pasando al otro lado el término $- P \cdot \Delta V$, quedará:

$$Q_P = \Delta U + P \cdot \Delta V$$

El producto P · ΔV tiene unidades de energía. Esta energía, sumada a la variación de energía interna, ΔU, nos da una nueva medida de energía denominada entalpía, H. La entalpía es también una función de estado, es decir, depende de los estados inicial y final del sistema. Así, no se puede conocer su valor absoluto, únicamente se puede medir su variación durante un proceso. Esta variación de entalpía equivale al calor a presión constante:

$$Q_P = \Delta H$$

Sustituyendo en la expresión anterior, obtenemos:

$$\Delta H = \Delta U + P \cdot \Delta V$$

6.2. Entalpías de reacción y de formación. Ley de Hess.

6.2.1. Entalpía estándar de reacción

La entalpía de una reacción química, ΔH_r, es el calor absorbido o desprendido en dicha reacción cuando transcurre a presión constante, es decir:

$$Q_P = \Delta H_r$$

Puesto que el valor de entalpía de una reacción depende de las condiciones a las que se lleve a cabo, se definen unas condiciones estándar: 25 °C (298 K) y 1 atmósfera de presión.

💡 Recuerda

> Debemos distinguir entre:
>
> Condiciones normales: 1 atmósfera de presión y 273 K (0 °C).
>
> Condiciones estándar: 1 atmósfera de presión y 298 K (25 °C)

En condiciones estándar, la variación de entalpía recibe el nombre de entalpía estándar de reacción.

> La **entalpía estándar de una reacción química** es el calor absorbido o desprendido en dicha reacción cuando transcurre a una presión constante de 1 atmósfera y a 25 °C. Se representa como ΔH_r^o. Sus unidades son $kJ \cdot mol^{-1}$ (kJ/mol).

La forma más habitual de indicar la entalpía estándar de una reacción química es mediante las llamadas ecuaciones termoquímicas, que consisten en escribir la reacción ajustada, indicando los estados de agregación de todos los compuestos que intervienen, y añadir a la derecha el valor de la entalpía de reacción estándar. El motivo de que en la ecuación termoquímica se deban indicar los estados de agregación de productos y reactivos, es decir, si son gases, líquidos, sólidos o se hallan en disolución, y también la forma alotrópica, es porque de ello depende el valor de la entalpía de la reacción.

A continuación vemos la ecuación termoquímica para la reacción de combustión del etanol:

$$CH_3CH_2OH_{(l)} + 3O_{2(g)} \longrightarrow 2CO_{2(g)} + 3H_2O_{(l)} \quad \Delta H_r^o = -1367 \, kJ \cdot mol^{-1}$$

O esta otra, la reacción de combustión del monóxido de carbono:

$$CO_{(g)} + \frac{1}{2}O_{2(g)} \longrightarrow CO_{2(g)} \qquad \Delta H_r^o = -283 \, kJ \cdot mol^{-1}$$

Según el criterio establecido por la IUPAC, es negativo el calor desprendido por el sistema y positivo el calor absorbido por el sistema.

Así, si la entalpía de reacción es negativa, significa que durante el transcurso de la reacción el sistema libera calor hacia el entorno, mientras que si la entalpía de reacción es positiva significa que durante el transcurso de la reacción el sistema absorbe calor del entorno.

En función del signo de la entalpía, las reacciones se clasifican como endotérmicas y exotérmicas:

- Una **reacción exotérmica** es aquella cuyo valor de entalpía es negativo, es decir, el sistema desprende o libera calor al entorno ($\Delta H_r^o < 0$). En una reacción exotérmica, los reactivos son más energéticos que los productos de la reacción.
- Una **reacción endotérmica** es aquella cuyo valor de entalpía es positivo, es decir, el sistema absorbe calor del entorno ($\Delta H_r^o > 0$). En una reacción endotérmica, los reactivos son menos energéticos que los productos de la reacción.

Para visualizar la variación de entalpía de una reacción química, es frecuente utilizar los diagramas entálpicos. Un diagrama entálpico es un gráfico que representa la variación de entalpía en el eje y. Si tenemos una reacción:

$$A + B \rightarrow C + D \qquad \Delta H_r^o$$

$$\Delta H_r^o = H_{C,D}^o - H_{A,B}^o$$

Puesto que el valor absoluto de entalpía no se conoce, el origen de la escala de entalpías es arbitrario. Por ello, se representan reactivos (A + B) y productos (C + D), siendo la diferencia entre ellos el valor de entalpía de la reacción.

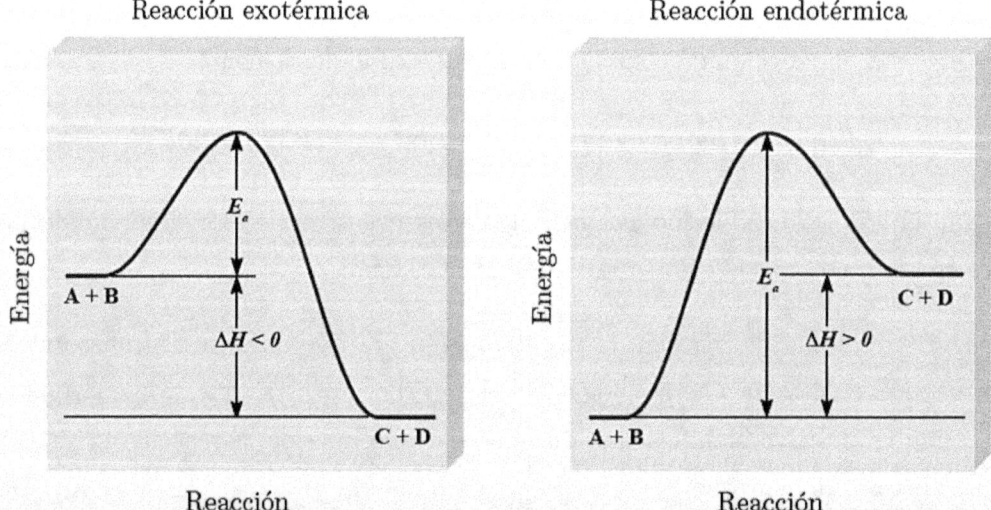

Figura 6.1. Diagramas entálpicos correspondientes a una reacción exotérmica ($\Delta H < 0$) y endotérmica ($\Delta H > 0$). El parámetro E_a (energía de activación) está relacionado con la velocidad de la reacción, si bien excede los contenidos exigidos y no nos detendremos en él.

6.2.2. Entalpía estándar de formación

La entalpía de formación es un tipo concreto de entalpía de reacción, que recibe el nombre de entalpía estándar de formación si la reacción se lleva a cabo a 25 °C y a 1 atmósfera de presión.

> *La **entalpía estándar de formación** se representa por ΔH_f^o y es la variación de entalpía cuando se forma un mol de compuesto a partir de sus elementos en estado normal.*

A partir de sus elementos en estado normal significa: en el estado de agregación y la forma alotrópica más estable a la que dichos elementos se hallen en condiciones estándar.

Veamos algunos ejemplos de reacciones de formación y sus correspondientes entalpías estándar. Por ejemplo, la reacción de formación del peróxido de hidrógeno a partir de sus elementos, dihidrógeno y oxígeno, en estado gaseoso, que es como se encuentran en condiciones estándar:

$$H_{2(g)} + O_{2(g)} \rightarrow H_2O_{2(l)} \qquad \Delta H_f^o = -188 \; kJ \cdot mol^{-1}$$

O la reacción de formación del eteno, C_2H_4:

$$2C_{grafito} + 2H_{2(g)} \rightarrow C_2H_{4(g)} \qquad \Delta H_f^o = +52 \; kJ \cdot mol^{-1}$$

En esta última reacción se indica que el carbono está en forma de grafito. Esto se debe a que el carbono tiene distintas formas alotrópicas, es decir, compuestas por el mismo elemento pero con distintas estructuras, como el grafito y el diamante. La más estable a 25 °C y a 1 atmósfera de presión es el grafito (un sólido), y por este motivo es esta la forma que debemos escoger para plantear las reacciones de formación en las que intervenga el carbono.

La entalpía de formación de los elementos puros se toma como 0, ya que no podemos conocer los valores absolutos de entalpía y se establecen estos como referencias arbitrarias. Así, por ejemplo, para el oxígeno, el dicloro o el sodio:

$$\Delta H^o_{f,O_{2(g)}} = 0 \; kJ \cdot mol^{-1}$$
$$\Delta H^o_{f,Cl_{2(g)}} = 0 \; kJ \cdot mol^{-1}$$
$$\Delta H^o_{f,Na_{(s)}} = 0 \; kJ \cdot mol^{-1}$$

A continuación se muestra una tabla con los valores de entalpía de formación estándar de distintos compuestos, en kJ · mol⁻¹:

Compuesto	Fórmula y estado	ΔH^o_f en kJ · mol⁻¹
Monóxido de carbono	$CO_{(g)}$	-110,5
Dióxido de carbono	$CO_{2(g)}$	-393,5
Monóxido de nitrógeno	$NO_{(g)}$	90,3
Dióxido de nitrógeno	$NO_{2(g)}$	33,2
Dióxido de azufre	$SO_{2(g)}$	-296,9
Trióxido de azufre	$SO_{3(g)}$	-395,7
Grafito	C(grafito)	0,0
Diamante	C(diamante)	1,9
Oxígeno	$O_{2(g)}$	0,0
Ozono	$O_{3(g)}$	142,0
Amoníaco	$NH_{3(g)}$	-46,1
Vapor de agua	$H_2O_{(g)}$	-241,8
Agua líquida	$H_2O_{(l)}$	-285,8
Hielo	$H_2O_{(s)}$	-292,6
Cloruro de sodio	$NaCl_{(s)}$	-411,0
Cloruro de hidrógeno	$HCl_{(g)}$	-92,3
Hidróxido de sodio	$NaOH_{(s)}$	-425,6
Metano	$CH_{4(g)}$	-74,8
Metanol	$CH_3OH_{(l)}$	-236,7
Etano	$C_2H_{6(g)}$	-84,4
Etanol	$CH_3CH_2OH_{(l)}$	-277,7
Eteno	$C_2H_{4(g)}$	52,2
Etino	$C_2H_{2(g)}$	226,9
Propano	$C_3H_{8(g)}$	-103,8
Butano	$C_4H_{10(g)}$	-124,7
Benceno	$C_6H_{6(l)}$	49,0
Ácido etanoico	$CH_3COOH_{(l)}$	-484,5
Glucosa	$C_6H_{12}O_{6(s)}$	-1274,4

6.2.3. Cálculo de la entalpía de reacción a partir de las de formación

A partir de las entalpías estándar de formación de los distintos compuestos que intervienen en una reacción química, ΔH_f^o, es posible calcular la variación de entalpía estándar de dicha reacción, ΔH_r^o.

Consideremos la reacción global:

$$aA + bB \longrightarrow cC + dD \qquad \Delta H_r^o$$

La variación de entalpía de esta reacción, por ser una función de estado, será la entalpía del estado final menos la entalpía del estado inicial, es decir, la entalpía de formación de los productos menos la entalpía de formación de los reactivos.

$$\Delta H_r^o = H_{f,P}^o - H_{f,R}^o$$

Como las entalpías de formación se estandarizan para un mol de compuesto formado, debemos multiplicar dichas entalpías de formación por los coeficientes estequiométricos correspondientes de cada compuesto:

$$H_{f,R}^o = a \cdot \Delta H_{f,A}^o + b \cdot \Delta H_{f,B}^o$$

$$H_{f,P}^o = c \cdot \Delta H_{f,C}^o + d \cdot \Delta H_{f,D}^o$$

Donde $\Delta H_{f,A}^o$, $\Delta H_{f,B}^o$, $\Delta H_{f,C}^o$ y $\Delta H_{f,D}^o$ son las entalpías estándar de formación de los compuestos A, B, C y D respectivamente. Sustituyendo:

$$\Delta H_r^o = H_{f,P}^o - H_{f,R}^o = c \cdot \Delta H_{f,C}^o + d \cdot \Delta H_{f,D}^o - (a \cdot \Delta H_{f,A}^o + b \cdot \Delta H_{f,B}^o)$$

De forma general:

$$\Delta H_r^o = \sum n_P \cdot \Delta H_{f,P}^o - \sum n_R \cdot \Delta H_{f,R}^o$$

Donde n_P y n_R son los coeficientes estequiométricos de los productos y de los reactivos, y $\Delta H_{f,P}^o$ y $\Delta H_{f,R}^o$ sus respectivas entalpías de formación.

Esta fórmula se puede emplear para el cálculo de la entalpía de una reacción química a partir de los valores de entalpía de formación de los reactivos y de los productos. Del mismo modo, con esta fórmula se podrá calcular la entalpía de formación de un compuesto, conociendo la entalpía de una reacción en la que intervenga y la entalpía de formación de los compuestos restantes. Veamos cómo aplicar dicha fórmula en los ejemplos resueltos.

Ejemplo resuelto: Entalpía de reacción con entalpías de formación

Calcular la entalpía de la reacción de combustión del benceno, C_6H_6, a partir de los siguientes valores de entalpías de formación estándar:

$$\Delta H^o_{f,C_6H_6} = 82{,}8 \text{ kJ} \cdot \text{mol}^{-1}$$

$$\Delta H^o_{f,CO_2} = -393{,}5 \text{ kJ} \cdot \text{mol}^{-1}$$

$$\Delta H^o_{f,H_2O} = -285{,}5 \text{ kJ} \cdot \text{mol}^{-1}$$

En primer lugar, debemos escribir y ajustar la reacción de combustión del benceno. La reacción de combustión de un hidrocarburo siempre produce dióxido de carbono y agua:

$$C_6H_{6(l)} + \frac{15}{2} O_{2(g)} \rightarrow 6CO_{2(g)} + 3H_2O_{(l)} \qquad \Delta H^o_r = ?$$

Para calcular la entalpía de dicha reacción a partir de las entalpías de formación indicadas aplicaremos la fórmula general:

$$\Delta H^o_r = \sum n_P \cdot \Delta H^o_{f,P} - \sum n_R \cdot \Delta H^o_{f,R}$$

Aplicada a este caso concreto, teniendo en cuenta los coeficientes estequiométricos de la reacción ajustada para cada compuesto que interviene en la reacción:

$$\Delta H^o_r = 6 \cdot \Delta H^o_{f,CO_2} + 3 \cdot \Delta H^o_{f,H_2O} - 1 \cdot \Delta H^o_{f,C_6H_6}$$

La entalpía de formación del oxígeno no se tiene en cuenta puesto que, al ser un elemento puro, su valor se toma como 0 ($\Delta H^o_{f,O_2} = 0$).

Así, bastará con sustituir el valor de cada entalpía de formación en la fórmula previa:

$$\Delta H^o_r = 6 \cdot (-393{,}5) + 3 \cdot (-285{,}5) - 1 \cdot (82{,}8) = -3.300{,}3 \text{ kJ} \cdot mol^{-1}$$

6.2.4. Ley de Hess

La ley de Hess fue enunciada en 1840 por el químico suizo German Henry Hess; resulta muy útil para el cálculo de entalpías de reacción cuando no es posible calcularlas a partir de las entalpías de formación, o en reacciones en las que la entalpía de reacción no se puede determinar experimentalmente por ser esta muy lenta o explosiva.

Consideremos la ecuación termoquímica correspondiente a la formación de dióxido de carbono, $CO_{2(g)}$:

$$C_{grafito} + O_{2(g)} \rightarrow CO_{2(g)} \qquad \Delta H_1^o = -393{,}5 \; kJ \cdot mol^{-1}$$

Esta reacción se puede producir tal y como está escrita, en una sola etapa, o también puede darse en dos etapas. En una primera etapa se formaría monóxido de carbono, CO, y después, una vez formado el monóxido de carbono, volvería a reaccionar con oxígeno para dar CO_2:

$$C_{grafito} + \frac{1}{2}O_{2(g)} \rightarrow CO_{(g)} \qquad \Delta H_2^o = -110{,}4 \; kJ \cdot mol^{-1}$$

$$CO_{(g)} + \frac{1}{2}O_{2(g)} \rightarrow CO_{2(g)} \qquad \Delta H_3^o = -283{,}1 \; kJ \cdot mol^{-1}$$

La energía total desprendida en la formación de 1 mol de $CO_{2(g)}$ es la misma tanto si se da en una etapa como en dos, ya que, como se puede observar, para determinar la energía total desprendida cuando se da en dos etapas basta sumar las variaciones de entalpía de ambas.

$$\Delta H_1^o = \Delta H_2^o + \Delta H_3^o$$

$$-393{,}5 = -110{,}4 + (-283{,}1)$$

> La **ley de Hess** establece que la variación de entalpía asociada a una reacción química efectuada a presión constante, es la misma si se verifica en una sola etapa o en varias.

De forma general:

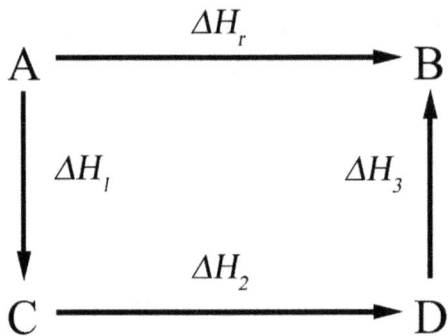

Reacción en 1 etapa:

$$A \rightarrow B \qquad \Delta H_r$$

Reacción en 3 etapas:

$$\text{Etapa 1: } A \rightarrow C \qquad \Delta H_1$$

$$\text{Etapa 2: } C \rightarrow D \qquad \Delta H_2$$

$$\text{Etapa 3: } D \rightarrow B \qquad \Delta H_3$$

$$\Delta H_r = \Delta H_1 + \Delta H_2 + \Delta H_3$$

Otra forma de enunciar la **ley de Hess** más aplicable a los cálculos de entalpías de reacción es:

> *Cuando una reacción química puede expresarse como suma algebraica de otras reacciones, su entalpía de reacción es igual a la suma de las entalpías de las reacciones parciales.*

La ley de Hess permite tratar las ecuaciones termoquímicas como ecuaciones algebraicas, y pueden sumarse, restarse o multiplicarse por un número, igual que las entalpías de reacción, para llegar a la ecuación termoquímica deseada.

Veamos un ejemplo resuelto para ilustrarlo.

Ejemplo resuelto: Ley de Hess

Aplicando la ley de Hess a partir de las siguientes ecuaciones termoquímicas, determinar la entalpía de formación del etanol, C_2H_5OH.

Ec. 1: $C_2H_5OH_{(l)} + 3O_{2(g)} \rightarrow 2CO_{2(g)} + 3H_2O_{(l)}$ $\Delta H_1^o = -1365{,}8 \text{ kJ} \cdot \text{mol}^{-1}$

Ec. 2: $C_{grafito} + O_{2(g)} \rightarrow CO_{2(g)}$ $\Delta H_2^o = -393{,}5 \text{ kJ} \cdot \text{mol}^{-1}$

Ec. 3: $H_{2(g)} + 1/2\, O_{2(g)} \rightarrow H_2O_{(l)}$ $\Delta H_3^o = -285{,}5 \text{ kJ} \cdot \text{mol}^{-1}$

Para determinar la entalpía de formación del etanol, en primer lugar debemos plantear su ecuación de formación. Recordemos que la reacción de formación de un compuesto químico es aquella en la que se forma el compuesto a partir de sus elementos a 25 °C y 1 atmósfera de presión. Así, para el etanol:

$Ec.\,problema$: $2C_{grafito} + 3H_{2(g)} + 1/2\, O_{2(g)} \rightarrow C_2H_5OH_{(l)}$ $\Delta H_4^o = ?$

Aplicar la ley de Hess para el cálculo de la entalpía de esta reacción, consiste en combinar algebraicamente las tres ecuaciones del enunciado de forma que, al sumarlas, obtengamos la ecuación problema. Cuando hayamos logrado esto, tanteando, la misma combinación que hagamos de las reacciones químicas la aplicaremos a las entalpías ΔH_1^o, ΔH_2^o y ΔH_3^o para calcular ΔH_4^o.

Tendremos en cuenta lo siguiente:

- Puesto que en la reacción problema el etanol, C_2H_5OH, es un producto y en la ecuación 1 es un reactivo, debemos multiplicar la ecuación 1 por -1.

- Puesto que el coeficiente estequiométrico del carbono es 2 en la ecuación problema y es 1 en la ecuación 2, debemos multiplicar la ecuación 2 por 2.

- Puesto que en el coeficiente estequiométrico del dihidrógeno es 3 en la ecuación problema, debemos multiplicar la ecuación 3 por 3.

Una vez hechas estas operaciones, sumaremos las 3 ecuaciones. Es decir:

$$Ec.\,problema = -1 \cdot (Ec.\,1) + 2 \cdot (Ec.\,2) + 3 \cdot (Ec.\,3)$$

$-1 \cdot (C_2H_5OH_{(l)} + 3O_{2(g)} \rightarrow 2CO_{2(g)} + 3H_2O_{(l)})$

$2 \cdot (C_{grafito} + O_{2(g)} \rightarrow CO_{2(g)})$

$3 \cdot (H_{2(g)} + {}^1/_2 O_{2(g)} \rightarrow H_2O_{(l)})$

$-C_2H_5OH_{(l)} - 3O_{2(g)} + 2C_{grafito} + 2O_{2(g)} + 3H_{2(g)} + {}^3/_2 O_{2(g)}$
$\rightarrow -2CO_{2(g)} - 3H_2O_{(l)} + 2CO_{2(g)} + 3H_2O_{(l)}$

El CO_2 y el H_2O se simplificarán, mientras que todos los moles de oxígeno se pueden combinar y el $-C_2H_5OH$ se puede pasar a la derecha de la ecuación química:

$2C_{grafito} + 3H_{2(g)} + {}^1/_2 O_{2(g)} \rightarrow C_2H_5OH_{(l)}$

En efecto, esta ecuación coincide con la ecuación problema considerada. Por tanto, su entalpía se podrá calcular realizando las mismas operaciones que hemos realizado con las ecuaciones termoquímicas del enunciado para llegar a la ecuación problema:

$$\Delta H_4^o = -1 \cdot \Delta H_1^o + 2 \cdot \Delta H_2^o + 3 \cdot \Delta H_3^o$$

$\Delta H_4^o = -1 \cdot (-1365{,}8) + 2 \cdot (-393{,}5) + 3 \cdot (-285{,}5) = -277{,}7 \; kJ \cdot mol^{-1}$

6.3. Espontaneidad de las reacciones químicas

6.3.1. Conceptos de espontaneidad y entropía

Imagina que se echa a rodar una pelota por una rampa. Una vez que ha empezado a rodar no se detendrá en mitad de la pendiente, sino que continuará en movimiento hasta llegar a una zona llana en la que haya perdido toda su energía cinética por rozamiento. Este ejemplo nos sirve para ilustrar el concepto de espontaneidad: una reacción química espontánea, como ocurre con la pelota, no se detendrá hasta que los reactivos se transformen por completo en productos.

> *Una vez que una **reacción química espontánea** se ha iniciado, transcurre por sí misma, sin un aporte energético externo, hasta que se agotan los reactivos o se agota el reactivo limitante, si lo hay.*

Las reacciones químicas espontáneas son, además, **irreversibles**. Es decir, los productos no pueden revertir a reactivos sin un aporte energético adicional, del mismo modo que la pelota, una vez en terreno llano, no comienza a subir la cuesta sola, sino que debemos empujarla para que lo haga.

En la naturaleza existen multitud de procesos espontáneos: la oxidación del hierro, la expansión de un gas... Ahora bien, ¿cómo podemos saber si un proceso dado será o no espontáneo? ¿Qué criterios debemos utilizar?

El criterio meramente energético, es decir, si la reacción es exotérmica o endotérmica, no es suficiente por sí mismo para decidirlo. Aunque muchas reacciones exotérmicas son espontáneas, no siempre es así, mientras que existen reacciones endotérmicas que sí lo son.

Para determinar la espontaneidad de una reacción química, es necesario introducir una nueva variable termodinámica, la entropía.

> *La **entropía**, S, es una función de estado cuyas unidades en el SI son $J \cdot K^{-1} \cdot mol^{-1}$ ($J/K \cdot mol$) De forma simplificada, podemos definir la entropía como una medida del desorden microscópico de un sistema.*

Un sistema muy desordenado tiene una elevada entropía, mientras que un sistema muy ordenado tiene una baja entropía. Por ejemplo, si consideramos los tres estados de agregación del agua, sus entropías son:

$$S_{hielo} = 44,8 \, J \cdot K^{-1} \cdot mol^{-1}$$

$$S_{agua \, líquida} = 69,9 \, J \cdot K^{-1} \cdot mol^{-1}$$

$$S_{vapor \, de \, agua} = 188,8 \, J \cdot K^{-1} \cdot mol^{-1}$$

La entropía del vapor de agua es mucho mayor que la del agua líquida y esta a su vez mayor que la del hielo, ya que los gases son sistemas mucho más desordenados que los líquidos y estos más desordenados que los sólidos.

Cuando un sistema sufre una transformación, como por ejemplo una reacción química, su variación de entropía global, será:

$$\Delta S = S_{final} - S_{inicial}$$

Si el desorden del sistema aumenta, la variación de entropía será positiva; si el desorden disminuye, la variación de entropía será negativa.

$\Delta S > 0$: Aumento del desorden
$\Delta S < 0$: Disminución del desorden

> *Todos los sistemas tienden a un aumento del desorden.*

Puesto que los sistemas tienden al máximo desorden, termodinámicamente se verá favorecido aquel proceso en el cual la variación de entropía sea positiva, $\Delta S > 0$.

Es por este motivo que existen reacciones endotérmicas que son espontáneas, si en el transcurso de las mismas la entropía aumenta considerablemente.

6.3.2. Energía libre de Gibbs

Por tanto, para determinar si una reacción química será o no espontánea, no es suficiente tener en cuenta su variación de entalpía, ΔH, sino que también se debe considerar su variación de entropía, ΔS.

Por una parte, se ve favorecido el sentido exotérmico de la reacción, $\Delta H < 0$, mientras que, por otra, se ve favorecido el sentido de la reacción en el que hay un aumento del desorden, $\Delta S > 0$.

Esto hace necesario definir una nueva variable termodinámica que combina la entalpía y la entropía de una reacción química para determinar si será espontánea a una determinada temperatura. Esta variable es la llamada energía libre de Gibbs, G.

> La **energía libre de Gibbs** es una función de estado que representa la cantidad de energía total que puede ser aprovechada por el sistema como trabajo útil. Sus unidades son $kJ \cdot mol^{-1}$ (kJ/mol)

La expresión matemática que relaciona estas tres variables termodinámicas es:

$$G = H - T \cdot S$$

Como estamos considerando una reacción química, en la que pasamos de unos reactivos a unos productos, debemos expresar esta relación como incrementos:

$$\Delta G = \Delta H - T \cdot \Delta S$$

Es la energía libre de Gibbs, y no la entalpía ni la entropía, el factor determinante de la espontaneidad de una reacción química, ya que representa la energía efectivamente disponible en procesos realizados a presión y temperatura constante.

Así, en función del signo de la variación de energía libre de Gibbs, tenemos tres posibilidades:

$\Delta G > 0$	Reacción no espontánea
$\Delta G = 0$	Sistema en equilibrio
$\Delta G < 0$	Reacción espontánea

Si tenemos los valores de ΔH y ΔS de una reacción química a una determinada temperatura, podemos calcular ΔG y determinar la espontaneidad de la reacción.

Ejemplo resuelto: Espontaneidad de una reacción

Una reacción química A ⟶ B tiene, a 50 °C, un valor de entalpía de reacción de $-27 \ kJ \cdot mol^{-1}$ y una variación de entropía de $140 \ J \cdot K^{-1} \cdot mol^{-1}$. Determinar si la reacción es o no espontánea a esta temperatura.

Los valores de los que disponemos son:

$$\Delta H = -27 \, kJ \cdot mol^{-1}$$

$$\Delta S = 140 \, J \cdot K^{-1} \cdot mol^{-1}$$

Y la fórmula que debemos aplicar, la de la energía libre de Gibbs:

$$\Delta G = \Delta H - T \cdot \Delta S$$

No obstante, no podemos aplicarla directamente. En primer lugar, el valor de la entropía debe expresarse en kJ · K^{-1} · mol^{-1}, ya que la entalpía viene dada en kJ · mol^{-1} (las unidades deben ser congruentes). Así:

$$140 \frac{J}{K \cdot mol} \cdot \frac{1 kJ}{1000 J} = 0,140 \frac{kJ}{K \cdot mol}$$

En segundo lugar, la temperatura, 50 °C, debe pasarse a la escala kelvin.

50°C + 273 = 323 K

Una vez realizadas las conversiones de unidades oportunas ya podemos aplicar la fórmula de la energía libre de Gibbs para determinar si la reacción es o no espontánea:

$$\Delta G = -27 \, kJ \cdot mol^{-1} - 323 \, K \cdot 0,140 \, kJ \cdot K^{-1} \cdot mol^{-1} = -72 \, kJ \cdot mol^{-1}$$

Puesto que el valor de ΔG es negativo, la reacción será espontánea a 50 °C.

Asimismo, teniendo en cuenta la expresión matemática considerada, podemos establecer el signo de la variación de energía libre de Gibbs de forma cualitativa si conocemos los signos de la variación de entalpía y de la variación de entropía:

Reacción	H	Desorden	S	Espontaneidad	Energía libre
Exot.	$\Delta H < 0$	↑	$\Delta S > 0$	Espontánea	$\Delta G < 0$
Exot.	$\Delta H < 0$	↓	$\Delta S < 0$	Espontánea	$\Delta G < 0$ si $|T \cdot \Delta S| < \Delta H$
				No espontánea	$\Delta G > 0$ si $|T \cdot \Delta S| > \Delta H$
Endot.	$\Delta H > 0$	↑	$\Delta S > 0$	No espontánea	$\Delta G > 0$ si $|T \cdot \Delta S| < \Delta H$
				Espontánea	$\Delta G < 0$ si $|T \cdot \Delta S| > \Delta H$
Endot.	$\Delta H > 0$	↓	$\Delta S < 0$	No espontánea	$\Delta G > 0$

Ejemplo resuelto: Espontaneidad de una reacción

Calcular para qué intervalo de temperatura será espontánea la reacción química $A \rightarrow B$ *si* $\Delta H = -50\ kJ \cdot mol^{-1}$ *y* $\Delta S = -120\ J \cdot K^{-1} \cdot mol^{-1}$. *(Nota: suponer que estos valores no varían con la temperatura).*

Para determinar el intervalo de espontaneidad de la reacción química, en primer lugar calcularemos la temperatura de equilibrio, es decir, aquella temperatura a la cual $\Delta G = 0$. Asimismo, debemos recordar que es necesario cambiar las unidades de entropía de $J \cdot K^{-1} \cdot mol^{-1}$ a $kJ \cdot K^{-1} \cdot mol^{-1}$ dividiendo su valor por 1000, ya que la entalpía viene dada en $kJ \cdot mol^{-1}$.

$$\Delta G = \Delta H - T \cdot \Delta S$$
$$0 = \Delta H - T \cdot \Delta S$$
$$0 = -50 - T \cdot \left(\frac{-120}{1000}\right)$$
$$0 = -50 + 0{,}120 \cdot T$$
$$50 = 0{,}120 \cdot T$$
$$T = \frac{50}{0{,}120} = 417\ K$$

A 417 K la reacción estará en equilibrio, puesto que la variación de energía libre de Gibbs será 0.

Cuando la temperatura es distinta de este valor, tendremos:

$$\Delta G = -50 + 0{,}120 \cdot T$$

Si T > 417 K

$$0{,}120 \cdot T > -50$$

$\Delta G > 0$ Reacción no espontánea

<u>Si T < 417 K</u>

$$0{,}120 \cdot T < -50$$

$\Delta G < 0$ Reacción espontánea

La reacción será espontánea por debajo de 417 K.

7. Equilibrio químico

7.1. Reacciones reversibles: concepto de equilibrio químico

Existen reacciones químicas que, una vez iniciadas, transcurren hasta que los reactivos (o el reactivo limitante, si lo hay) se consumen por completo. Estas reacciones tienen lugar en un solo sentido y se denominan **reacciones irreversibles**. Las reacciones irreversibles se representan en la ecuación química correspondiente con una única flecha hacia la derecha ($\rightarrow$):

$$2H_{2(g)} + O_{2(g)} \rightarrow 2H_2O_{(g)}$$

En cambio, existe otro tipo de reacciones químicas que tienen lugar en los dos sentidos; los productos pueden volver a reaccionar entre sí para dar nuevamente los reactivos. Es decir, estas reacciones pueden transcurrir hacia la derecha y hacia la izquierda. Estos procesos se denominan **reacciones reversibles**, y se simbolizan en la ecuación química mediante una doble flecha ($\rightleftharpoons$):

$$\textit{Reacción directa} \rightarrow$$

$$I_{2(g)} + H_{2(g)} \rightleftharpoons 2HI_{(g)}$$

$$\textit{Reacción inversa} \leftarrow$$

En esta última reacción, el diyodo reacciona con el dihidrógeno para producir yoduro de hidrógeno (reacción hacia la derecha o también denominada reacción directa); este último, una vez que se ha formado una cantidad apreciable del mismo en el recipiente, puede volver a reaccionar para dar nuevamente diyodo y dihidrógeno (reacción hacia la izquierda o también denominada reacción inversa).

*La reacción directa y la reacción inversa transcurrirán simultáneamente pero a distinta velocidad hasta alcanzar el estado de **equilibrio químico**, en el que ambas velocidades se igualan.*

Consideremos que la siguiente reacción reversible se produce a una determinada temperatura en un recipiente cerrado:

$$aA + bB \underset{v_i}{\overset{v_d}{\rightleftarrows}} cC + dD$$

Donde:

v_d: velocidad de la reacción directa, formación de los productos C y D (reacción hacia la derecha)

v_i: velocidad de la reacción inversa, descomposición de los productos C y D para dar nuevamente los reactivos A y B (reacción hacia la izquierda)

Al principio de la reacción, en el recipiente solo habrá reactivos, A y B. De esta forma, la velocidad de la reacción directa, v_d, será máxima, pues también son máximas las concentraciones de A y B. Conforme los reactivos A y B se consumen, la velocidad de la reacción directa, v_d, va disminuyendo.

🔍 Para saber más

> La velocidad de una reacción química es directamente proporcional a la concentración de los reactivos, $v_d = k_d \cdot [A]^n \cdot [B]^m$, donde k_d es una constante específica de la reacción. Si la reacción transcurre en una única etapa, n y m coinciden con los coeficientes estequiométricos de A y B y $v_d = k_d \cdot [A]^a \cdot [B]^b$.

Por otra parte, los productos C y D se van formando y cada vez es mayor su concentración en el recipiente. Esto hace que puedan encontrarse y volver a reaccionar entre sí para regenerar A y B. Al principio, como la concentración de C y D es nula, la velocidad de esta reacción inversa, v_i, será también nula. Pero a medida que dichas concentraciones van aumentando la velocidad de la reacción inversa no es desdeñable.

Ambas velocidades, la de la reacción directa, v_d, y la de la reacción inversa, v_i, finalmente se igualan, y todas las especies, A, B, C y D, se forman a la misma velocidad a la que se consumen, por lo que ya no experimentan variación en su concentración.

Este estado se denomina equilibrio químico, y en él las concentraciones de reactivos y productos permanecen constantes en el tiempo si las condiciones externas del sistema no se modifican.

> *El **equilibrio químico** se mantendrá indefinidamente si el sistema permanece cerrado y a la misma temperatura. En dicho estado, las concentraciones de todas las especies permanecen constantes.*

A pesar de que las concentraciones permanecen invariables en el tiempo, el equilibrio químico es una situación dinámica. No apreciaremos variación en las concentraciones de las especies reaccionantes porque se produce de cada una de ellas la misma cantidad que se consume, pero sigue habiendo reacción en ambos sentidos.

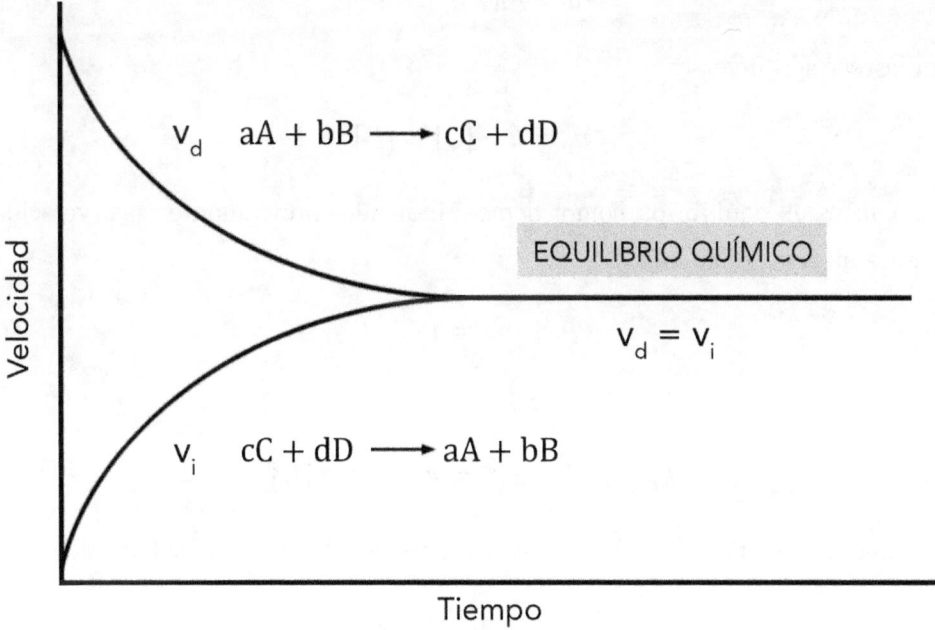

Figura 7.1. Cuando se alcanza el equilibrio químico, las velocidades de la reacción directa (v_d) y de la reacción inversa (v_i) son iguales, por lo que las concentraciones de todas las especies, tanto reactivos como productos, permanecen invariables en el tiempo.

7.2. Ley de acción de masas: constante de equilibrio K_c

En el año 1864, los químicos noruegos Cato Guldberg y Peter Waage hallaron experimentalmente que existe una relación entre las concentraciones de reactivos y las concentraciones de productos de una reacción química, una vez que se ha alcanzado el equilibrio químico. A dicha relación se la denomina constante de equilibrio, y se simboliza como K_c.

Veamos cómo deducir la expresión de K_c.

Si consideramos la siguiente reacción reversible:

$$aA + bB \underset{k_i}{\overset{k_d}{\rightleftharpoons}} cC + dD$$

Considerando un proceso que tenga lugar en una única etapa (proceso elemental), la velocidad de la reacción directa, de reactivos a productos, será:

$$v_d = k_d \cdot [A]^a \cdot [B]^b$$

Para la reacción inversa:

$$v_i = k_i \cdot [C]^c \cdot [D]^d$$

Al alcanzar el equilibrio, como hemos indicado previamente, las velocidades directa e inversa se igualan:

$$v_d = v_i$$

De modo que:

$$k_d \cdot [A]^a \cdot [B]^b = k_i \cdot [C]^c \cdot [D]^d$$

Y agrupando como cociente las dos constantes de velocidad, k_d y k_i:

$$\frac{k_d}{k_i} = \frac{[C]^c \cdot [D]^d}{[A]^a \cdot [B]^b}$$

El cociente entre las dos constantes de velocidad a una temperatura dada será otra constante, cuyo valor depende también de la temperatura, y que llamamos K_c, constante de equilibrio:

$$K_c = \frac{[C]^c \cdot [D]^d}{[A]^a \cdot [B]^b}$$

Esta expresión es la denominada ley de acción de masas.

*La **ley de acción de masas** nos indica que, en un proceso elemental, el producto de las concentraciones de los productos en el equilibrio, elevadas a sus respectivos coeficientes estequiométricos, dividido por el producto de las concentraciones de los reactivos elevadas a sus respectivos coeficientes estequiométricos, es un valor constante para cada temperatura.*

Es importante destacar que, en dicha expresión, únicamente se incluirán las concentraciones de aquellas especies que se encuentren en estado gaseoso o en disolución, y no los líquidos puros o los sólidos. Las concentraciones de estos últimos permanecen constantes y se incluyen en el valor de K_c.

Aunque el valor de la constante de equilibrio, K_c, está asociado a concentraciones molares, por convenio se suele expresar como una magnitud adimensional, esto es, sin unidades.

Por ejemplo, para la reacción de formación del yoduro de hidrógeno a partir de diyodo y dihidrógeno:

$$H_{2(g)} + I_{2(g)} \rightleftharpoons 2HI_{(g)}$$

Temperatura °C	Constante de equilibrio
350	52,6
448	50,0
490	45,5
500	40,0

Aunque, como vemos en el ejemplo, el valor de la constante de equilibrio, K_c, varía con la temperatura, su valor es independiente de las concentraciones iniciales de reactivos y productos.

El valor de K_c de una reacción química nos indica en qué grado se produce la misma, es decir, si al alcanzar el equilibrio está más desplazada hacia la derecha (hacia los productos) o hacia la izquierda (hacia los reactivos).

- **Cuando $K_c > 1$**, la mayor parte de los reactivos se convierte en productos al alcanzarse el equilibrio químico.
- **Cuando $K_c \approx \infty$**, prácticamente no existen más que productos, se comporta como una reacción irreversible.
- **Cuando $K_c < 1$**, al alcanzarse el equilibrio químico, solo se han formado pequeñas concentraciones de productos y la cantidad de reactivos es mayor.

Por ejemplo, para las reacciones siguientes, todas ellas a 500K:

$$N_2O_{2(g)} \rightleftharpoons 2NO_{2(g)} \qquad K_c = 42$$

La [NO$_2$] es mucho mayor que la [N$_2$O$_2$]

$$F_{2(g)} \rightleftharpoons 2F_{(g)} \qquad K_c = 7,3 \cdot 10^{-13}$$

La reacción prácticamente no se produce.

$$H_{2(g)} + Cl_{2(g)} \rightleftharpoons 2HCl_{(g)} \qquad K_c = 4 \cdot 10^{18}$$

La reacción es prácticamente completa, no quedarán en el recipiente moléculas de reactivos, H$_2$ y Cl$_2$.

El valor de la constante de equilibrio corresponde a un equilibrio expresado de forma determinada, de manera que si varía el sentido de la reacción, o su ajuste estequiométrico, también lo hace el valor de la constante.

Ejemplo resuelto: Equilibrios heterogéneos

Indicar la expresión de la constante de equilibrio, K_c, para la reacción siguiente:

$$CaCO_{3(s)} \rightleftharpoons CaO_{(s)} + CO_{2(g)}$$

Puesto que tanto CaCO$_3$ como CaO son sólidos, no se incluyen en la expresión de la constante de equilibrio, de modo que será $K_c = [CO_2]$, sin denominador, ya que

que el CO_2 es la única especie gaseosa y por tanto la única que debe ser considerada.

Procedimiento práctico 7.1: Tabla de equilibrio químico

En el estudio de un equilibrio químico es muy útil escribir una tabla con los moles iniciales de cada especie, los moles que reaccionan (esta fila en ocasiones se omite) y los moles presentes una vez alcanzado el equilibrio. La tabla esquematiza los datos disponibles y facilita los cálculos. Consideremos una reacción de la forma:

$$aA + bB \rightleftharpoons cC$$

Inicialmente, en el recipiente únicamente tendremos una cierta cantidad del reactivo A (n_A) y del reactivo B (n_B), mientras que no tendremos nada de C por ser un producto. La tabla genérica quedará como:

	A	B	C
Moles iniciales	n_A	n_B	-
Moles que reaccionan	$-x$	$-\dfrac{b}{a}x$	$+\dfrac{c}{a}x$
Moles en el equilibrio	$n_A - x$	$n_B - \dfrac{b}{a}x$	$+\dfrac{c}{a}x$

Donde x son los moles que reaccionan del reactivo A, y a, b y c los coeficientes estequiométricos de cada especie.

El valor negativo de los moles que reaccionan de A y de B se debe a que son reactivos y que, por tanto, se están consumiendo, disminuyendo su concentración en el equilibrio con respecto a la inicial.

La tercera fila, los moles en el equilibrio, son el resultado de sumar las dos filas primeras, los moles iniciales y los moles que reaccionan.

Una vez que se dispone de los moles en el equilibrio de cada especie, basta con dividir por el volumen del recipiente, V, para tener la concentración molar, valor que se podrá sustituir en la expresión de la K_c de la reacción.

$$K_c = \frac{[C]^c}{[A]^a \cdot [B]^b}$$

Un ejercicio de examen resuelto en el que se aplica esta tabla es el problema 2 del año 2012.

Ejercicio resuelto: Equilibrio químico con los moles que reaccionan

En un recipiente de 5 litros se introducen 3 moles del compuesto A y 2 moles del compuesto B. Se calienta a 200 °C y se establece el equilibrio siguiente:

$$A_{(g)} + 2B_{(g)} \rightleftharpoons 3C_{(g)}$$

En el equilibrio, se determina que el número de moles de B es igual al de C. En esas condiciones, calcular los moles de cada componente en el equilibrio y el valor de la constante de equilibrio K_c.

En primer lugar plantearemos la tabla correspondiente al equilibrio, tal y como hemos visto en el procedimiento práctico previo. Esto nos permitirá calcular los moles en el equilibrio de cada una de las especies.

	A	B	C
Moles iniciales	3	2	-
Moles que reaccionan	$-x$	$-\frac{2}{1}x = -2x$	$\frac{3}{1}x = 3x$
Moles en el equilibrio	$3 - x$	$2 - 2x$	$3x$

Una vez que disponemos de los moles en el equilibrio de cada especie, y sabiendo que los moles de B serán iguales a los moles de C (como indica el enunciado), entonces:

$$2 - 2x = 3x$$
$$2 = 5x$$
$$x = \frac{2}{5} = 0{,}4$$

Y sustituyendo x en la tabla:

	A	B	C
Moles iniciales	3 mol	2 mol	-
Moles que reaccionan	−0,4 mol	−0,8 mol	1,2 mol
Moles en el equilibrio	2,6 mol	1,2 mol	1,2 mol

Una vez calculados los moles de cada especie en el equilibrio, podemos calcular las concentraciones en el equilibrio dividiendo por el volumen:

$$[A] = \frac{2,6}{5} = 0,52 \, M$$

$$[B] = \frac{1,2}{5} = 0,24 \, M$$

$$[C] = \frac{1,2}{5} = 0,24 \, M$$

La expresión de K_c será:

$$K_c = \frac{[C]^3}{[A] \cdot [B]^2} = \frac{0,24^3}{0,52 \cdot 0,24^2} = 0,46$$

7.3. Constante de equilibrio en función de las presiones parciales, K_p

Cuando trabajamos con equilibrios en los que todas las especies que intervienen son gases, es más habitual utilizar la denominada constante de equilibrio K_p, en función de las presiones parciales de cada componente, en lugar de K_c, en función de las concentraciones. Así, para la reacción reversible:

$$aA + bB \rightleftharpoons cC + dD$$

La constante de equilibrio K_p tiene la siguiente expresión:

$$K_P = \frac{P_C^c \cdot P_D^d}{P_A^a \cdot P_B^b}$$

Donde P_A, P_B, P_C y P_D son las presiones parciales de cada uno de los componentes, expresadas en atmósferas, y a, b, c y d los coeficientes estequiométricos de la reacción química ajustada.

Como K_c, la constante de equilibrio K_p depende de la temperatura y es adimensional, es decir, por convenio no indicamos unidades, a pesar de que las presiones parciales se expresan generalmente en atmósferas.

Aunque es frecuente expresar la constante de equilibrio entre gases como K_p, también se puede expresar como K_c y, de hecho, existe una relación entre ambas constantes, de forma que conociendo K_p se puede calcular K_c y viceversa.

> *La relación matemática existente entre la constante de equilibrio en función de las concentraciones, K_c, y la constante de equilibrio en función de las presiones, K_p, es:*
>
> $$K_P = K_c \cdot (RT)^{\Delta n}$$
>
> *Donde R es $0{,}082$ $atm \cdot L \cdot K^{-1} \cdot mol^{-1}$, T la temperatura en kelvin y Δn la variación en el número de moles de gas de la reacción.*

Ejemplo resuelto: Cálculo de K_p con K_c

Las concentraciones en el equilibrio de las especies que intervienen en la reacción indicada son las siguientes:

$$A_{(g)} + 2B_{(g)} \rightleftharpoons C_{(g)} + D_{(g)}$$

$$[A] = 0{,}2\ M \qquad [B] = 0{,}1\ M$$
$$[C] = 0{,}5\ M \qquad [D] = 0{,}5\ M$$

¿Cuál será el valor de K_p a 50 °C?

En primer lugar calcularemos K_c, ya que disponemos de las concentraciones de todas las especies en el equilibrio:

$$K_c = \frac{[C] \cdot [D]}{[A] \cdot [B]^2} = \frac{0{,}5 \cdot 0{,}5}{0{,}2 \cdot 0{,}1^2} = 125$$

Una vez calculada K_c, aplicaremos la fórmula siguiente para calcular K_p:

$$K_P = K_c \cdot (RT)^{\Delta n}$$

Donde Δn es la variación en el número de moles gaseosos de reactivos a productos en la reacción química, en este caso:

$$\Delta n = 2 - 3 = -1$$
$$K_P = 125 \cdot (0{,}082 \cdot (273 + 50))^{-1} = 4{,}72$$

7.4. Grado de disociación

Existen muchas reacciones reversibles de interés en las que una sustancia A se disocia para dar dos sustancias, B y C. Este tipo de reacciones químicas se denominan reacciones de disociación.

$$A \rightleftharpoons B + C$$

En una reacción de disociación es habitual utilizar el grado de disociación, representado por la letra griega alfa, α.

*El **grado de disociación**, α, nos indica la cantidad de reactivo, en tanto por uno o en tanto por ciento, que se ha disociado una vez alcanzado el equilibrio.*

Supongamos que en un recipiente tenemos, inicialmente, 1 mol de la sustancia A. Esta sustancia comienza a disociarse para producir B y C, de tal forma que, al alcanzarse el equilibrio, quedan 0,7 moles de A, 0,3 moles de B y 0,3 moles de C.

	A	B	C
Inicial	1 mol	0 mol	0 mol
Equilibrio químico	0,7 mol	0,3 mol	0,3 mol

Así, de la cantidad inicial de A, 1 mol, se han disociado 0,3 moles, puesto que en el equilibrio ya solo tenemos 0,7. La cantidad disociada de A corresponde al grado de disociación de esta reacción:

$$\alpha = 0{,}3$$

$$\alpha_\% = 30\ \%$$

Como vemos, podemos expresar el grado de disociación en tanto por uno (0,3) o en tanto por ciento multiplicando por 100 (30 %).

Valores de α próximos a 1 o de $\alpha_\%$ próximos al 100 %, implican un alto rendimiento de la reacción hacia la derecha y valores de K_c altos, mientras que valores próximos a 0 indican que ha reaccionado una cantidad de reactivo A muy pequeña.

Es habitual y útil para la resolución de ejercicios de equilibrio químico, conocer la relación existente entre el grado de disociación y los moles iniciales (n_o) y los que reaccionan (x) del reactivo A. Así:

$$\alpha = \frac{x}{n_o} \qquad x = \alpha \cdot n_o$$

Donde:

n_o: moles iniciales del reactivo A

x: moles que han reaccionado de A una vez alcanzado el equilibrio

Del mismo modo, también es habitual utilizar la relación entre el grado de disociación y las concentraciones inicial (c_o) y que reacciona (c) del reactivo A.

$$\alpha = \frac{c}{c_o} \qquad c = \alpha \cdot c_o$$

Donde:

c_o: concentración inicial de A

c: concentración de A que ha reaccionado una vez alcanzado el equilibrio

Veamos cómo varía la expresión de K_c en función del grado de disociación de una reacción, cuando se dispone de los datos iniciales en moles, n_o, y cuando se dispone de ellos en concentración, c_o.

Expresión de K_c con el grado de disociación y los moles iniciales, n_o

En la siguiente tabla vemos cómo expresar, para la reacción indicada, $A \rightleftharpoons B + C$, y en función del grado de disociación, los moles iniciales, los moles que reaccionan para alcanzar el equilibrio y los moles presentes en el equilibrio.

	A	B	C
Moles iniciales	n_o	0	0
Moles que reaccionan*	$-x = -n_o \cdot \alpha$	$x = n_o \cdot \alpha$	$x = n_o \cdot \alpha$
Moles en el equilibrio	$n_o - n_o \cdot \alpha = \boldsymbol{n_o(1-\alpha)}$	$\boldsymbol{n_o \cdot \alpha}$	$\boldsymbol{n_o \cdot \alpha}$
Concentración en el equilibrio (mol · L^{-1})	$\dfrac{n_o(1-\alpha)}{V}$	$\dfrac{n_o \cdot \alpha}{V}$	$\dfrac{n_o \cdot \alpha}{V}$

*Los moles que reaccionan del reactivo A son negativos porque se está descomponiendo y, por tanto, se consume durante la reacción, por lo que su concentración debe disminuir.

$$K_c = \frac{[B] \cdot [C]}{[A]} = \frac{\dfrac{\cancel{n_o} \cdot \alpha}{\cancel{V}} \cdot \dfrac{n_o \cdot \alpha}{V}}{\dfrac{\cancel{n_o}(1-\alpha)}{\cancel{V}}} = \frac{n_o \cdot \alpha^2}{V(1-\alpha)}$$

Esta expresión nos permite calcular el valor de K_c de una reacción de disociación conociendo el volumen del recipiente, V, el grado de disociación, α, y los moles iniciales del reactivo A, n_o.

Nota: ten en cuenta que el cociente $\dfrac{n_o}{V}$ equivale a la concentración inicial de A, de forma que sustituyendo dicho cociente por c_o llegaremos a la misma expresión que deducimos en el siguiente apartado.

Expresión de K_c con el grado de disociación y la concentración inicial, c_o

En la siguiente tabla vemos cómo expresar, para la reacción indicada y en función del grado de disociación, la concentración inicial, la concentración que reacciona para alcanzar el equilibrio y la concentración final de cada especie en el equilibrio.

	A	B	C
Concentración inicial (mol · L⁻¹)	c_o	0	0
Concentración que reacciona (mol · L⁻¹)*	$-c = -c_o \cdot \alpha$	$c = c_o \cdot \alpha$	$c = c_o \cdot \alpha$
Concentración en el equilibrio (mol · L⁻¹)	$c_o - c_o \cdot \alpha = \mathbf{c_o(1-\alpha)}$	$\mathbf{c_o \cdot \alpha}$	$\mathbf{c_o \cdot \alpha}$

*La concentración que reacciona del reactivo A es negativa porque se está descomponiendo y, por tanto, se consume durante la reacción y su concentración de equilibrio será inferior a la inicial.

$$K_c = \frac{[B] \cdot [C]}{[A]} = \frac{\cancel{c_o} \cdot \alpha \cdot c_o \cdot \alpha}{\cancel{c_o}(1-\alpha)} = \frac{\mathbf{c_o \cdot \alpha^2}}{\mathbf{1-\alpha}}$$

Esta expresión nos permite calcular el valor de K_c de una reacción de disociación conociendo el grado de disociación, α, y la concentración inicial del reactivo A, c_o.

Ejemplo resuelto: Cálculo de K_c con el grado de disociación

El PCl_5 se disocia según la reacción:

$$PCl_{5(g)} \rightleftharpoons PCl_{3(g)} + Cl_{2(g)}$$

Si a 200 °C introducimos en un recipiente PCl_5, con una concentración inicial 0,065 M, y al alcanzar el equilibrio se halla disociado en un 30 %, ¿cuál será el valor de K_c a esta temperatura?

Puesto que tenemos el valor de c_o y el grado de disociación (que utilizaremos en tanto por uno, 0,3), podemos aplicar la fórmula que hemos deducido previamente:

$$K_c = \frac{[PCl_3] \cdot [Cl_2]}{[PCl_5]} = \frac{c_o \cdot \alpha^2}{1-\alpha} = \frac{0{,}065 \cdot (0{,}3)^2}{1-0{,}3} = 8{,}4 \cdot 10^{-3}$$

7.5. Factores que afectan al equilibrio químico

Cuando se modifican una o más variables de un sistema que se encuentra inicialmente en equilibrio químico, dicho sistema deja de estar en equilibrio. Para recuperarlo, el sistema experimenta un cambio y se desplaza, es decir, se modifican las concentraciones de reactivos y productos preexistentes.

Para interpretar cualitativamente estos cambios se utiliza el denominado principio de Le Châtelier, enunciado en 1885 por el químico francés Henri-Louis Le Châtelier.

> *Cuando en un sistema en equilibrio se produce una **modificación de alguna de las variables** que lo determinan (concentración, presión o temperatura) el equilibrio se desplaza en el sentido en el que se opone a dicha variación.*

7.5.1. Modificación de la concentración de reactivos o de productos

Consideremos la reacción reversible de formación de monóxido de nitrógeno:

$$N_{2(g)} + O_{2(g)} \rightleftharpoons 2NO_{(g)}$$

Cuando se alcanza el equilibrio químico, su relación de concentraciones será igual a K_c según la expresión:

$$K_c = \frac{[NO]_e^2}{[N_2]_e \cdot [O_2]_e}$$

Nota: Se ha añadido el subíndice *e* para indicar expresamente que se trata de las concentraciones en el equilibrio de las tres especies, si bien esto es redundante porque las concentraciones en la expresión de K_c siempre son las de equilibrio, pero será adecuado en este apartado para mayor claridad.

Si en este momento, a temperatura constante, se introduce en el recipiente cierta cantidad de oxígeno adicional, el sistema dejará de estar en equilibrio, ya que al aumentar la [O₂] el denominador de la expresión anterior aumenta, y dicho cociente ya no será igual a K$_c$, sino un valor inferior:

$$\frac{[NO]^2}{[N_2] \cdot [O_2]} < K_c$$

Nota: estas otras concentraciones no son las de equilibrio porque este se ha alterado.

Para restablecer el equilibrio, el sistema ha de evolucionar, reajustando las concentraciones de todas las especies para que el cociente vuelva a ser igual a K$_c$. En este caso, puesto que el cociente es inferior a K$_c$, es necesario que aumente el numerador, es decir, la concentración de NO. El sistema evolucionará hacia la derecha, hacia la producción de NO, y habrá una disminución de las concentraciones de N₂ y de O₂.

Decimos que el equilibrio se ha desplazado hacia la derecha.

En general, para una reacción reversible como:

$$aA + bB \rightleftharpoons cC + dD$$

- Un aumento de las concentraciones de reactivos (A o B, o ambos) o una disminución de las concentraciones de productos (C o D, o ambos), desplaza la reacción hacia la derecha.
- Un aumento de las concentraciones de productos (C o D, o ambos) o una disminución de las concentraciones de reactivos (A o B, o ambos), desplaza la reacción hacia la izquierda.

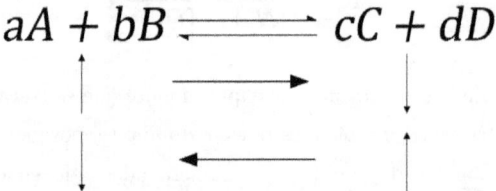

Figura 7.2. La reacción se desplazará hacia la derecha si se produce un aumento de la concentración de un reactivo o una disminución de la concentración de un producto; por el contrario, se desplazará hacia la izquierda si se produce una disminución de la concentración de un reactivo o un aumento de la concentración de un producto.

Ejemplo resuelto: Modificación de la concentración en un equilibrio químico

Supongamos que se retira el agua por condensación una vez alcanzado el siguiente equilibrio químico:

$$4NH_{3(g)} + 5O_{2(g)} \rightleftharpoons 4NO_{(g)} + 6H_2O_{(g)}$$

¿Cómo afectaría esto al equilibrio?

Que el agua condense implica que disminuye su concentración gaseosa (que es la que interviene en la reacción). Cuando disminuye la concentración de un determinado compuesto que interviene en una reacción química, según el principio de Le Châtelier, el equilibrio se desplaza en el sentido en el que contrarresta esta disminución, en este caso hacia la formación de agua. Por tanto, el equilibrio se desplazaría hacia la derecha, hacia los productos.

🔍 Para saber más

La variación de las concentraciones de reactivos o de productos se usa frecuentemente en la industria para obtener mayor cantidad del producto deseado en un equilibrio químico. Por ejemplo, en la reacción de obtención de amoníaco:

$$N_{2(g)} + 3H_{2(g)} \rightleftharpoons 2NH_{3(g)}$$

Aumentar las concentraciones de N_2 y H_2 desplazará el equilibrio hacia la derecha, hacia el amoníaco, que es el producto de nuestro interés. Asimismo, también se producirá este desplazamiento si se disminuye la concentración de NH_3 extrayéndolo del reactor a medida que se produce.

7.5.2. Modificación de la presión y del volumen

Para modificar la presión de un sistema en equilibrio existen tres alternativas:

- Introducir un gas inerte a volumen constante. En este caso, las presiones parciales de las especies que intervienen en el equilibrio no varían, por lo que no se modifica el equilibrio.

- Introducir un gas a volumen constante que sí que está implicado en la reacción química. En este caso aumenta su concentración y, por tanto, se puede estudiar el desplazamiento del equilibrio tal y como hemos visto en el apartado previo (modificación de las concentraciones).
- Modificar el volumen del recipiente, lo cual afectará a la presión total según la ecuación de estado de los gases ideales, $P \cdot V = n \cdot R \cdot T$. Esta forma de modificar la presión del sistema sí que afectará al equilibrio químico.

En este último caso, cuando se modifica la presión o el volumen de un sistema previamente en equilibrio a temperatura constante, necesitará reajustarse para volver a alcanzarlo.

Consideremos nuevamente el siguiente equilibrio químico:

$$N_{2(g)} + 3H_{2(g)} \rightleftharpoons 2NH_{3(g)}$$

La expresión de K_c para la reacción será:

$$K_c = \frac{[NH_3]_e^2}{[N_2]_e \cdot [H_2]_e^3}$$

Si reducimos el volumen a la mitad se duplicará la presión y también se duplicarán las concentraciones de las especies con respecto a las del equilibrio. Así, las nuevas concentraciones serán:

$$[N_2] = 2 \cdot [N_2]_e$$

$$[H_2] = 2 \cdot [H_2]_e$$

$$[NH_3] = 2 \cdot [NH_3]_e$$

De modo que el cociente de las nuevas concentraciones ya no será igual a K_c, sino inferior, ya que:

$$\frac{[NH_3]^2}{[N_2] \cdot [H_2]^3} = \frac{(2 \cdot [NH_3]_e)^2}{2 \cdot [N_2]_e \cdot (2 \cdot [H_2]_e)^3} = \frac{1}{4} \cdot \frac{[NH_3]_e^2}{[N_2]_e \cdot [H_2]_e^3} = \frac{1}{4} K_c$$

Esta variación del cociente de la reacción hace que el sistema ya no esté en equilibrio y que, por tanto, deba evolucionar para recuperarlo. Para que el valor del cociente aumente debe aumentar el valor del numerador, es decir, la concentración de amoníaco, [NH_3] y, por tanto, el equilibrio se debe desplazar hacia la derecha.

Esto es así puesto que, al aumentar la presión, el sistema se desplaza en el sentido en el que hay menos moles de gas. A la izquierda de la reacción hay 4 moles de gas (1 de N_2 y 3 de H_2) y a la derecha hay 2 moles de gas (2 de NH_3). En general:

- **Un aumento de la presión** (o disminución del volumen) provoca que el sistema evolucione en el sentido en el que el número de moles gaseosos es menor.
- **Una disminución de la presión** (o aumento del volumen) provoca que el sistema evolucione en el sentido en el que el número de moles gaseosos es mayor.

Así, en el caso de la reacción de formación del amoníaco:

Si $\downarrow$V o $\uparrow$P, la reacción se desplaza hacia la derecha

Si $\uparrow$V o $\downarrow$P, la reacción se desplaza hacia la izquierda

De lo indicado se desprende que, si en un equilibrio químico tenemos el mismo número de moles de gas a la izquierda y a la derecha, una variación de la presión o del volumen no afectará al equilibrio.

7.5.3. Modificación de la temperatura

Como indicamos en el apartado 7.2: «Ley de acción de masas: constante de equilibrio K_c», el valor de la constante depende de la temperatura. A una temperatura T_1 la constante tiene un valor K_1, y a una temperatura T_2, la constante tiene un valor K_2.

> *Cuando en un sistema en equilibrio se modifica la temperatura, deja de estar en equilibrio porque se modifica el valor de la constante de equilibrio.*

La relación matemática entre la constante de equilibrio y la temperatura viene dada por la denominada ecuación de van't Hoff:

$$\ln \frac{K_1}{K_2} = -\frac{\Delta H_r^o}{R}\left(\frac{1}{T_1} - \frac{1}{T_2}\right)$$

Donde:

ΔH_r^o: entalpía estándar de la reacción

R: constante de los gases ideales

K_1: constante de equilibrio a la temperatura T_1

K_2: constante de equilibrio a la temperatura T_2

Esta ecuación nos permite estudiar de forma cualitativa cómo se desplaza un equilibrio químico con la temperatura, en función de que la reacción química considerada sea endotérmica o exotérmica.

- **<u>Si la reacción es endotérmica, $\Delta H > 0$</u>**, al aumentar la temperatura aumenta la constante de equilibrio y el equilibrio se desplaza hacia la derecha (hacia la formación de productos, aumentando el valor del numerador). En cambio, si la temperatura baja también disminuye la constante de equilibrio y el equilibrio se desplaza hacia la izquierda.
- **<u>Si la reacción es exotérmica, $\Delta H < 0$</u>**, al aumentar la temperatura disminuye la constante de equilibrio y la reacción se desplaza hacia la izquierda. En cambio, si la temperatura disminuye, aumenta la constante de equilibrio y el equilibrio se desplaza hacia la derecha.

ΔH	Temperatura	Constante K_c	Desplazamiento
Endotérmica	Aumenta	Aumenta	Derecha
Endotérmica	Disminuye	Disminuye	Izquierda
Exotérmica	Aumenta	Disminuye	Izquierda
Exotérmica	Disminuye	Aumenta	Derecha

> *De la **ecuación de van't Hoff** se desprende que un aumento de la temperatura favorece el sentido en el que la reacción es endotérmica, y una disminución el sentido en el que es exotérmica.*

Así, si tenemos el siguiente proceso:

$$aA + bB \underset{\Delta H<0}{\overset{\Delta H>0}{\rightleftarrows}} cC + dD$$

- Al aumentar la temperatura se favorece el sentido endotérmico, $\Delta H > 0$, por lo que el equilibrio se desplaza hacia la derecha.
- Al disminuir la temperatura se favorece el sentido exotérmico, $\Delta H < 0$, por lo que el equilibrio se desplaza hacia la izquierda.

Ejemplo resuelto: Modificación de la temperatura y la presión en un equilibrio químico

La reacción de obtención de amoníaco mediante el proceso Haber, a partir de dinitrógeno y de dihidrógeno, es exotérmica. ¿Cómo afectará un aumento de la temperatura al equilibrio? ¿Y un aumento de la presión?

La reacción de obtención de amoníaco en el proceso Haber es:

$$N_{2(g)} + 3H_{2(g)} \rightleftharpoons 2NH_{3(g)} \quad \Delta H < 0$$

Puesto que se trata de una reacción exotérmica, cuando aumenta la temperatura la constante de equilibrio disminuye y la reacción se desplazará hacia la izquierda, es decir, hacia los reactivos. Por tanto, un aumento de temperatura no favorece la formación de amoníaco, sino que lo perjudica.

En cambio, un aumento de la presión favorecerá el sentido de la reacción en el que haya menos moles de gas. En esta reacción tenemos 4 moles de gas en los reactivos (1 de dinitrógeno y 3 de dihidrógeno) y 2 moles de gas en los productos. Por tanto, un aumento de presión favorece la reacción hacia la derecha, hacia la formación de amoníaco. El proceso Haber, en efecto, se lleva a cabo a presiones extremadamente elevadas, entre 200 y 700 atmósferas.

8. Reacciones en medio acuoso

8.1. Concepto de ácido y de base según Brönsted y Lowry

Muchos compuestos habituales en nuestra vida cotidiana contienen ácidos (por ejemplo, el vinagre o el salfumán) o bases (por ejemplo, el amoníaco o la lejía). Las reacciones químicas entre estos compuestos se conocen como **reacciones ácido-base** (o también reacciones de transferencia de protones) y son de gran importancia en todos los ámbitos.

La primera teoría que definió los conceptos de ácido y de base es la teoría de Arrhenius, propuesta a principios del siglo XX. Según Arrhenius, un ácido es toda sustancia que en disolución acuosa es capaz de ceder iones H^+. Es decir, una sustancia neutra HA que en agua se disocia dando H^+ y A^-.

$$HA \rightarrow H^+ + A^-$$

Mientras que una base es toda sustancia que en disolución acuosa se disocia dando iones OH^-.

$$BOH \rightarrow B^+ + OH^-$$

No obstante, esta teoría tiene limitaciones, como que solo es aplicable a disolución acuosa o que algunas bases no cumplen la definición de Arrhenius (el amoníaco, por ejemplo).

Esto hizo necesario definir los conceptos de ácido y de base de un modo más amplio. Así, Brönsted y Lowry propusieron en 1923 una teoría más general, que no tiene aplicación únicamente en disolución acuosa sino también en otros disolventes.

Según la **teoría de Brönsted y Lowry***, un ácido (HA) es toda sustancia que es capaz de ceder iones H^+ a otra especie química, y una base (B) es toda sustancia capaz de captar esos protones.*

Dichas sustancias pueden ser tanto moléculas neutras como iones.

Según la definición de Brönsted-Lowry, la existencia de un ácido implica necesariamente la existencia de una base, de modo que la reacción ácido-base siempre es un binomio.

$$HA + B \rightleftarrows A^- + BH^+$$

> *Para que un ácido actúe como ácido, cediendo un protón, necesariamente debe haber otra sustancia que se comporte como una base, captándolo.*

En la reacción anterior, HA se comporta como un ácido porque ha cedido un protón para quedar como A⁻. A HA le llamamos ácido 1. Una vez que ha cedido un H⁺ quedando como anión A⁻, este anión A⁻ está en disposición de volver a captar un protón y, por tanto, de comportarse como una base, de forma que a este anión le llamamos base 1 o base conjugada del ácido 1.

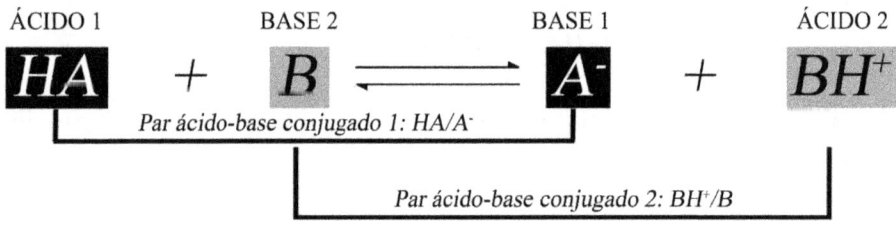

Figura 8.1. Una reacción ácido-base de Brönsted-Lowry siempre es un binomio. A los pares HA/A⁻ y BH⁺/B se los denomina pares ácido-base conjugados.

En cuanto a la base B, que llamaremos base 2, se comporta como una base porque capta un protón. Una vez ha captado un protón quedando como catión, BH⁺, se halla en disposición de ceder nuevamente este protón y, por tanto, de comportarse como un ácido, de forma que es el ácido conjugado de la base B o ácido 2.

Apliquemos la teoría de Brönsted y Lowry al caso concreto de las disoluciones acuosas, que son las más habituales:

- En disolución acuosa, un ácido es aquella sustancia que es capaz de ceder un protón al agua.

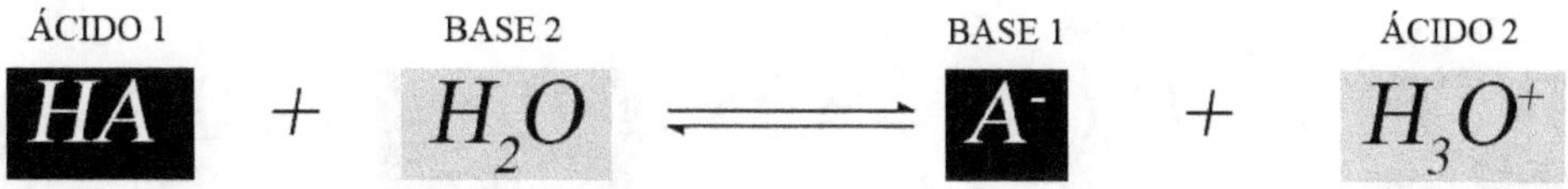

$$\underset{\text{ÁCIDO 1}}{HA} + \underset{\text{BASE 2}}{H_2O} \rightleftharpoons \underset{\text{BASE 1}}{A^-} + \underset{\text{ÁCIDO 2}}{H_3O^+}$$

Figura 8.2. Un ácido en disolución acuosa cederá un protón al agua.

Siguiendo la notación empleada previamente, HA es el ácido 1 y A^- la base 1 (par conjugado HA/A^-), mientras que H_2O será la base 2 y H_3O^+ el ácido 2 (par conjugado H_3O^+/H_2O).

- En disolución acuosa, una base es toda sustancia capaz de captar un protón del agua.

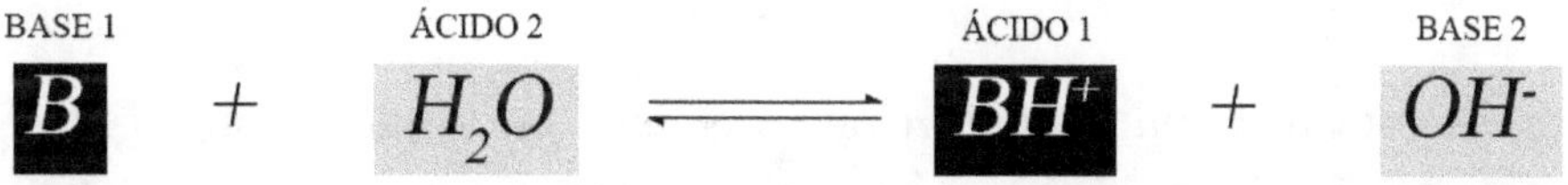

$$\underset{\text{BASE 1}}{B} + \underset{\text{ÁCIDO 2}}{H_2O} \rightleftharpoons \underset{\text{ÁCIDO 1}}{BH^+} + \underset{\text{BASE 2}}{OH^-}$$

Figura 8.3. Una base en disolución acuosa captará un protón del agua. Los pares ácido-base conjugados son BH^+/B y H_2O/OH^-.

Vemos que el agua, en la primera reacción con HA, se ha comportado como una base, mientras que en la segunda reacción, con B, se ha comportado como un ácido.

*Las sustancias que se pueden comportar como ácidos o como bases dependiendo de con qué otra sustancia reaccionen, se denominan **sustancias anfóteras o anfipróticas**.*

8.2. El equilibrio de disociación del agua. Concepto de pH.

Aunque el agua pura es mala conductora de la corriente eléctrica, si medimos su conductividad con un conductímetro muy sensible, vemos que sí que conduce ligeramente, lo cual implica que hay presencia de iones.

Esta presencia de iones en el agua pura se debe a la reacción entre dos moléculas de agua, en la que una molécula se comporta como un ácido, cediendo un protón, H^+, y la segunda molécula se comporta como una base, captándolo:

$$\underset{\text{ÁCIDO 1}}{H_2O_{(l)}} + \underset{\text{BASE 2}}{H_2O_{(l)}} \rightleftharpoons \underset{\text{BASE 1}}{OH^-_{(aq)}} + \underset{\text{ÁCIDO 2}}{H_3O^+_{(aq)}}$$

Figura 8.4. En el agua, dos moléculas pueden reaccionar entre sí, comportándose una de ellas como una base y la otra como un ácido. La reacción está muy desplazada a la izquierda, de ahí que hayamos dibujado esta flecha de mucho mayor tamaño.

Puesto que se trata de un equilibrio químico, la constante de este equilibrio se podría escribir:

$$K_c = \frac{[OH^-] \cdot [H_3O^+]}{[H_2O]^2}$$

No obstante, esta reacción de ionización en el agua pura tiene lugar en muy poca medida, está muy desplazada a la izquierda. Al ser el agua un líquido puro, podemos afirmar sin cometer un error apreciable que su concentración ($[H_2O]$) permanece constante, de modo que la incluiremos en el valor de la constante de equilibrio, quedando:

$$K_c \cdot [H_2O]^2 = K_w = [OH^-] \cdot [H_3O^+]$$

Esta constante, K_w, recibe el nombre de producto iónico del agua.

*El **producto iónico del agua**, K_w, es igual a la concentración de iones hidronio, $[H_3O^+]$, por la concentración de iones hidroxilo, $[OH^-]$. A 25 °C su valor es 10^{-14}.*

Si estamos a 25 °C y la disolución es neutra, es decir, la concentración de OH^- y la concentración de H_3O^+ son iguales, podemos deducir que cada una de estas concentraciones valdrá 10^{-7} M, ya que:

$$[OH^-] \cdot [H_3O^+] = 10^{-14} = 10^{-7} \cdot 10^{-7}$$

La modificación de estas concentraciones es lo que hace que la disolución en lugar de ser neutra sea ácida o básica.

> *Independientemente de la temperatura, se cumple que:*
>
> *Disolución neutra:* $[H_3O^+] = [OH^-]$
>
> *Disolución ácida:* $[H_3O^+] > [OH^-]$
>
> *Disolución básica:* $[H_3O^+] < [OH^-]$

A 25 °C:

Disolución neutra:

$$[H_3O^+] = 10^{-7}M \qquad [OH^-] = 10^{-7}M$$

Disolución ácida:

$$[H_3O^+] > 10^{-7}M \qquad [OH^-] < 10^{-7}M$$

Disolución básica

$$[H_3O^+] < 10^{-7}M \qquad [OH^-] > 10^{-7}M$$

Aunque con los valores de concentración ya podemos determinar, por tanto, si una disolución es ácida, básica o neutra, estos datos no son muy manejables. De esta forma, el químico danés Peter Sørensen propuso, en 1909, utilizar una escala logarítmica para medir la acidez o la basicidad de una disolución que recibe el nombre de pH. Así:

$$\boxed{\text{pH} = -\log[H_3O^+]}$$

Esto hace que los valores de pH vayan de 0 a 14 a 25 °C y, por tanto, que sean mucho más manejables.

Disolución neutra

$$[H_3O^+] = 10^{-7}M$$

$$pH = -\log[H_3O^+] = 7$$

Disolución ácida

$$[H_3O^+] > 10^{-7} M$$

$$pH = -\log[H_3O^+] < 7$$

Disolución básica

$$[H_3O^+] < 10^{-7} M$$

$$pH = -\log[H_3O^+] > 7$$

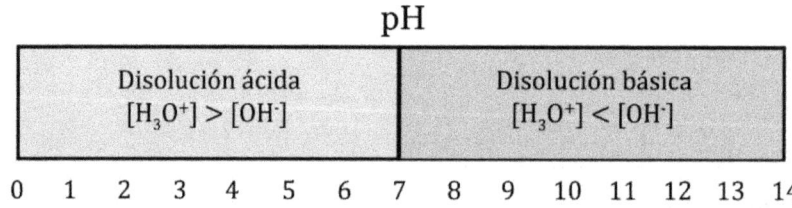

Del mismo modo, existe también el concepto de pOH, que se define como:

$$pOH = -\log[OH^-]$$

Así, dado que:

$$K_w = [OH^-] \cdot [H_3O^+] = 10^{-14}$$

A 25 °C se cumple que:

$$pH + pOH = 14$$

 EJEMPLO RESUELTO: CÁLCULO DEL pH Y DEL pOH

La concentración de H_3O^+ de una disolución determinada a 25 °C es 10^{-4} M. Calcular el pH y el pOH.

Dado que disponemos del valor de [H_3O^+], bastará con aplicar directamente la fórmula del pH:

$$pH = -\log[H_3O^+] = -\log(10^{-4}) = 4$$

> Y, dado que estamos a 25 °C y que a esta temperatura pH + pOH = 14, el pOH valdrá:
>
> $$4 + \text{pOH} = 14$$
> $$\text{pOH} = 10$$

8.3. Fuerzas relativas de ácidos y bases en medio acuoso

Para determinar cuál es el más fuerte de una serie de ácidos, debemos comparar la tendencia que tiene cada uno de ellos a ceder un protón al agua. Cuanto mayor sea dicha tendencia más fuerte será el ácido.

Recordemos que un ácido en medio acuoso se comporta según el equilibrio siguiente:

$$HA + H_2O \rightleftharpoons A^- + H_3O^+$$

Puesto que se trata de un equilibrio químico, un ácido será más fuerte cuanto más desplazado se halle el equilibrio hacia la derecha. Esto implica que podemos utilizar la constante de equilibrio como una medida de la fortaleza del ácido:

$$K_c = \frac{[A^-] \cdot [H_3O^+]}{[HA] \cdot [H_2O]}$$

En disoluciones diluidas, como la concentración de agua es tanto mayor que la de las restantes especies, podemos considerar que es constante, por lo que puede pasar a integrarse dentro de K_c.

$$K_c \cdot [H_2O] = \frac{[A^-] \cdot [H_3O^+]}{[HA]}$$

Este producto, $K_c \cdot [H_2O]$, es una nueva constante que se denomina K_a, constante de acidez de un ácido.

$$K_a = \frac{[A^-] \cdot [H_3O^+]}{[HA]}$$

Una mayor constante de acidez implica un mayor desplazamiento del equilibrio hacia la derecha, una mayor tendencia a ceder protones por parte del ácido y por tanto una mayor fortaleza del mismo.

> *Cuanto mayor es el valor de la **constante de acidez** de un ácido, K_a, mayor es la fuerza del mismo.*

A continuación vemos a modo de ejemplo la constante de acidez de algunos ácidos representativos:

Ácido	Fórmula	K_a
Perclórico	$HClO_4$	Muy grande
Nítrico	HNO_3	Muy grande
Sulfúrico	H_2SO_4	Muy grande
Bromhídrico*	HBr	Muy grande
Clorhídrico*	HCl	Muy grande
Fosfórico	H_3PO_4	$7,5 \cdot 10^{-3}$
Nitroso	HNO_2	$4,6 \cdot 10^{-4}$
Fluorhídrico*	HF	$3,5 \cdot 10^{-4}$
Metanoico	$H-COOH$	$1,8 \cdot 10^{-4}$
Etanoico	CH_3-COOH	$1,8 \cdot 10^{-5}$
Carbónico	H_2CO_3	$4,3 \cdot 10^{-7}$

*Nota: el ácido bromhídrico, el ácido clorhídrico y el ácido fluorhídrico no son compuestos como tales, con una composición definida, sino disoluciones acuosas de bromuro de hidrógeno, cloruro de hidrógeno y fluoruro de hidrógeno. Es a estos últimos, que sí son compuestos, a quienes corresponden las fórmulas HBr, HCl y HF.

Vemos en la tabla algunos ácidos cuya K_a es muy grande (prácticamente infinita). Estos ácidos están totalmente desprotonados en disolución acuosa, es decir, el equilibrio se halla totalmente desplazado hacia la derecha. Se trata de ácidos de gran fortaleza, como HCl, $HClO_4$, HNO_3, H_2SO_4... Para este tipo de ácidos no se plantea un equilibrio químico, pues la concentración de la especie molecular HA es prácticamente igual a 0. Así, para dichos ácidos, escribimos:

$$HA + H_2O \longrightarrow A^- + H_3O^+$$

Ejemplo resuelto: Calcular el pH de una disolución de ácido fuerte

Se dispone de ácido clorhídrico comercial de concentración 0,1 M. ¿Cuál será el pH de la disolución?

Puesto que se trata de una disolución de ácido fuerte, está totalmente disociado en agua:

$$HCl + H_2O \longrightarrow Cl^- + H_3O^+$$

Cuando un ácido se halla totalmente disociado en agua, se cumple que:

$$[HA] = [H_3O^+]$$

En este caso:

$$[HCl] = [H_3O^+] = 0,1\ M$$

De este modo, para calcular el pH únicamente debemos aplicar la fórmula:

$$\text{pH} = -\log[H_3O^+] = -\log(0,1) = 1$$

El pH de la disolución es 1, muy ácido.

Del mismo modo, podemos plantear la constante de basicidad, K_b, para las bases. Recordemos que, en disolución acuosa, el equilibrio de protonación de una base B será:

$$B + H_2O \rightleftharpoons BH^+ + OH^-$$

$$K_b = \frac{[BH^+] \cdot [OH^-]}{[B]}$$

> *Cuanto mayor es el valor de la **constante de basicidad** de una base, K_b, mayor es la fuerza de la misma.*

A continuación vemos el valor de K_b de algunas bases representativas:

Base	Fórmula	K_b
Hidróxido de sodio	NaOH	Muy grande
Hidróxido de potasio	KOH	Muy grande
Hidróxido de litio	LiOH	Muy grande
Metilamina	CH_3-NH_2	$4,4 \cdot 10^{-4}$
Amoníaco	NH_3	$1,8 \cdot 10^{-5}$
Sulfanuro	HS^-	$1,8 \cdot 10^{-7}$

Como vemos en la tabla, también existen bases muy fuertes que se disocian totalmente en agua y que, por tanto, tienen una constante de basicidad, K_b, prácticamente infinita. En general, dentro de este grupo hallamos los hidróxidos: NaOH, KOH...

$$NaOH \xrightarrow{H_2O} Na^+ + OH^-$$

EJEMPLO RESUELTO: CALCULAR EL pH DE UNA DISOLUCIÓN DE BASE FUERTE

Se prepara en el laboratorio una disolución de hidróxido de sodio de concentración 0,05 M. Calcular su pH.

El hidróxido de sodio, NaOH, es una base fuerte que se disocia completamente en agua. Para las bases fuertes que se disocian por completo, se cumple que:

$$[B] = [OH^-]$$

En este caso:

$$[NaOH] = [OH^-] = 0,05 \, M$$

A partir de la concentración de OH⁻ podremos calcular el pOH:

$$pOH = -\log[OH^-] = -\log(0{,}05) = 1{,}3$$

Seguidamente, para determinar el pH, y considerando que estemos a 25 °C, tenemos:

$$pH + pOH = 14$$
$$pH + 1{,}3 = 14$$
$$pH = 14 - 1{,}3 = 12{,}7$$

El pH de la disolución será 12,7, es decir, muy básico.

8.4. Valoraciones de ácido fuerte-base fuerte

Una valoración ácido-base es un procedimiento de análisis que se lleva a cabo en el laboratorio químico para determinar la concentración de una disolución problema de ácido o de base. El fundamento de dicha valoración es la reacción de neutralización entre un ácido y una base.

> Una **reacción de neutralización** es aquella en la que reacciona un ácido, HA, con una base, BOH, para dar una sal y agua.
>
> $$HA + BOH \rightarrow BA + H_2O$$

Cuando el ácido y la base son fuertes, es decir, se disocian totalmente en agua, la valoración se denomina de ácido fuerte-base fuerte. En este texto nos centraremos en este tipo de valoraciones.

Para determinar la concentración de la disolución problema debemos utilizar otra disolución de concentración conocida que recibe el nombre de **disolución valorante**. Añadiendo a un determinado volumen de nuestra disolución problema un volumen conocido de la disolución valorante, podremos calcular, por estequiometría, qué concentración tiene la disolución problema.

El procedimiento analítico se lleva a cabo utilizando una bureta, que contendrá la disolución valorante, y un matraz erlenmeyer, que contendrá un volumen conocido de la disolución problema a determinar.

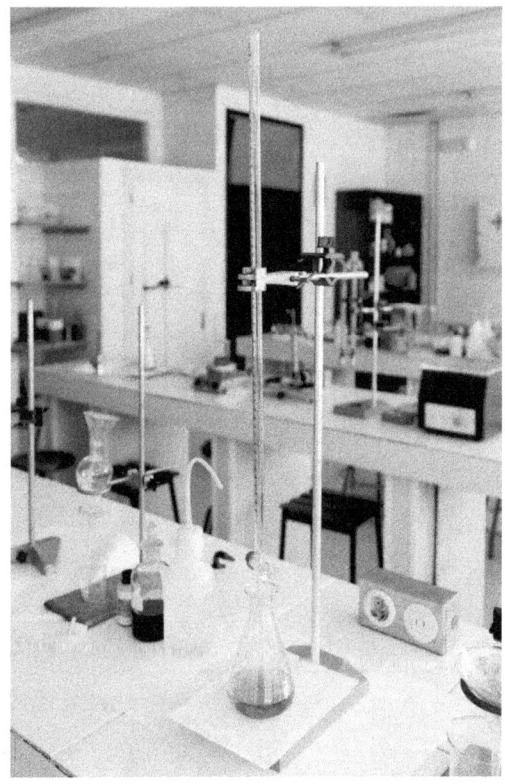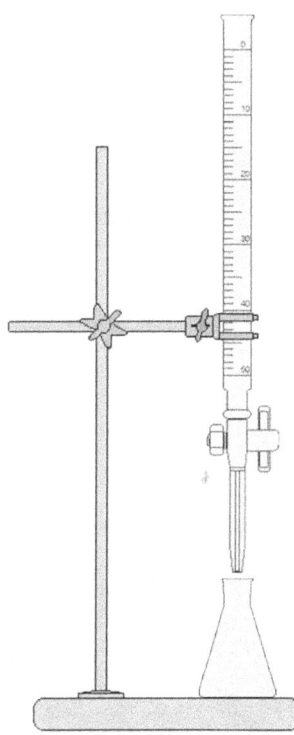

Figura 8.5. Fotografía del laboratorio de física y química del IES Manuel García Barros A Estrada de Pontevedra, https://flic.kr/p/o1vGoC (licencia CC By-SA). Valoración ácido-base realizada por los alumnos en dicho laboratorio y esquema del montaje de una valoración donde se aprecian los elementos requeridos: la bureta (arriba) y el erlenmeyer (abajo).

Para el procedimiento de valoración debemos ir añadiendo lentamente disolución valorante en el matraz erlenmeyer, que contiene la muestra problema, hasta que hayamos introducido la cantidad de moles de valorante equivalente a la que teníamos inicialmente de disolución problema.

Supongamos que estamos valorando HCl de concentración desconocida (ácido clorhídrico) con NaOH como valorante (hidróxido de sodio). En el matraz erlenmeyer tendremos una cierta cantidad de moles de H_3O^+ procedentes del ácido, $n(H_3O^+)$, y la neutralización será completa, es decir, se habrán neutralizado por completo todos los moles de ácido, cuando hayamos introducido en el matraz el mismo número de moles de iones hidróxido, n(OH⁻).

La reacción de neutralización será:

$$HCl + NaOH \rightarrow NaCl + H_2O$$

Puesto que las especies que se neutralizan son, en realidad, los iones hidronio, H_3O^+, y los iones hidroxilo, OH⁻, también podemos escribir la reacción de neutralización como:

$$H_3O^+ + OH^- \rightarrow 2H_2O$$

> *Cuando ocurre que:*
>
> $$n(H_3O^+) = n(OH^-)$$
>
> *Hemos alcanzado el **punto de equivalencia**.*

Si somos capaces de determinar dicho punto de equivalencia, podremos calcular la concentración de la disolución problema que tenemos en el matraz erlenmeyer, lo cual constituye la finalidad del procedimiento de valoración.

¿Y cómo podemos determinar el punto de equivalencia? Puesto que las disoluciones en su mayor parte son transparentes e incoloras, por mucho que vayamos añadiendo valorante no veremos cambios en la apariencia de la disolución que permitan determinar si ya se ha alcanzado la equivalencia y ha acabado la valoración. Para lograr determinar el punto de equivalencia podemos hacer dos cosas: utilizar un pHmetro o un indicador ácido-base.

8.4.1. Punto de equivalencia con un pHmetro

Un pHmetro es un equipo de laboratorio que mide el pH de forma continua y en tiempo real con un electrodo.

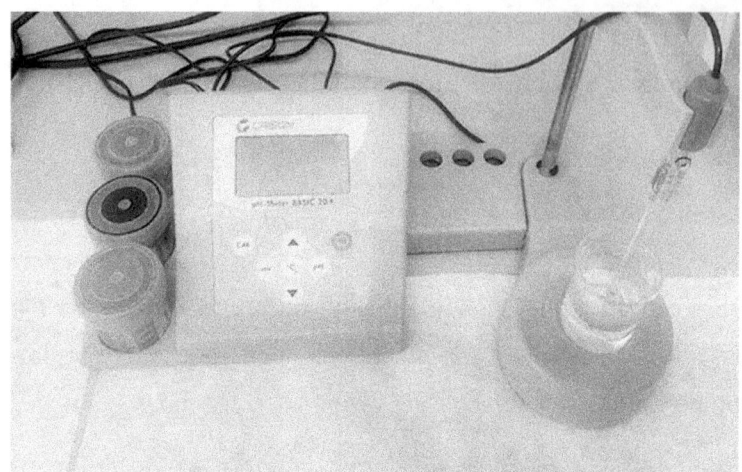

Figura 8.6. Un pHmetro es un equipo de laboratorio que dispone de un electrodo para la medición del pH. En el procedimiento de valoración, el electrodo se sumerge en la disolución problema y se mide el pH de forma continua a medida que se va adicionando disolución valorante.

La medición utilizando un pHmetro nos permite determinar la llamada curva de valoración.

> La **curva de valoración** es la representación gráfica del pH de la disolución problema frente al volumen de valorante añadido.

La curva para una valoración ácido fuerte-base fuerte es:

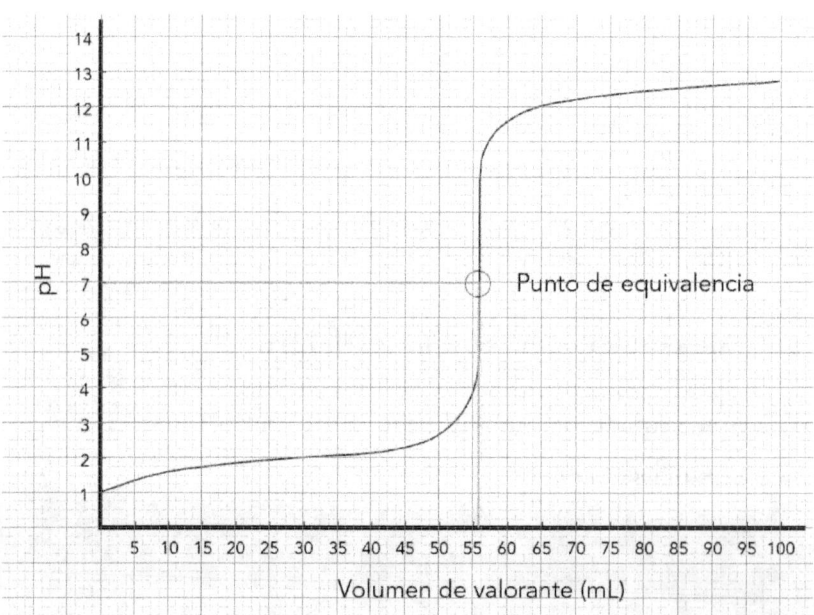

Se puede apreciar que en un momento dado hay un salto brusco de pH. Si determinamos a qué volumen de valorante se ha producido el salto brusco de pH (en el ejemplo a los 56 mililitros), podremos determinar cuál es el punto de equivalencia y por tanto calcular la concentración de la disolución problema. Asimismo, como se aprecia en la representación, el pH del punto de equivalencia de una valoración de ácido fuerte-base fuerte es 7.

> *Cuando llevamos a cabo una valoración ácido fuerte-base fuerte, el pH de la disolución en el punto de equivalencia es neutro.*

8.4.2. Punto de equivalencia con un indicador ácido-base

Incluir unas gotas de un indicador ácido-base adecuado en el erlenmeyer de nuestra disolución problema nos permite también determinar el punto de equivalencia. Un indicador ácido-base es una sustancia que presenta una forma ácida (HA) y una forma básica (A$^-$) y cambia de color en las proximidades del punto de equivalencia. El rango de pH al cual un indicador cambia de color recibe el nombre de intervalo de viraje.

Indicador	Color HA	Color A$^-$	Intervalo de viraje
Azul de bromofenol	Amarillo	Azul violeta	3,0 – 4,6
Rojo congo	Azul	Rojo	3,0 – 5,0
Naranja de metilo	Rojo	Amarillo	3,2 – 4,4
Verde de bromocresol	Amarillo	Azul	3,8 – 5,4
Rojo de metilo	Rojo	Amarillo	4,8 – 6,0
Azul de bromotimol	Amarillo	Azul	6,0 – 7,6
Rojo fenol	Amarillo	Rojo	6,6 – 8,0
Rojo cresol	Amarillo	Rojo	7,0 – 8,8
Azul de timol	Amarillo	Azul	8,0 – 9,6
Fenolftaleína	Incoloro	Rosa fucsia	8,2 – 10,0
Amarillo de alizarina	Amarillo	Rojo	10,1 – 12,0

Tabla 8.1. Intervalos de viraje y colores de la forma ácida (HA) y de la forma básica (A$^-$) de algunos indicadores ácido-base habituales. Para las valoraciones de ácido fuerte-base fuerte, se utilizan indicadores que viren justo por encima de pH 7, como el azul de timol o la fenolftaleína, siendo esta última la más utilizada.

Uno de los indicadores más utilizados en estas valoraciones es la fenolftaleína, cuyo intervalo de viraje está entre 8,2 y 10,0. Cuando utilizamos fenolftaleína, la disolución pasa de ser totalmente incolora a tener un llamativo color fucsia.

Independientemente del método que utilicemos para determinar el punto de equivalencia de una valoración ácido-base, conocido el volumen gastado de disolución valorante podremos calcular la concentración de la disolución problema por estequiometría.

Ejemplo resuelto: Valoración ácido fuerte-base fuerte

Se valoran 50 mL de una disolución problema de HCl con una disolución de NaOH 0,1 M como valorante. Al alcanzar el punto de equivalencia, se han gastado 25 mL de disolución de hidróxido de sodio, ¿cuál será la concentración de la disolución de HCl?

En primer lugar debemos escribir y ajustar la reacción de neutralización entre el ácido, HCl, y la base, NaOH:

$$HCl + NaOH \rightarrow NaCl + H_2O$$

Una vez planteada la ecuación química, para determinar la concentración de la disolución problema realizaremos cálculos estequiométricos, teniendo en cuenta que para valorar 50 mL de disolución problema se han consumido 25 mL de disolución valorante.

$$\frac{25\ mL\ NaOH\ 0{,}1\ M}{50\ mL\ de\ HCl} \cdot \frac{0{,}1\ mol\ NaOH}{1000\ mL\ NaOH\ 0{,}1\ M} \cdot \frac{1\ \textbf{mol de HCl}}{1\ mol\ de\ NaOH} \cdot \frac{1000\ mL\ de\ HCl}{1\textbf{L de HCl}}$$
$$= 0{,}05\ M$$

Nota: En negrita se muestran las unidades del resultado final, que no se simplifican. Puesto que son mol de HCl/L, el resultado es la molaridad de la disolución problema.

8.5. Concepto electrónico de oxidación-reducción: oxidante y reductor

Las reacciones de oxidación-reducción (también llamadas reacciones redox o reacciones de transferencia de electrones) son un tipo de reacciones de gran importancia. Reciben este nombre porque, inicialmente, los químicos clasificaron dentro de este tipo únicamente las reacciones de ciertas sustancias con el oxígeno. Por ejemplo, la siguiente reacción del hierro con el oxígeno:

$$Fe + \frac{1}{2}O_2 \rightarrow FeO$$

Así, a este tipo de reacciones las llamaron reacciones de oxidación, mientras que llamaron reacciones de reducción a aquellas reacciones en las que una sustancia perdía oxígeno. Por ejemplo, la reacción del óxido de cobre(II) con el dihidrógeno:

$$CuO + H_2 \rightarrow Cu + H_2O$$

Sin embargo, a medida que la química avanzó, se observó que la transformación que sufre el hierro en la reacción con oxígeno, es decir, pasar de hierro metálico al catión hierro(2+), puede sufrirla por reacción con otros elementos. Por ejemplo:

$$Fe + Cl_2 \rightarrow FeCl_2$$

La transformación que ha sufrido el hierro en su reacción con oxígeno y en su reacción con dicloro es la misma, por lo que, por analogía, a esta segunda reacción también se la denomina en la actualidad reacción de oxidación, a pesar de que no hay intervención de oxígeno en la misma.

Por tanto, ¿cómo podemos definir de una forma amplia las reacciones de oxidación-reducción? Se definen en términos de transferencia de electrones.

> ***Oxidación:*** *reacción en la que una sustancia pierde electrones.*
> ***Reducción:*** *reacción en la que una sustancia capta electrones.*

Es importante destacar que si una sustancia está perdiendo electrones en una reacción de oxidación, necesariamente tiene que haber otra sustancia que los gane, de forma que ambas reacciones, las reacciones de oxidación y las reacciones de reducción, son reacciones complementarias. No puede haber una oxidación sin una reducción y viceversa, de forma que en toda reacción química redox una sustancia se comporta como un oxidante y otra sustancia se comporta como un reductor:

> **Oxidante**: *sustancia capaz de producir una oxidación, es decir, que puede captar electrones de otra. Puesto que el oxidante capta electrones, durante el proceso se está reduciendo.*
>
> **Reductor**: *sustancia capaz de producir una reducción, es decir, que puede ceder electrones a otra. Puesto que está perdiendo electrones en el proceso se está oxidando.*

De forma general, cualquier reacción de oxidación-reducción se puede escribir como:

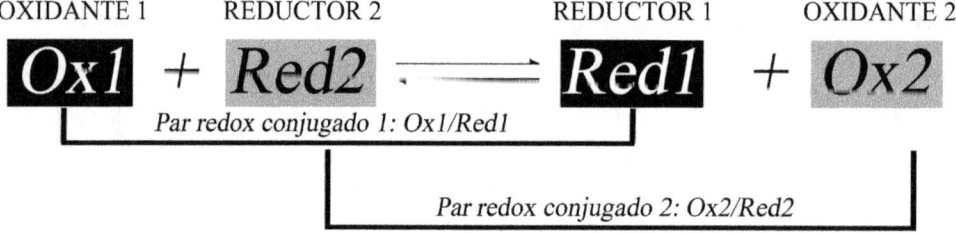

Figura 8.7. En una reacción de oxidación-reducción, una sustancia actuará como oxidante, captando electrones, mientras que otra sustancia actuará como reductor, cediéndolos. Los pares oxidante 1/reductor 1 y oxidante 2/reductor 2 reciben el nombre de pares redox conjugados.

Cuando el oxidante 1 capta electrones, queda en disposición de volver a cederlos, comportándose como un reductor, que denominaremos reductor 1. En cuanto al reductor 2, cuando cede electrones queda en disposición de volver a captarlos, comportándose como un oxidante, por lo que se le denomina oxidante 2. Estos pares reciben el nombre de pares redox conjugados, Ox1/Red1, Ox2/Red2.

> *Cuando un **oxidante** reacciona se reduce (gana electrones), mientras que cuando reacciona un **reductor** se oxida (pierde electrones).*

Consideremos la reacción entre el catión Cu²⁺ y el cinc metálico (con estado de oxidación 0, Zn⁰). Se dispone de un vaso de precipitados que contiene una disolución de Cu²⁺ y, en dicha disolución, se introduce una barra de cinc metálico. Cuando ponemos en contacto ambos reactivos se produce la siguiente reacción de oxidación-reducción:

$$Cu^{2+}_{(aq)} + Zn^{0}_{(s)} \rightleftharpoons Cu^{0}_{(s)} + Zn^{2+}_{(aq)}$$

Una cierta cantidad de cobre metálico se deposita en la superficie de la barra de cinc y una cierta cantidad de catión Zn^{2+} pasa a la disolución.

Se trata de una reacción de oxidación-reducción puesto que, como podemos ver, el cobre ha pasado de Cu^{2+} a Cu^0 (ganando 2 electrones), mientras que el cinc ha pasado de Zn^0 a Zn^{2+} (perdiendo 2 electrones). Dado que el Cu^{2+} gana electrones se está comportando como un oxidante y, a su vez, se está reduciendo; por su parte, puesto que el Zn^0 pierde electrones, se está comportando como un reductor y, a su vez, se está oxidando. A cada una de estas dos reacciones complementarias se las denomina semirreacciones:

Semirreacción de reducción: $Cu^{2+} + 2e^- \rightarrow Cu^0$

Semirreacción de oxidación: $Zn^0 \rightarrow Zn^{2+} + 2e^-$

Para poder determinar en una reacción de oxidación-reducción qué especie está actuando como oxidante y qué especie está actuando como reductor, debemos conocer el número de oxidación de cada elemento químico en reactivos y en productos. Los elementos implicados en las semirreacciones redox serán aquellos que hayan sufrido un cambio en su número de oxidación durante el proceso.

> *El **número de oxidación** (también llamado estado de oxidación) es la carga que asignamos a un átomo en un compuesto.*

En un compuesto iónico, el número de oxidación será la carga real del ion considerado. Por ejemplo, en el cloruro de sodio, NaCl, el sodio presenta un número de oxidación +1 y el cloro de -1, como corresponde a los iones sodio (Na⁺) y cloruro (Cl⁻).

Sin embargo, en el caso de un compuesto covalente, no se trata de una carga real, sino de una carga ficticia que le asignamos a cada elemento químico. Para ello, consideramos que los electrones de un enlace covalente corresponden al átomo más electronegativo. Supongamos el compuesto covalente metano, CH_4.

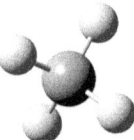

Para determinar el número de oxidación de cada elemento, puesto que el carbono es más electronegativo que el hidrógeno, los electrones de los cuatro enlaces covalentes le serán asignados al carbono.

De esta forma, al carbono se le asignan ocho electrones, mientras que a cada hidrógeno no se le asigna ninguno. Dado que un átomo de carbono tiene cuatro electrones en su última capa, y le hemos asignado ocho, tendrá cuatro electrones en exceso. Esto hace que el número de oxidación del carbono en el metano sea -4. El hidrógeno tiene 1 electrón en la última capa, pero como no le hemos asignado ninguno, tendrá un defecto de 1 electrón, y su número de oxidación será +1.

$$\overset{+1}{H} - \overset{-4}{\underset{\underset{H}{|}}{\overset{\overset{H}{|}}{C}}} - \overset{+1}{H}$$

La suma algebraica de los números de oxidación de todos los átomos es igual a 0, como corresponde a un compuesto neutro.

$$-4 + 4 \cdot (+1) = 0$$

Puesto que asignar los números de oxidación a un átomo en un compuesto químico no siempre es tan sencillo, es importante aprender una serie de normas para determinarlo.

8.5.1. Normas para determinar el número de oxidación de un elemento

Las normas para determinar el número de oxidación de un átomo en un compuesto químico son las siguientes:

1. El número de oxidación de un elemento libre es cero. Por ejemplo, los metales no disueltos (Cu, Zn, Al...) o los gases diatómicos (O_2, Cl_2, F_2...).
2. En los iones de un único átomo, el estado de oxidación o número de oxidación de dicho átomo coincide con la carga del ion. Por ejemplo, en el caso de los metales alcalinos el número de oxidación es +1 (Li^+, Na^+, K^+...) y en el caso de los alcalinotérreos +2 (Ca^{2+}, Mg^{2+}...). Del mismo modo será para los demás metales, por ejemplo, en el Fe^{2+} el número de oxidación es +2.
3. El número de oxidación del flúor, F, es siempre -1, por ser el átomo más electronegativo que existe.
4. El número de oxidación del oxígeno es siempre -2, con dos excepciones:
    - Cuando el oxígeno se combina con flúor, su número de oxidación es +2.
    - Cuando el oxígeno se halla formando un peróxido, como el peróxido de hidrógeno, H_2O_2, su número de oxidación es -1.
5. El número de oxidación del hidrógeno en combinación con los no metales es siempre +1, mientras que en combinación con los metales es -1 (por ejemplo, hidruro de sodio, HNa).
6. Muchos elementos tienen distintos estado de oxidación en función del compuesto que estén formando. Por ejemplo, el estado de oxidación del nitrógeno en el monóxido de nitrógeno, NO, es +2, mientras que el estado de oxidación del nitrógeno en el dióxido de nitrógeno, NO_2, es +4.
7. La suma algebraica de los números de oxidación de los elementos de un compuesto ha de ser igual a su carga, es decir:
    - Si es un compuesto neutro, la suma algebraica de sus números de oxidación será cero.
    - Si es un catión o un anión será igual a la carga del ion. Por ejemplo, en el caso del anión ClO_3^-, la suma algebraica de los números de oxidación será -1. Puesto que el oxígeno tiene estado de oxidación -2, podemos deducir que el número de oxidación para el cloro será +5.

Procedimiento práctico 8.1: Deducir el número de oxidación de un elemento por la suma algebraica

Supongamos que tenemos el compuesto H₂SO₄, en el que conocemos el número de oxidación del hidrógeno (+1) y el del oxígeno (-2) pero no conocemos el del azufre y queremos determinarlo (x).

$$\overset{+1\ \ X\ \ -2}{H_2SO_4}$$

Puesto que se trata de un compuesto eléctricamente neutro, la suma algebraica de los números de oxidación de todos los átomos que lo forman será 0. Así, para deducir x plantearemos la siguiente ecuación:

$$2 \cdot (n^{\underline{o}}\ oxidación\ H) + 1 \cdot (n^{\underline{o}}\ oxidación\ S) + 4 \cdot (n^{\underline{o}}\ oxidación\ O) = 0$$

$$2 \cdot 1 + 1 \cdot x + 4 \cdot (-2) = 0$$

$$2 + x - 8 = 0$$

$$x = +6$$

El número de oxidación del azufre en el ácido sulfúrico es +6.

 EJEMPLO RESUELTO: NÚMEROS DE OXIDACIÓN DE COMPUESTOS BINARIOS

Determinar los números de oxidación de todos los elementos químicos de los compuestos siguientes:

a) KI

- El número de oxidación del potasio cuando se halla combinado formando un compuesto siempre es +1, como corresponde a los metales alcalinos.

- El número de oxidación del yodo (y de cualquier halógeno) es siempre -1 en las combinaciones binarias con metales.

$$\overset{+1\ \ -1}{KI}$$

En efecto, la suma algebraica será 0, como corresponde a un compuesto neutro.

b) HCl

- El número de oxidación del hidrógeno combinado con no metales es siempre +1.

- El número de oxidación del cloro es siempre -1 en las combinaciones binarias con elementos más electropositivos.

$$\overset{+1}{\text{H}}\overset{-1}{\text{Cl}}$$

En efecto la suma algebraica es 0.

c) MnO_2

- El número de oxidación del oxígeno es siempre -2 con varias excepciones que no se cumplen en este caso.

- El número de oxidación del manganeso lo podemos determinar teniendo en cuenta que la suma algebraica ha de ser 0 (compuesto neutro).

$$x + 2 \cdot (-2) = 0$$
$$x = +4$$
$$\overset{+4}{\text{Mn}}\overset{-2}{\text{O}}_2$$

d) $CrCl_3$

- El número de oxidación del cloro es siempre -1 cuando se combina con elementos más electropositivos en combinaciones binarias.

- El número de oxidación del cromo lo podemos deducir teniendo en cuenta que la suma algebraica ha de ser 0.

$$x + 3 \cdot (-1) = 0$$
$$x = +3$$
$$\overset{+3}{\text{Cr}}\overset{-1}{\text{Cl}}_3$$

e) H_2O_2

- El número de oxidación del hidrógeno en este caso será +1, por estar combinado con un elemento no metálico.

- El número de oxidación del oxígeno será -1 porque estamos ante una de las dos excepciones, ya que este compuesto es el peróxido de hidrógeno.

$$\overset{+1}{H_2}\overset{-1}{O_2}$$

Asimismo, también se podría determinar el número de oxidación del oxígeno sabiendo que la suma algebraica ha de ser 0.

Ejemplo resuelto: Números de oxidación de compuestos ternarios

Determinar los números de oxidación de todos los elementos químicos de los compuestos siguientes:

a) HNO_2

- En todos los oxoácidos (combinaciones de hidrógeno, oxígeno y un no metal), el hidrógeno tiene número de oxidación +1 y el oxígeno -2.

- El número de oxidación del no metal, en este caso nitrógeno, se determina aplicando la suma algebraica para un compuesto neutro.

$$1 + x + 2 \cdot (-2) = 0$$
$$x = +3$$

$$\overset{+1}{H}\overset{+3}{N}\overset{-2}{O_2}$$

b) HNO_3

- Como en el caso anterior, el hidrógeno tendrá número de oxidación +1 y el oxígeno -2, mientras que el número de oxidación del nitrógeno se determinará aplicando:

$$1 + x + 3 \cdot (-2) = 0$$

$$x = +5$$

$$\overset{+1\ +5\ -2}{\text{HNO}_3}$$

Como vemos, al ser HNO₂ y HNO₃ dos oxoácidos de estequiometría distinta, el número de oxidación del nitrógeno en ambos compuestos varía.

c) $K_2Cr_2O_7$

- El número de oxidación del potasio cuando se halla combinado formando un compuesto siempre es +1, como corresponde a los metales alcalinos.

- El número de oxidación del oxígeno será -2.

- El número de oxidación del cromo se determinará teniendo en cuenta la suma algebraica.

$$2 \cdot 1 + 2 \cdot x + 7 \cdot (-2) = 0$$

$$2 + 2x - 14 = 0$$

$$x = +6$$

$$\overset{+1\ \ \ +6\ \ -2}{\text{K}_2\text{Cr}_2\text{O}_7}$$

d) $KMnO_4$

- El número de oxidación del potasio será +1.

- El número de oxidación del oxígeno será -2.

- El número de oxidación del manganeso se determinará teniendo en cuenta la suma algebraica.

$$1 + x + 4 \cdot (-2) = 0$$

$$1 + x - 8 = 0$$

$$x = +7$$

$$\overset{+1\ \ +7\ \ -2}{\text{KMnO}_4}$$

8.6. Ajuste de reacciones redox por el método ion-electrón

Ajustar por tanteo una reacción de oxidación-reducción es engorroso, o incluso prácticamente imposible. Por este motivo, se utiliza un método sistemático de ajuste que recibe el nombre de método del ion-electrón. Dicho método se divide en una serie de pasos que se deben realizar en orden para ajustar correctamente la ecuación de una reacción redox. Vamos a aplicar dichos pasos al ajuste de la reacción siguiente en medio ácido:

$$K_2Cr_2O_7 + HCl \Rightarrow CrCl_3 + Cl_2 + KCl + H_2O$$

1. **Escribir la reacción iónica sin ajustar**, según sea el estado de las especies que intervienen en disolución acuosa. Esto significa que los ácidos, las bases y las sales se deben escribir de forma disociada (por ejemplo, HCl se escribirá como $H^+ + Cl^-$, $CrCl_3$ se escribirá como $Cr^{3+} + 3Cl^-$...).

$$2K^+ + Cr_2O_7^{2-} + H^+ + Cl^- \Rightarrow Cr^{3+} + 3Cl^- + Cl_2 + K^+ + Cl^- + H_2O$$

2. **Determinar los números de oxidación** de todos los elementos que intervienen, siguiendo las normas previamente indicadas.

$$\overset{+1}{2K^+} + \overset{+6\ -2}{Cr_2O_7^{2-}} + \overset{+1}{H^+} + \overset{-1}{Cl^-} \Rightarrow \overset{+3}{Cr^{3+}} + \overset{-1}{3Cl^-} + \overset{0}{Cl_2} + \overset{+1}{K^+} + \overset{-1}{Cl^-} + \overset{+1\ -2}{H_2O}$$

3. **Identificar**, a partir de los números de oxidación, **qué elemento se oxida** (semirreacción de oxidación) y **qué elemento se reduce** (semirreacción de reducción).

    Si el número de oxidación de un elemento **aumenta**, se está oxidando y es la **semirreacción de oxidación**.

    Si el número de oxidación de un elemento **disminuye**, se está reduciendo y es la **semirreacción de reducción**.

$$\overset{+1}{2K^+} + \overset{+6\ -2}{Cr_2O_7^{2-}} + \overset{+1}{H^+} + \overset{-1}{Cl^-} \Rightarrow \overset{+3}{Cr^{3+}} + \overset{-1}{3Cl^-} + \overset{0}{Cl_2} + \overset{+1}{K^+} + \overset{-1}{Cl^-} + \overset{+1\ -2}{H_2O}$$

Reducción: $Cr_2O_7^{2-} \to Cr^{3+}$

Oxidación: $Cl^- \to Cl_2$

4. **Escribir las semirreacciones** de oxidación y de reducción.

$$\text{Semirreacción de oxidación:} \quad Cl^- \Rightarrow Cl_2$$
$$\text{Semirreacción de reducción:} \quad Cr_2O_7^{2-} \Rightarrow Cr^{3+}$$

No escribimos únicamente los átomos que se oxidan o se reducen, sino las especies completas.

5. **Ajustar por separado las dos semirreacciones.** Se deben ajustar tanto el número de átomos como las cargas eléctricas. En primer lugar se ajustan los átomos que se oxidan o se reducen y después, en este orden: oxígenos, hidrógenos y cargas.

Ajuste de la semirreacción de oxidación

$$2\,Cl^- \Rightarrow Cl_2 + 2e^-$$

El ajuste de la semirreacción de oxidación en este caso es sencillo y se realiza por tanteo. Se deben ajustar los átomos de cloro, añadiendo un 2 delante del anión cloruro, Cl⁻, y seguidamente las cargas eléctricas, añadiendo dos electrones a la derecha (para compensar las dos cargas negativas que hay a la izquierda, procedentes de dos aniones cloruro).

En la semirreacción de oxidación, los electrones se escriben a la derecha.

Ajuste de la semirreacción de reducción

Cuando la especie que se oxida o se reduce tiene oxígeno, el ajuste de la semirreacción correspondiente es más laborioso y se debe seguir una serie de pasos. Este es el caso del anión $Cr_2O_7^{2-}$.

1. Ajustar el número de átomos de cromo.

$$Cr_2O_7^{2-} \Rightarrow 2Cr^{3+}$$

2. En el miembro de la reacción que presenta menor cantidad de oxígenos, añadir una molécula de agua por cada átomo de oxígeno que falte. En

este caso, hay siete oxígenos a la izquierda y ninguno a la derecha, por lo que añadimos siete moléculas de agua.

$$Cr_2O_{\boxed{7}}^{2-} \Rightarrow 2Cr^{3+} + \boxed{7}\,H_2O$$

3. Al introducir agua se han introducido átomos de hidrógeno que también se deben ajustar como protones en el miembro contrario, H$^+$. En este caso se han adicionado 14 hidrógenos procedentes de las 7 moléculas de agua añadidas a la derecha, por lo que pondremos 14H$^+$ a la izquierda.

$$Cr_2O_7^{2-} + \boxed{14}\,H^+ \Rightarrow 2Cr^{3+} + 7H_2O$$

Nota: Adicionar protones en la semirreacción es posible porque la reacción se produce en medio ácido, ya que hay HCl en los reactivos, un ácido fuerte. Si la reacción se llevara a cabo en medio básico el ajuste sería distinto, pero la mayoría de reacciones de oxidación-reducción se producen en medio ácido y por tanto nos centraremos en ellas.

4. Ajustar los electrones por balance de cargas. A la izquierda hay un total de doce cargas positivas netas (14H$^+$ y las dos cargas negativas del anión Cr$_2$O$_7^{2-}$), mientras que a la derecha hay seis cargas positivas netas (de los dos iones Cr^{3+}). Para ajustar las cargas debemos añadir tantos electrones como cargas positivas haya en exceso a la izquierda, en este caso, seis. De esta forma habrá el mismo número de cargas netas en ambos lados de la semirreacción.

$$Cr_2O_7^{2-} + 14H^+ + \boxed{6e^-} \Rightarrow 2Cr^{3+} + 7H_2O$$

En la semirreacción de reducción, los electrones se escriben a la izquierda.

6. **Ajustar el número de electrones entre las dos semirreacciones.** El número de electrones cedidos por el reductor tiene que ser igual al número de electrones captados por el oxidante. Es decir:

n$^\circ$ electrones cedidos reductor = n$^\circ$ de electrones captados oxidante

Para ello se debe determinar el mínimo común múltiplo del número de electrones de las dos semirreacciones, multiplicando cada una de ellas por un coeficiente que haga que quede el mismo número de electrones a la izquierda y a la derecha. De este modo, al sumar ambas semirreacciones, los electrones se simplifican.

En el ejemplo multiplicaremos la semirreacción de oxidación por 3:

Semirreacción de oxidación: $(2Cl^- \Rightarrow Cl_2 + 2e^-) \cdot 3$

Semirreacción de reducción: $Cr_2O_7^{2-} + 14H^+ + 6e^- \Rightarrow 2Cr^{3+} + 7H_2O$

$$6Cl^- + Cr_2O_7^{2-} + 14H^+ + \cancel{6e^-} \Rightarrow 3Cl_2 + 2Cr^{3+} + 7H_2O + \cancel{6e^-}$$

7. **Escribir la ecuación iónica ajustada.** Para ello, una vez que hemos multiplicado las semirreacciones por el coeficiente correspondiente, sumamos ambas semirreacciones. Los electrones, al estar ya en igual número a izquierda y a derecha, se simplifican y desaparecen de la ecuación. En ocasiones también se pueden simplificar protones o moléculas de agua.

Reacción iónica ajustada: $6Cl^- + Cr_2O_7^{2-} + 14H^+ \Rightarrow 3Cl_2 + 2Cr^{3+} + 7H_2O$

8. **Escribir la ecuación global o molecular ajustada.** Se completan las especies iónicas de la ecuación anterior con los contraiones correspondientes, manteniendo los coeficientes calculados. Puede ser que aparezcan nuevas especies formadas por cationes y aniones *sobrantes* o que algunas especies se tengan que ajustar por tanteo, pero no son especies que intervienen directamente en el intercambio electrónico.

Para saber cuáles son los contraiones correspondientes a cada ion de la reacción iónica ajustada hay que comparar dicha reacción con el enunciado. Finalmente, tendremos la siguiente reacción global ajustada:

$$14HCl + K_2Cr_2O_7 \Rightarrow 3Cl_2 + 2CrCl_3 + 7H_2O + 2KCl$$

Como vemos, en la reacción final incluimos 14HCl. Esto puede resultar lioso cuando únicamente teníamos 6Cl⁻ en la reacción iónica ajustada. El motivo es que tenemos que incorporar 14H⁺ y estos solo pueden proceder del ácido, HCl, por lo que necesariamente debemos añadir 14HCl. Solo 6 cloruros de los 14 que habremos incorporado se oxidan en la reacción redox, los otros 8 quedan sin reaccionar, combinándose en los productos con otros cationes, 6 de ellos en 2CrCl₃ y 2 de ellos en 2KCl.

En los exámenes resueltos de años anteriores se muestra paso por paso cómo ajustar otras reacciones de oxidación-reducción en medio ácido.

🔍 Para saber más

Ajuste de las semirreacciones con oxígeno en medio básico

Si una reacción de oxidación reducción se lleva a cabo en medio básico, el ajuste de la semirreacción con oxígeno difiere del ajuste en medio ácido.

Por ejemplo, consideremos que esta semirreacción transcurre en un medio con presencia de un hidróxido:

$$Al \Rightarrow AlO_2^-$$

Para ajustar los oxígenos e hidrógenos en medio básico, procederemos del siguiente modo: en el miembro de la semirreacción que presente exceso de oxígenos, añadiremos tantas moléculas de agua como oxígenos hay de más.

$$Al \Rightarrow AlO_2^- + \boxed{2}H_2O$$

Después, en el miembro contrario, se añaden el doble de iones hidroxilo, OH^-, que moléculas de agua hemos adicionado previamente.

$$Al + \boxed{4}OH^- \Rightarrow AlO_2^- + 2H_2O$$

Finalmente se añaden los electrones por balance de cargas. En este caso, son necesarios 3 electrones a la derecha, ya que a la izquierda hay cuatro cargas negativas y a la derecha solo una:

$$Al + 4OH^- \Rightarrow AlO_2^- + 2H_2O + \boxed{3e^-}$$

9. Introducción a la Química del carbono

9.1. Cadenas carbonadas. Enlaces simple, doble y triple.

El carbono es un elemento singular. Sus especiales características hacen que toda una rama extensísima de la química se dedique únicamente a estudiar los compuestos que forma. Si bien a dicha rama de la química se la conocía hace unos años como Química orgánica, por ser el carbono el elemento fundamental de la materia viva (es decir, de la materia orgánica), este elemento forma también muchos otros compuestos que no se encuentran en los seres vivos y que tienen grandes aplicaciones en nuestra vida diaria, como combustibles o nuevos materiales, de propiedades sorprendentes.

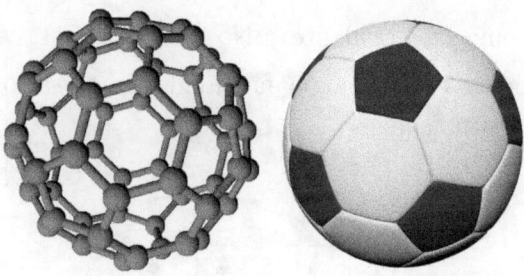

Figura 9.1. Los fulerenos son moléculas formadas por gran cantidad de átomos de carbono que se disponen formando una esfera. En la imagen vemos el C60, de 60 átomos de carbono, formando pentágonos y hexágonos, similar a un balón de fútbol. Cada carbono se une a otros tres átomos de carbono y a un átomo de hidrógeno; estos últimos se han omitido para mayor claridad de la representación.

Así, en la actualidad se prefiere hablar de Química del carbono por ser un término más amplio.

La **Química del carbono** *estudia las propiedades, la estructura, la reactividad, las vías de síntesis y las aplicaciones de los compuestos formados por la combinación de carbono e hidrógeno y, en ocasiones, otros elementos químicos, principalmente nitrógeno y oxígeno.*

Se conocen más de diez millones de compuestos de carbono, unas cien veces más que de todos los restantes elementos químicos de la tabla periódica juntos. El contraste es tan asombroso que cabe preguntarse: ¿por qué el carbono es capaz de formar una cantidad de compuestos tan abrumadora? ¿Qué tiene de especial frente al resto de elementos químicos de la tabla periódica?

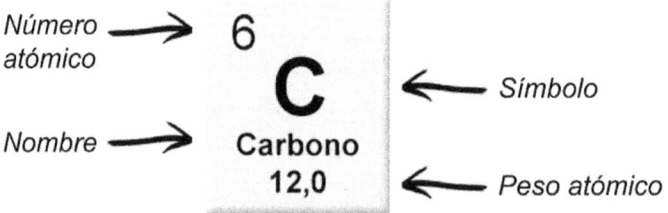

Puesto que su número atómico es seis, un átomo neutro de carbono tiene seis electrones. La configuración electrónica del carbono en estado fundamental presenta únicamente dos electrones desapareados, lo que implicaría que solo podría formar dos enlaces covalentes. No obstante, el carbono pasa a una configuración electrónica excitada con facilidad por el salto de un electrón del orbital 2s a un orbital 2p vacío:

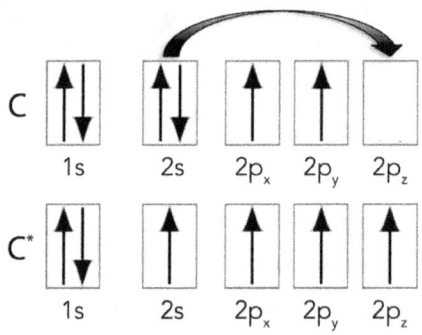

El **átomo de carbono** en estado excitado tiene cuatro electrones desapareados, por lo que puede formar cuatro enlaces covalentes.

Esta excitación del átomo de carbono implica un aporte energético y es un proceso desfavorable. Sin embargo, el aporte energético inicial se verá compensado por la formación posterior de cuatro enlaces covalentes en lugar de dos, ya que la formación de cada enlace covalente libera una gran cantidad de energía.

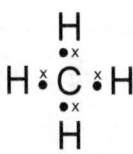

Figura 9.2. Estructura de Lewis de la molécula de metano, CH_4. En cualquier molécula orgánica cada átomo de carbono puede formar cuatro enlaces covalentes con átomos vecinos, ya sean otros átomos de carbono, hidrógeno, oxígeno, nitrógeno...

El hecho de que cada átomo de carbono forme cuatro enlaces covalentes hace que la variabilidad de compuestos a la que da lugar sea enorme. Los átomos de carbono se pueden unir entre sí para dar una cadena de átomos que recibe el nombre de «cadena carbonada». Cada átomo de carbono representa un eslabón en la cadena, la cual hace de esqueleto o estructura base de un compuesto dado. Por ejemplo, el siguiente compuesto es un hidrocarburo (únicamente formado por carbono e hidrógeno) con una cadena carbonada de ocho átomos de carbono:

$$H_3C-CH_2-CH_2-CH_2-CH_2-CH_2-CH_2-CH_3$$

La longitud de la cadena carbonada principal de un compuesto orgánico se indica en el nombre del compuesto mediante un prefijo multiplicador que representa el número de átomos de carbono que la forma. Se utilizan los siguientes prefijos derivados de los numerales griegos:

Nº C	Prefijo	Nº C	Prefijo
1	Met-	11	Undec-
2	Et-	12	Dodec-
3	Prop-	13	Tridec-
4	But-	14	Tetradec-
5	Pent-	15	Pentadec-
6	Hex-	16	Hexadec-
7	Hept-	17	Heptadec-
8	Oct-	18	Octadec-
9	Non-	19	Nonadec-
10	Dec-	20	Eicosa-

Aunque existen prefijos para cadenas más largas, lo más frecuente es encontrar compuestos con cadenas carbonadas de menos de 20 átomos de carbono, por lo que a partir del 20 los prefijos son prácticamente anecdóticos.

Por ejemplo, para nombrar los hidrocarburos de cadena lineal, se utiliza el prefijo indicativo del número de átomos de carbono seguido del sufijo –ano. Así, los 7 primeros hidrocarburos serán:

CH_4 Metano

H_3C-CH_3 Etano

$H_3C-CH_2-CH_3$ Propano

$H_3C-CH_2-CH_2-CH_3$ Butano

$H_3C-CH_2-CH_2-CH_2-CH_3$ Pentano

$H_3C-CH_2-CH_2-CH_2-CH_2-CH_3$ Hexano

$H_3C-CH_2-CH_2-CH_2-CH_2-CH_2-CH_3$ Heptano

Figura 9.3. Las cadenas carbonadas pueden tener una gran cantidad de átomos de carbono unidos entre sí.

Como se puede observar en los ejemplos de la figura previa, cada átomo de carbono debe, necesariamente, formar cuatro enlaces covalentes, de modo que aquellos enlaces que no se forman con otros carbonos se completarán con hidrógeno. Así, un carbono en el extremo de una cadena carbonada se representa como CH_3-, que indica que está unido a otro átomo de carbono y a tres átomos de hidrógeno, mientras que un carbono en el interior de una cadena carbonada sin ramificaciones, se representa como $-CH_2-$, que implica que está unido a otros dos átomos de carbono y a dos átomos de hidrógeno.

> *Los enlaces que no se forman con otros átomos de carbono se completan con hidrógeno, pero cada carbono siempre forma cuatro enlaces, nunca menos.*

Además, las cadenas carbonadas pueden ser tanto lineales como ramificadas y cíclicas.

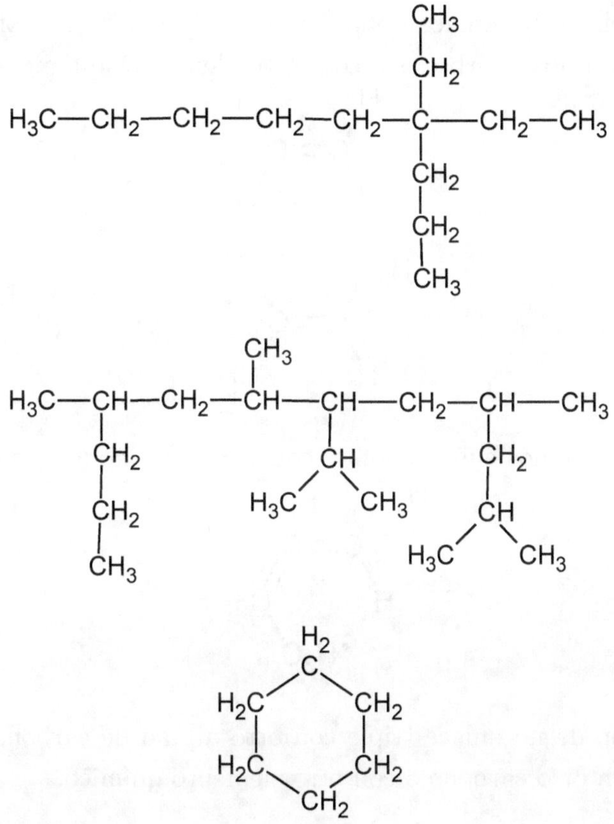

$$H_3C-CH_2-CH_2-CH_2-CH_2-\underset{\underset{\underset{\underset{CH_3}{CH_2}}{CH_2}}{CH_2}}{\overset{\overset{\overset{CH_3}{CH_2}}{|}}{C}}-CH_2-CH_3$$

$$H_3C-\underset{\underset{\underset{CH_3}{CH_2}}{CH_2}}{CH}-CH_2-\overset{CH_3}{CH}-\underset{\underset{H_3C\quad CH_3}{CH}}{CH}-CH_2-\underset{\underset{H_3C\quad CH_3}{CH}}{\overset{\overset{CH_2}{|}}{CH}}-CH_3$$

(estructura cíclica de ciclohexano)

Figura 9.4. Los átomos de carbono pueden formar cadenas de gran longitud. Las cadenas pueden ser lineales o presentar ramificaciones en distintos puntos, e incluso cerrarse formando ciclos.

Los enlaces formados entre dos átomos de carbono no tienen que ser necesariamente simples (compartición de un único par de electrones), sino que también pueden formar enlaces dobles (compartición de dos pares) y triples (compartición de tres pares).

En concreto, tenemos las siguientes opciones:

- Formación de cuatro enlaces simples, ya sea con átomos de carbono o de otros elementos químicos.

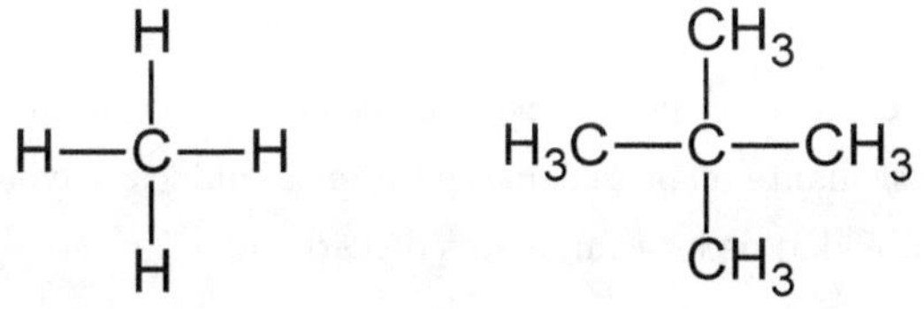

$$H-\underset{H}{\overset{H}{\underset{|}{\overset{|}{C}}}}-H \qquad H_3C-\underset{CH_3}{\overset{CH_3}{\underset{|}{\overset{|}{C}}}}-CH_3$$

- Formación de un enlace doble con otro átomo de carbono y dos enlaces simples con otros carbonos o con otros elementos químicos.

$$\begin{array}{c}H\\ \end{array}\!\!C\!=\!C\!\!\begin{array}{c}H\\ \end{array}$$

$$H_3C\!\!\begin{array}{c}\\ \end{array}\!\!C\!=\!C\!\!\begin{array}{c}H\\ CH_3\end{array}$$

- Formación de dos enlaces dobles con otros dos átomos de carbono.

$$H_3C\!\!\begin{array}{c}\\ \end{array}\!\!C\!=\!C\!=\!C\!\!\begin{array}{c}\\ H\end{array}$$

- Formación de un enlace triple con otro átomo de carbono y de un enlace simple con otro carbono o con otro elemento químico.

$$H_3C-C\equiv C-CH_3$$

El hecho de que los átomos de carbono puedan formar también enlaces dobles y triples contribuye, junto con la longitud y ramificación de las cadenas, a la variabilidad de compuestos de carbono que se pueden encontrar en la naturaleza o sintetizar en el laboratorio.

$$H_2C\!=\!CH\!-\!CH_2\!-\!CH\!-\!CH\!=\!CH\!-\!CH\!-\!CH_2\!-\!CH_3$$

Figura 9.5. En un mismo compuesto de carbono podemos encontrar átomos unidos mediante enlace simple, átomos unidos mediante enlace doble y átomos unidos mediante enlace triple. Esto contribuye a la gran variabilidad de los compuestos de carbono.

Asimismo, del tipo de enlaces formados por los átomos de carbono dependerá la geometría global del conjunto de la molécula.

Así, tenemos:

- **4 enlaces simples** se disponen formando un tetraedro.

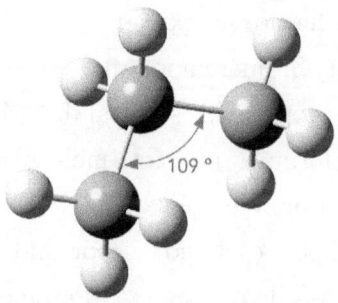

- **2 enlaces simples y 1 enlace doble** se disponen de forma trigonal plana.

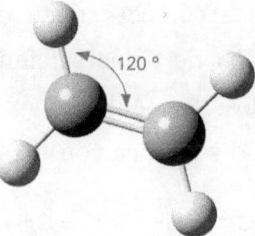

- **2 enlaces dobles, o 1 enlace triple y 1 enlace simple**, se disponen de forma lineal.

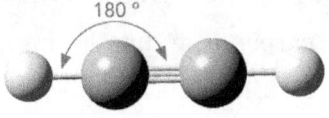

9.1.1. Fórmulas de los compuestos de carbono

Para representar una misma molécula orgánica existen distintas fórmulas químicas. Cada fórmula aporta progresivamente una mayor cantidad de información sobre un compuesto:

- **Fórmula empírica.** La fórmula empírica expresa únicamente qué elementos forman el compuesto y en qué proporción. Por ejemplo: CH_2. Esta fórmula nos indica que se trata de un compuesto formado únicamente por carbono e hidrógeno, y que por cada átomo de carbono encontramos 2 átomos de hidrógeno. Esto es solo una proporción, no significa que tengamos una molécula con solo 1 átomo de carbono y 2 de hidrógeno la cual, de hecho, no existe.
- **Fórmula molecular.** Si queremos saber no solo qué elementos forman un compuesto y en qué proporción, sino también la cantidad total de átomos de cada tipo que forman nuestra molécula, necesitamos conocer su fórmula molecular. Por ejemplo, C_4H_{10}, nos indica que tenemos un compuesto formado por carbono y por hidrógeno y que en total, la molécula tiene 4 átomos de carbono y 10 átomos de hidrógeno.
- **Fórmula semidesarrollada.** En la fórmula semidesarrollada, además de conocer qué átomos forman la molécula, en qué proporción y en qué cantidad, también vemos cómo se unen dichos átomos entre sí, en qué posiciones y con qué tipo de enlaces (simples, dobles o triples). En esta fórmula aparecen todos los enlaces excepto los de los átomos de hidrógeno, cuya cantidad se indica con un subíndice. Por ejemplo:

    $$H_2C=CH-CH_2-CH_2OH$$

Esta fórmula semidesarrollada nos indica que tenemos una molécula de 4 átomos de carbono unidos formando una cadena lineal. Los dos primeros carbonos se unen con enlace doble entre sí, los siguientes enlaces carbono-carbono son simples y el cuarto átomo de carbono se une a un grupo $-OH$. Como vemos, la información que aporta esta fórmula es mucho mayor que la que aportaría su correspondiente fórmula molecular, C_4H_8O, que solo nos indicaría que la molécula está formada por 4 carbonos, 8 hidrógenos y 1 oxígeno pero no cómo se unen estos átomos entre sí.

- **Fórmula desarrollada.** La fórmula desarrollada es una ampliación de la semidesarrollada en la que también aparecen los enlaces carbono-hidrógeno. Para el compuesto anterior, escribiríamos:

$$\underset{H}{\overset{H}{C}}=\underset{H}{\overset{H}{C}}-\underset{H}{\overset{H}{C}}-\underset{H}{\overset{H}{C}}-O-H$$

- **Fórmula estructural**. La fórmula estructural es una ampliación de la fórmula desarrollada en la que no solo se indica qué átomos forman la molécula, en qué posición y con qué tipo de enlaces, sino también la estructura espacial de la molécula. Los enlaces de los átomos de carbono tienen una disposición espacial que depende del tipo de enlaces formados. Por ejemplo:

$$\underset{CH_3}{\overset{Cl}{\underset{|}{C}}}\overset{}{\underset{H}{\diagup}}OH$$

Esta distinta estructura espacial se representa sobre el papel con trazos diferenciados. Los trazos de líneas sólidas y grosor estándar, representan átomos que están sobre el plano del papel. Los trazos con forma de cuña salen del plano del papel, y los trazos punteados se adentran en el plano del papel.

De todas las fórmulas indicadas para los compuestos de carbono, la fórmula estructural es la que aporta una información más completa sobre la molécula. Sin embargo, no siempre será necesario indicar esta información y por ello la fórmula más frecuentemente utilizada para la representación de las moléculas orgánicas es la **fórmula semidesarrollada**.

9.2. Concepto de grupo funcional y serie homóloga

Como hemos indicado previamente, se conocen más de diez millones de compuestos de carbono y cada año se descubren compuestos nuevos. Teniendo en cuenta esta inmensa cantidad de compuestos, cabe preguntarse: ¿hay alguna forma de agruparlos en torno a alguna característica común? La respuesta es que sí. Aunque la complejidad de muchos de los compuestos de carbono es extraordinaria, es posible clasificarlos en torno a la llamada función química.

Principalmente, hallamos tres tipos de funciones:

- **Funciones hidrogenadas.** Incluyen los compuestos en los que solo tenemos átomos de carbono e hidrógeno, denominados hidrocarburos. Pueden ser de cadena cerrada o abierta; a su vez, pueden ser saturados (solo con enlaces simples) o insaturados (con algunos enlaces dobles o triples).
- **Funciones oxigenadas.** Se trata de compuestos que contienen átomos de carbono, oxígeno e hidrógeno.
- **Funciones nitrogenadas.** Son compuestos en los que hallamos átomos de carbono, nitrógeno e hidrógeno, y a veces también oxígeno.

Las principales familias de compuestos que encontramos, según sus funciones sean hidrogenadas, oxigenadas o nitrogenadas son las siguientes:

Funciones hidrogenadas	Funciones oxigenadas	Funciones nitrogenadas
Alcanos	Alcoholes y fenoles	Aminas
Alquenos	Éteres	Amidas
Alquinos	Aldehídos	Nitrilos
Hidrocarburos aromáticos	Cetonas	Nitroderivados
	Ácidos carboxílicos	
	Ésteres	

Cada una de estas familias se caracteriza por tener un **grupo funcional** específico.

> Un **grupo funcional** es un grupo atómico definido, es decir, una serie de átomos enlazados de una determinada forma con propiedades físico-químicas características.

En la siguiente tabla se muestran las fórmulas químicas correspondientes a los principales grupos funcionales que hallamos en química orgánica, así como el sufijo que se utiliza en formulación para nombrarlos a modo ilustrativo. En general, este sufijo es precedido por el prefijo del número de átomos de carbono indicado previamente, tal y como se puede observar en los ejemplos.

Función	Grupo funcional	Sufijo	Ejemplo
Ácido carboxílico	R—C(=O)—OH	Ácido -oico	**Ácido** etan**oico** H₃C—C(=O)—OH
Éster	R—C(=O)—O—R₁	-oato de -ilo	Propan**oato** de met**ilo** H₃C—CH₂—C(=O)—O—CH₃
Amida	R—C(=O)—NH₂	-amida	Propan**amida** H₃C—CH₂—C(=O)—NH₂
Nitrilo	R—C≡N	-nitrilo o cianuro de -ilo	Etano**nitrilo** **Cianuro de** metilo H₃C—C≡N
Aldehído	R—C(=O)—H	-al	Propan**al** H₃C—CH₂—C(=O)—H
Cetona	R—C(=O)—R₁	-ona	Propan**ona** H₃C—C(=O)—CH₃
Alcohol	R—OH	-ol	Butan**ol** H₃C—CH₂—CH₂—CH₂OH
Amina	R—NH₂	-amina	Propan**amina** H₃C—CH₂—NH₂
Éter	R—O—R₁	-oxi ... -ano -il ... -iléter	Metoxietano Etilmetiléter H₃C—CH₂—O—CH₃

Alqueno		-eno	**Eteno** $H_2C\!=\!CH_2$
Alquino		-ino	**Etino** $HC\!\equiv\!CH$
Nitro*	R—NO$_2$	*Nitro- (como prefijo, nunca sufijo)	Trinitrotolueno (TNT) 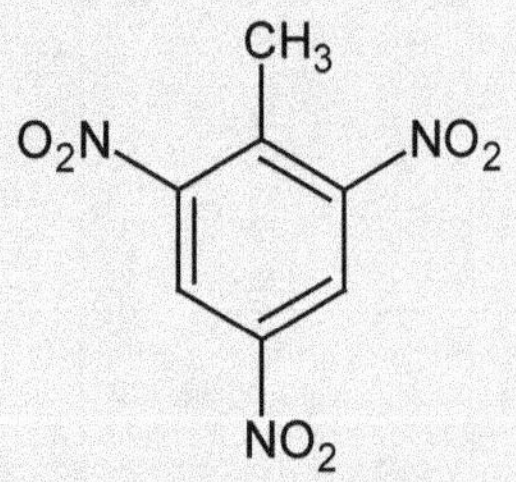

Asimismo, una molécula orgánica puede realizar varias de estas funciones de forma simultánea. Es decir, podemos encontrar moléculas que son a la vez un ácido carboxílico y una amina, etc. Los aminoácidos, por ejemplo, las piezas de puzle que forman nuestras proteínas, se llaman así precisamente por presentar un grupo ácido carboxílico y un grupo amina unidos al mismo átomo de carbono:

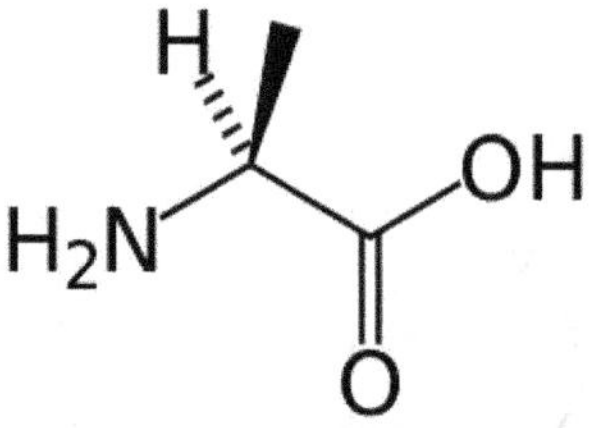

Figura 9.5. Estructura química del aminoácido alanina. Como se puede observar presenta dos grupos funcionales distintos, un grupo ácido carboxílico y un grupo amino.

> *Al conjunto de sustancias con el mismo grupo funcional pero distinta longitud de su cadena carbonada se lo llama **serie homóloga**.*

Por ejemplo, los alcoholes son compuestos cuyo grupo funcional es el grupo –OH y que se nombran anteponiendo la raíz indicativa del número de carbonos al sufijo correspondiente, que es –*ol*. Los primeros alcoholes de su serie homóloga son:

Metanol, 1 carbono → CH_3-OH

Etanol, 2 carbonos → CH_3-CH_2-OH

Propanol, 3 carbonos → $CH_3-CH_2-CH_2-OH$

Butanol, 4 carbonos → $CH_3-CH_2-CH_2-CH_2-OH$

Pentanol, 5 carbonos → $CH_3-CH_2-CH_2-CH_2-CH_2-OH$

Y así podríamos continuar con la serie homóloga, agregando un nuevo átomo de carbono cada vez y cambiando el prefijo que indica el número total de carbonos de la molécula: hexanol, heptanol, octanol...

9.3. Isomería: concepto y clases

Algunos compuestos orgánicos presentan la misma fórmula molecular y, sin embargo tienen distintas propiedades. A este hecho se le conoce como isomería.

> Los **isómeros** son compuestos con la misma fórmula molecular pero distintas propiedades.

Por ejemplo, el propenol, un alcohol de 3 carbonos, tiene la fórmula semidesarrollada:

$$H_3C—CH=CH—OH$$

Su fórmula molecular es C_3H_6O.

También la propanona, una cetona de 3 átomos de carbono, tiene la misma fórmula molecular, C_3H_6O, aunque su fórmula semidesarrollada es distinta:

$$H_3C—\underset{\underset{O}{\|}}{C}—CH_3$$

Sin embargo, ambos compuestos tienen propiedades fisicoquímicas distintas y se trata de compuestos distintos entre sí.

Los principales tipos de isomería que presentan los compuestos orgánicos son:

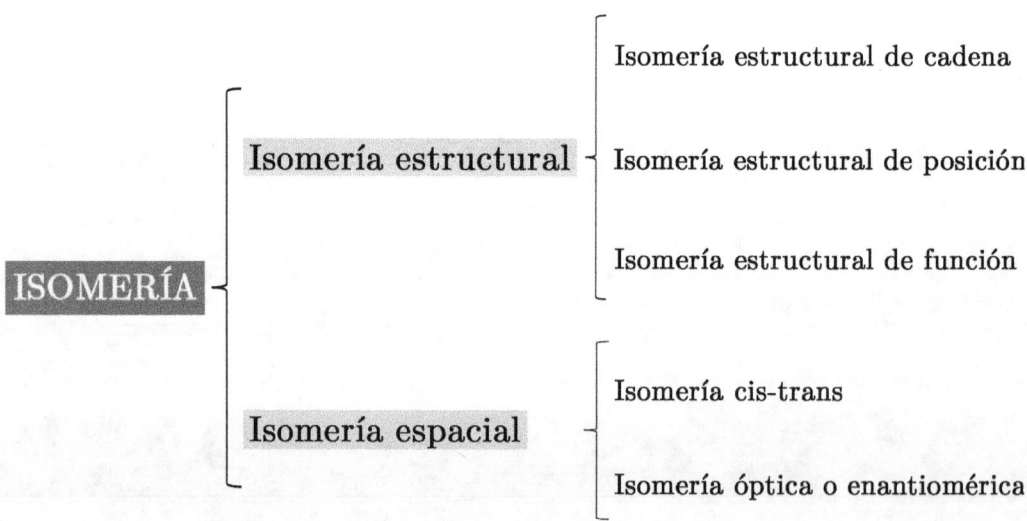

9.3.1. Isomería estructural

Isomería estructural de cadena

> Los **isómeros estructurales de cadena** son compuestos con el mismo número de átomos de carbono y las mismas funciones, pero con distinta disposición de la cadena carbonada.

Por ejemplo, son isómeros estructurales de cadena aquellos que presentan la misma fórmula molecular, uno con cadena lineal y otro con ramificaciones:

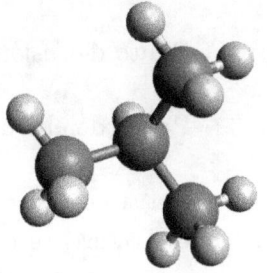 Butano

 2-metilpropano

Ambos compuestos son hidrocarburos, formados únicamente por carbono e hidrógeno y con fórmula molecular C_4H_{10}, pero, como vemos, la disposición de los átomos de carbono difiere y por tanto son compuestos distintos. Para ilustrar este hecho se muestran los puntos de fusión y ebullición de ambos, que son similares pero distintos.

Punto de fusión: -160 °C   Punto de fusión: -138 °C

Punto de ebullición: -12 °C   Punto de ebullición: 0 °C

Figura 9.7. El 2-metilpropano (izquierda) y el butano (derecha) son dos hidrocarburos de fórmula molecular C_4H_{10}, y por tanto están formados por el mismo número de átomos. Sin embargo, los átomos de carbono se unen entre sí de forma distinta en cada uno de ellos. Ambos compuestos son isómeros estructurales de cadena.

Isomería estructural de posición

> Los **isómeros estructurales de posición** son aquellos compuestos que tienen el mismo número de átomos de carbono y el mismo grupo funcional, pero posicionado en un lugar distinto de la cadena carbonada.

Por ejemplo:

$H_3C-CH_2-CH_2-OH$ Propan-1-ol

$H_3C-CH-CH_3$
         $|$
        OH Propan-2-ol

En ambos casos tenemos un alcohol de 3 átomos de carbono, pero en el primer caso el grupo $-OH$ está unido al carbono 1 de la cadena principal y, en el segundo caso, al carbono 2. La fórmula molecular de ambos compuestos es C_3H_8O pero sus propiedades difieren, como por ejemplo sus puntos de fusión y de ebullición.

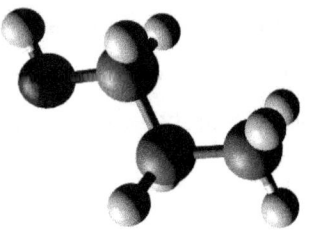
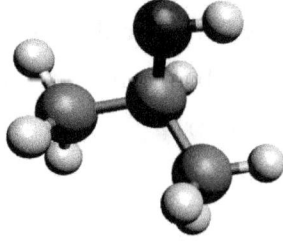

Punto de fusión: -126 °C   Punto de fusión: -89 °C

Punto de ebullición: 97 °C   Punto de ebullición: 83 °C

Figura 9.8. El propan-1-ol (izquierda) y el propan-2-ol (derecha) tienen el mismo número de átomos de carbono y el mismo grupo funcional (ambos son alcoholes), además de compartir la misma fórmula molecular, C_3H_8O. Sin embargo, el hecho de que el grupo funcional alcohol, -OH, esté unido a un carbono distinto de la cadena principal hace que tengan distintas propiedades.

Isomería estructural de función

> Los **isómeros estructurales de función** se caracterizan por tener en la cadena grupos funcionales distintos, a pesar de compartir el mismo esqueleto carbonado y la misma fórmula molecular.

Por ejemplo:

$$H_3C-CH_2-\overset{\displaystyle O}{\underset{\displaystyle H}{C}}$$ Propanal

$$H_3C-\underset{\displaystyle \underset{O}{\parallel}}{C}-CH_3$$ Propanona

El propanal y la propanona tienen ambos el mismo esqueleto carbonado y la misma fórmula molecular, C_3H_6O, pero, mientras que el primero es un aldehído, la segunda es una cetona, por lo que sus propiedades son distintas; por ejemplo, los puntos de fusión y de ebullición:

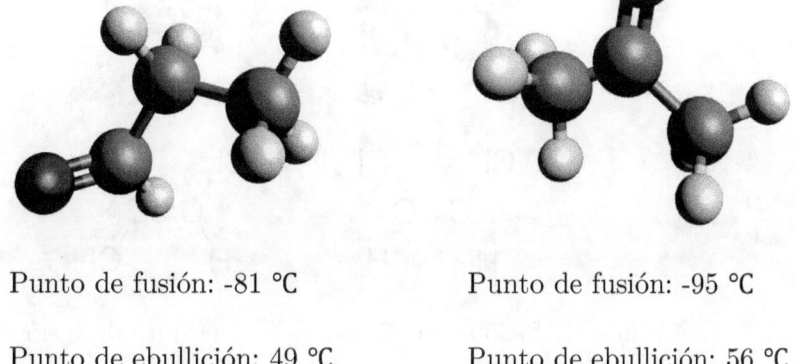

Punto de fusión: -81 °C   Punto de fusión: -95 °C

Punto de ebullición: 49 °C   Punto de ebullición: 56 °C

Figura 9.9. El propanal y la propanona tienen el mismo número de átomos de carbono y la misma fórmula molecular, C_3H_6O, pero presentan distinta función química. Mientras que el propanal es un aldehído, la propanona es una cetona.

9.3.2. Isomería espacial

Los isómeros espaciales presentan la misma fórmula molecular y también los átomos tienen la misma distribución y los mismos grupos funcionales, pero su disposición en el espacio es distinta, es decir, la orientación de sus átomos en las tres dimensiones.

Isomería cis-trans

> La **isomería cis-trans*** se produce cuando tenemos dos carbonos unidos por un doble enlace y ambos carbonos se unen a un sustituyente igual y a otro igual o distinto.

*También es habitual denominar a este tipo de isomería como «isomería geométrica», si bien la IUPAC desaconseja el término.

Por ejemplo, el cis-1,2-dicloroeteno y el trans-1,2-dicloroeteno

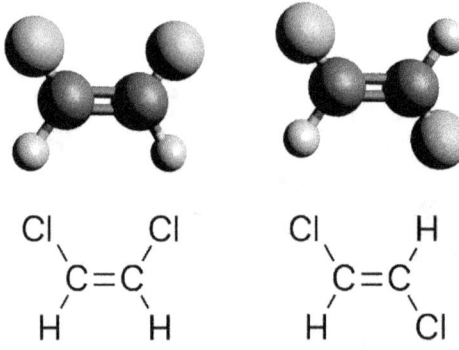

Punto de fusión: -81 °C   Punto de fusión: -49 °C

Punto de ebullición: 60 °C   Punto de ebullición: 48 °C

Figura 9.10. El cis-1,2-dicloroeteno (izquierda) y el trans-1,2-dicloroeteno (derecha) tienen ambos el mismo esqueleto carbonado, la misma fórmula molecular, $C_2H_2Cl_2$, y los mismos enlaces químicos. Sin embargo, la disposición espacial de los átomos de cloro con respecto al doble enlace C=C es distinta. Puesto que el doble enlace presenta rigidez y no puede rotar, ambos compuestos no pueden interconvertirse entre sí.

- Forma cis (o forma Z): es la que tiene los dos sustituyentes más voluminosos en el mismo lado del doble enlace.
- Forma trans (o forma E): es la que tiene los dos sustituyentes más voluminosos en lados opuestos del doble enlace.

Ambos compuestos tienen la misma fórmula molecular, $C_2H_2Cl_2$, y los mismos sustituyentes en cada carbono del doble enlace (un cloro y un hidrógeno en cada uno de ellos) pero la posición espacial de los mismos difiere. Esto hace que también difieran sus propiedades, ya que, entre otras cosas, cambiará la polaridad molecular y con ellos los puntos de fusión y de ebullición.

Isomería óptica o enantiomérica

> La **isomería óptica** se produce cuando un compuesto tiene un átomo de carbono que está unido a cuatro sustituyentes distintos, el cual recibe el nombre de carbono asimétrico o quiral.

La presencia de un carbono quiral en una molécula orgánica da lugar a dos isómeros distintos, denominados enantiómeros:

- **Isómero dextrógiro (D)**: Desvía la luz polarizada hacia la derecha (en el sentido de las agujas del reloj). Se representa con el signo +.
- **Isómero levógiro (L)**: Desvía la luz polarizada hacia la izquierda (sentido contrario a las agujas del reloj). Se representa con el signo -.

Por ejemplo, el gliceraldehído, un monosacárido muy sencillo de tres átomos de carbono y de fórmula molecular $C_3H_6O_3$, presenta dos enantiómeros, dado que el carbono central es un carbono quiral, unido a cuatro sustituyentes distintos (-H, -OH, -CHO y -CH$_2$OH).

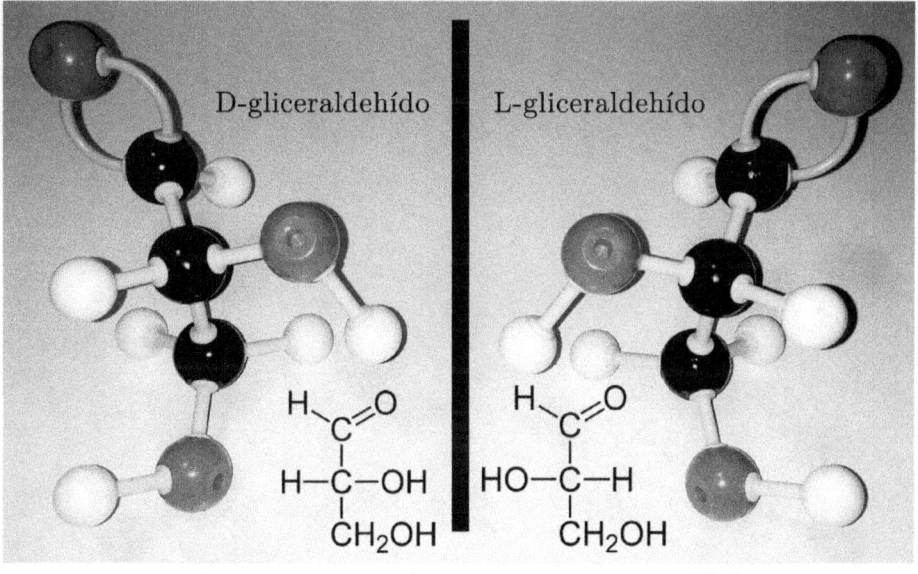

Figura 9.11. Modelos moleculares del D-gliceraldehído y del L-gliceraldehído, dos enantiómeros.

La presencia de un carbono asimétrico en la molécula hace que existan dos enantiómeros distintos de este monosacárido en la naturaleza, el D-gliceraldehído y el L-gliceraldehído.

No obstante, en este tipo de isomería no difieren los puntos de fusión y de ebullición de los isómeros.

Q Para saber más

> *Si pones ante un espejo tu mano derecha, la imagen que verás en él corresponderá a la de una mano izquierda. Del mismo modo, si tomamos un modelo molecular del D-gliceraldehído y lo ponemos ante un espejo, la estructura del modelo molecular reflejado será la del L-gliceraldehído. Se dice que ambos enantiómeros son imágenes especulares entre sí.*

Anexo I: Exámenes de años anteriores resueltos

Es uno de los objetivos de este libro presentar completamente resueltos los exámenes de años anteriores de acceso a la universidad para mayores de 25 años de Andalucía. Así, se resuelven desde el año 2005 hasta el año 2015, último año disponible en el momento de elaborar este texto.

La prueba consta de dos problemas y cuatro cuestiones teóricas. El candidato deberá responder únicamente a uno de los problemas y a dos de las cuestiones. La elección es libre.

La puntuación del problema es de 4 puntos sobre el total del examen. Se halla dividido en varios apartados, cada uno de los cuales tiene una puntuación independiente.

En cuanto a las cuestiones teóricas, cada una de ellas tiene una puntuación de 3 puntos. En este anexo no desarrollamos dichas cuestiones por haberlo hecho en profundidad en la parte teórica de este libro, de modo que se remite al estudiante a los apartados correspondientes para responderlas de forma correcta.

Examen de 2005

Problemas (a elegir uno)

Problema 1 2005: Ajuste de reacciones y estequiometría. Ecuación de los gases ideales.

Cuando se quema completamente propano con suficiente cantidad de oxígeno se obtienen agua y dióxido de carbono.

a) Escriba y ajuste la reacción.
b) Calcule el número de moles de C_3H_8 y O_2 que deben reaccionar para producir 100L de CO_2 medidos a 0,935 atmósferas y 285 K.
c) ¿Qué masa de agua se ha formado en la reacción anterior?

Datos: $R = 0{,}082$ atm $\cdot$ L $\cdot$ K^{-1} $\cdot$ mol^{-1}

Masas atómicas: H = 1; O = 16

a) El propano es el alcano de 3 átomos de carbono. Su fórmula condensada es C_3H_8, tal y como aparece en el propio enunciado del problema, en el apartado b).

Para plantear la reacción de combustión del propano, debemos recordar que toda reacción de combustión de un hidrocarburo será:

$$Hidrocarburo + O_2 \rightarrow CO_2 + H_2O$$

Así, la reacción de combustión del propano sin ajustar será:

$$C_3H_8 + O_2 \rightarrow CO_2 + H_2O$$

En toda reacción de combustión debemos ajustar, en primer lugar, los átomos de carbono. Puesto que en la molécula de propano hay 3 átomos de carbono, debemos poner un 3 delante del CO_2.

$$C_3H_8 + O_2 \rightarrow 3CO_2 + H_2O$$

En segundo lugar ajustaremos los hidrógenos. En los reactivos tenemos 8 átomos de hidrógeno procedentes de una molécula de C_3H_8 y en los productos únicamente 2, procedentes de una molécula de agua. Así, será necesario poner un 4 delante del H_2O.

$$C_3H_8 + O_2 \rightarrow 3CO_2 + 4H_2O$$

Por último debemos ajustar los átomos de oxígeno. Para ello, tenemos que poner un 5 delante del oxígeno molecular, O_2, en los reactivos, para tener 10 átomos de oxígeno en cada miembro de la ecuación química. La reacción ya está totalmente ajustada:

$$C_3H_8 + 5O_2 \rightarrow 3CO_2 + 4H_2O$$

b) Para calcular el número de moles de propano y de oxígeno que deben reaccionar para producir 100L de CO_2 a 0,935 atmósferas y 285 K, en primer lugar calcularemos a cuántos moles de CO_2 equivale dicho volumen en las condiciones indicadas. Para ello utilizaremos la **ecuación general de los gases ideales**:

$$P \cdot V = n \cdot R \cdot T$$

Donde:

P = presión en atmósferas (atm)

V = volumen en litros (L)

n = número de moles del gas (mol)

R = constante de los gases ideales, 0,082 atm · L · K^{-1} · mol^{-1}

T = temperatura en Kelvin (K)

Tenemos todos los datos para aplicar esta ecuación, a excepción del número de moles de CO_2, que es lo que deseamos calcular:

$$0{,}935 \text{ atm} \cdot 100 \text{ L} = n \cdot 0{,}082 \text{ atm} \cdot \text{L} \cdot \text{K}^{-1} \cdot \text{mol}^{-1} \cdot 285 \text{ K}$$

$$n = \frac{0{,}935 \cdot 100}{0{,}082 \cdot 285} = 4 \text{ moles de } CO_2$$

Una vez que hemos determinado los moles de CO_2, podremos calcular qué cantidad de propano y qué cantidad de oxígeno deben reaccionar para producirlos. Para ello utilizaremos la relación entre el número de moles que nos indican los coeficientes estequiométricos de la reacción ajustada:

$$C_3H_8 + 5O_2 \rightarrow 3CO_2 + 4H_2O$$

Los **coeficientes estequiométricos** de esta reacción nos indican que:

Por cada mol de C_3H_8, se producen 3 moles de CO_2.

Por cada 5 moles de O_2, se producen 3 moles de CO_2.

$$4 \, mol \, de \, CO_2 \cdot \frac{1 \, mol \, de \, C_3H_8}{3 \, mol \, de \, CO_2} = 1,\hat{3} \, mol \, de \, C_3H_8$$

$$4 \, mol \, de \, CO_2 \cdot \frac{5 \, mol \, de \, O_2}{3 \, mol \, de \, CO_2} = 6,\hat{6} \, mol \, de \, O_2$$

c) Para calcular la masa de agua que se ha formado en la reacción, calcularemos cuántos moles de agua se forman a partir de 4 moles de CO_2. Seguidamente los pasaremos a gramos utilizando la masa molecular del agua (18 g/mol).

$$4 \, mol \, CO_2 \cdot \frac{4 \, mol \, H_2O}{3 \, mol \, CO_2} \cdot \frac{18 \, g \, H_2O}{1 \, mol \, H_2O} = 96 \, g \, de \, H_2O$$

Problema 2005 2: Disoluciones. Cálculo del pH.

Un frasco contiene un ácido clorhídrico comercial del 37 % en peso y una densidad de 1,2 g · mL^{-1}. Calcule:

a) La molaridad del ácido clorhídrico comercial.
b) La cantidad de disolución ácida comercial que debe tomarse para preparar 1 L de ácido clorhídrico 1 M.
c) El pH de la disolución más diluida de ácido clorhídrico.

Masas atómicas: H = 1, Cl = 35,5

a) Para calcular la molaridad de la disolución comercial utilizaremos los siguientes factores de conversión:

$$\frac{37 \, g \, HCl}{100 \, g \, HCl \, com.} \cdot \frac{1,2 \, g \, HCl \, com.}{1 \, mL \, HCl \, com.} \cdot \frac{1 \, mol \, HCl}{36,5 \, g \, HCl} \cdot \frac{1000 \, mL \, HCl \, com.}{1 L \, HCl \, com.} = 12,2 \, M$$

Tal y como explicamos en el procedimiento práctico 4.1 de la página 115.

b) Para calcular la cantidad de disolución ácida comercial necesaria para preparar un determinado volumen de otra disolución diluida, comenzaremos nuestros cálculos siempre partiendo de la disolución diluida, en este caso, 1 litro de disolución 1 M. Así:

$$1 \, L \, HCl \, 1 \, M \cdot \frac{1 \, mol \, HCl}{1 \, L \, HCl \, 1 \, M} \cdot \frac{36,5 \, g \, HCl}{1 \, mol \, HCl} \cdot \frac{100 \, g \, HCl \, com.}{37 \, g \, HCl} \cdot \frac{1 \, mL \, HCl \, com.}{1,2 \, g \, HCl \, com.}$$
$$= 82,2 \, mL \, de \, HCl \, comercial$$

Tal y como explicamos en el procedimiento práctico 4.2 de la página 115.

c) La disolución más diluida tiene una concentración 1 M de HCl. El ácido clorhídrico es un ácido fuerte que, como tal, se halla totalmente disociado en agua, según:

$$HCl + H_2O \rightarrow Cl^- + H_3O^+$$

Así, se cumple que:

$$[HCl] = [H_3O^+] = 1\,M$$

Y aplicando la fórmula del pH:

$$pH = -log[H_3O^+] = -\log(1) = 0$$

Cuestiones teóricas (a elegir dos)

Tema 1

Enlace iónico. Propiedades de los compuestos iónicos.

> Apartado 3.2: «Enlace iónico: concepto y propiedades».

Tema 2

Átomos y moléculas. Concepto de mol. Fórmulas empírica y molecular.

> Apartado 1.5: «Concepto de mol y número de Avogadro. Masa molar».
>
> Apartado 2.4: «Notación química: símbolos y fórmulas».

Tema 3

Equilibrio químico. Constantes de equilibrio. Factores que afectan al equilibrio.

> Tema 7: «Equilibrio químico» (excepto apartado 7.4).

Tema 4

Concepto electrónico de oxidación-reducción. Concepto de oxidante y reductor.

> Apartado 8.5: «Concepto electrónico de oxidación-reducción: oxidante y reductor».

Examen de 2006

Problemas (a elegir uno)

Problema 2006 1: Cálculo del pH. Valoración ácido-base.

a) Calcule el pH de una disolución acuosa de hidróxido de sodio 0,01 M.

b) ¿Qué volumen de disolución de ácido clorhídrico 0,05 M es necesario para neutralizar 100 mL de la disolución anterior de hidróxido de sodio 0,01 M? ¿Cuál será el pH en el punto de neutralización?

c) Si se mezclan 50 mL de la disolución de hidróxido de sodio 0,01 M con 50 mL de una disolución acuosa de ácido clorhídrico 0,02 M, ¿cuál será el pH de la disolución resultante?

a) El hidróxido de sodio, NaOH, es una base fuerte que se encuentra totalmente disociada en agua:

$$NaOH \xrightarrow{H_2O} Na^+ + OH^-$$

Así, la concentración de OH⁻ en la disolución equivale a la concentración inicial de NaOH:

$$[NaOH] = [OH^-] = 0,01\,M$$

Con la $[OH^-]$ podemos calcular el pOH:

$$pOH = -log[OH^-] = -log(0,01) = 2$$

Y dado que, a 25 °C, el pH y el pOH suman 14:

$$pH + pOH = 14$$

Podemos despejar el pH de esta expresión:

$$pH + 2 = 14$$

$$\underline{pH = 12}$$

b) Cuando mezclamos una disolución de NaOH, que es una base fuerte, con una disolución de HCl, que es un ácido fuerte, se produce una reacción de neutralización ácido-base. Esta reacción da lugar a una sal (cloruro de sodio) y agua:

$$NaOH + HCl \rightarrow NaCl + H_2O$$

La reacción ya está ajustada.

Calcularemos la cantidad de HCl 0,05 M necesaria para neutralizar 100 mL de NaOH 0,01 M por estequiometría:

$$100 \, mL \, NaOH \, 0{,}01 \, M \cdot \frac{0{,}01 \, mol \, NaOH}{1000 \, mL \, NaOH} \cdot \frac{1 \, mol \, HCl}{1 \, mol \, NaOH} \cdot \frac{1000 \, mL \, HCl}{0{,}05 \, mol \, HCl}$$
$$= 20 \, mL \, de \, HCl \, 0{,}05 \, M$$

20 mL de HCl 0,05 M

Puesto que 20 mL de HCl 0,05 M es la cantidad exacta que se necesita para neutralizar 100 mL de NaOH 0,01 M, decimos que tenemos una **neutralización estequiométrica**.

Cuando la neutralización estequiométrica se produce por reacción de un ácido fuerte con una base fuerte, el pH de la disolución resultante es 7 (a 25 °C), es decir, pH neutro.

$$pH = 7$$

c) Cuando mezclamos una disolución de NaOH con una disolución de HCl en cantidades no equivalentes (es decir, uno de los dos compuestos se encuentra en exceso) decimos que tenemos una **neutralización no estequiométrica**. Es lo que sucede en este segundo caso, porque mezclamos el mismo volumen de dos disoluciones de distinta concentración:

$$50 \, mL \, NaOH \, 0{,}01 \, M \, + \, 50 \, mL \, HCl \, 0{,}02 \, M$$

Para determinar cuál de los dos compuestos se encuentra en exceso, el ácido o la base, calcularemos los moles de H_3O^+ ($n(H_3O^+)$) procedentes del ácido y los moles de OH^- ($n(OH^-)$) procedentes de la base, ya que ambos compuestos se disocian por completo:

$$NaOH \xrightarrow{H_2O} Na^+ + OH^-$$

$$HCl + H_2O \rightarrow Cl^- + H_3O^+$$

Así:

$$n(OH^-) = 50 \, mL \, NaOH \cdot \frac{0{,}01 \, mol \, NaOH}{1000 \, mL \, NaOH} \cdot \frac{1 \, mol \, OH^-}{1 \, mol \, NaOH} = 5 \cdot 10^{-4} \, moles \, OH^-$$

$$n(H_3O^+) = 50\ mL\ HCl \cdot \frac{0{,}02\ mol\ HCl}{1000\ mL\ HCl} \cdot \frac{1\ mol\ H_3O^+}{1\ mol\ HCl} = 10^{-3}\ moles\ H_3O^+$$

Puesto que hay más moles de H_3O^+ (10^{-3}) que de OH^- ($5 \cdot 10^{-4}$), la disolución resultante de mezclar las dos disoluciones iniciales será ácida.

Para saber cuántos moles de ácido habrá en la disolución resultante (moles de ácido que han quedado sin neutralizar), debemos restar ambos valores:

$$10^{-3}\ moles\ H_3O^+ - 5 \cdot 10^{-4}\ moles\ OH^- = 5 \cdot 10^{-4}\ moles\ de\ H_3O^+\ no\ se\ neutralizan$$

Por tanto, tendremos $5 \cdot 10^{-4}$ moles de H_3O^+ no neutralizados en un volumen total de 100 mL (mezclamos 50 mL de cada disolución y consideramos los volúmenes aditivos). Para calcular el pH necesitamos calcular la molaridad:

$$\frac{5 \cdot 10^{-4} mol\ H_3O^+}{100\ mL} \cdot \frac{1000\ mL}{1 L} = 5 \cdot 10^{-3}\ M\ de\ H_3O^+$$

Una vez determinada la molaridad de H_3O^+ ya podemos aplicar la fórmula del pH:

$$pH = -log[H_3O^+] = -log(0{,}005) = 2{,}3$$

$$pH = 2{,}3$$

Problema 2006 2: Equilibrio químico.

En un recipiente de un litro se introducen 20,85 gramos de PCl_5 y se calienta hasta 300 °C. A esa temperatura el compuesto se disocia en un 75 % según la ecuación:

$$PCl_{5(g)} \rightleftharpoons PCl_{3(g)} + Cl_{2(g)}$$

Calcule:

a) La constante de equilibrio, K_c, a esa temperatura.
b) La presión parcial de cada componente y la presión total en el interior del recipiente.
c) La constante de equilibrio, K_p, a esa temperatura.

Masas atómicas: $P = 31{,}0$; $Cl = 35{,}5$

a) La expresión de la constante de equilibrio para esta reacción es:

$$K_c = \frac{[PCl_3] \cdot [Cl_2]}{[PCl_5]}$$

Se puede calcular conociendo la cantidad inicial del compuesto, 20,85 gramos de PCl_5, y su grado de disociación en tanto por 1 ($\alpha = 0,75$). No obstante, en primer lugar debemos convertir los gramos a moles, utilizando para ello la masa molecular:

$$20,85 \; g \; PCl_5 \cdot \frac{1 \; mol}{208,5 \; g} = 0,1 \; mol \; PCl_5 \rightarrow \text{Moles iniciales (n}_o\text{)}$$

	PCl_5	PCl_3	Cl_2
Moles iniciales (n_o)	0,1 mol	-	-
Moles equilibrio (n)	0,1 · (1-α) = 0,025	0,1 · α = 0,075	0,1 · α = 0,075
Concentración equilibrio (n/V)	0,025M	0,075M	0,075M

Una vez determinadas las concentraciones de cada especie en el equilibrio, sustituiremos en la expresión de K_c:

$$K_c = \frac{[PCl_3] \cdot [Cl_2]}{[PCl_5]} = \frac{0,075 \cdot 0,075}{0,025} = 0,225$$

$$K_c = 0,225*$$

*Por convenio, K_c y K_p no tienen unidades.

b) Para calcular la presión total en el recipiente aplicaremos la ecuación de los gases ideales:

$$P_T \cdot V = n_T \cdot R \cdot T$$

Siendo n_T la suma de los moles en el equilibrio de los tres componentes (ver tabla apartado a):

$$n_T = n_{PCl_5} + n_{PCl_3} + n_{Cl_2} = 0,025 + 0,075 + 0,075 = 0,175 \; moles \; totales$$

Así:

$$P_T \cdot 1 = 0,175 \cdot 0,082 \cdot (273 + 300)$$
$$P_T = 8,223 \; atm$$

Una vez determinada la presión total en el equilibrio, utilizaremos la fracción molar de cada componente para determinar las presiones parciales.

$$P_{PCl_5} = P_T \cdot \chi_{PCl_5} = P_T \cdot \frac{n_{PCl_5}}{n_T} = 8{,}223 \cdot \frac{0{,}025}{0{,}175} = 1{,}175 \ atm$$

$$P_{PCl_3} = P_T \cdot \chi_{PCl_3} = P_T \cdot \frac{n_{PCl_3}}{n_T} = 8{,}223 \cdot \frac{0{,}075}{0{,}175} = 3{,}524 \ atm$$

$$P_{Cl_2} = P_T \cdot \chi_{Cl_2} = P_T \cdot \frac{n_{Cl_2}}{n_T} = 8{,}223 \cdot \frac{0{,}075}{0{,}175} = 3{,}524 \ atm$$

Recordemos que la suma de las presiones parciales debe coincidir con la presión total. En efecto:

$$P_T = P_{PCl_5} + P_{PCl_3} + P_{Cl_2} = 1{,}175 + 3{,}524 + 3{,}524 = 8{,}223 \ atm$$

c) Cuando disponemos del valor de K_c (calculado en el apartado a) es sencillo calcular K_p. Para ello debemos aplicar la fórmula:

$$K_P = K_c \cdot (RT)^{\Delta n}$$

Donde Δn es la variación en el número de moles de gas de reactivos a productos, que se calcula con los coeficientes estequiométricos de la reacción química ajustada:

$$\Delta n = \sum coef.esteq.productos - \sum coef.esteq.reactivos = (1+1) - 1 = 1$$

$$K_P = 0{,}225 \cdot (0{,}082 \cdot 573)^1 = 10{,}572$$

Cuestiones teóricas (a elegir dos)

Tema 1. Partículas elementales, concepto de orbital, números cuánticos.

    Apartado 1.1: «Partículas fundamentales: electrón, protón y neutrón».

    Apartado 2.1: «La estructura electrónica de los átomos».

Tema 2. Enlace covalente, teorías de Lewis y del enlace de valencia.

    Apartado 3.3: «Enlace covalente: concepto y propiedades».

Tema 3. Concepto de solubilidad, producto de solubilidad, factores que afectan a la solubilidad.

> Apartado 4.2: «Concepto de solubilidad. Factores que afectan a la solubilidad».

Tema 4. Cambios de energía en las reacciones químicas. Espontaneidad de las reacciones químicas.

> Tema 6: «Energía de las reacciones químicas» (resumir).

Examen de 2007

Problemas (a elegir uno)

Problema 2007 1: Estequiometría. Ecuación de los gases ideales.

Para regenerar ambientes cerrados se utiliza la reacción:

$$4KO_{2(s)} + 2CO_{2(g)} \rightarrow 2K_2CO_{3(s)} + 3O_{2(g)}$$

a) ¿Cuántos moles de O_2 se producirán cuando reaccionen totalmente 156 gramos de dióxido de carbono con la cantidad adecuada de KO_2?

b) ¿Qué volumen ocupará el oxígeno obtenido si se recoge a la temperatura de 25 °C y 700 mm de Hg?

c) ¿Qué masa de KO_2 habrá reaccionado?

Datos: $R = 0{,}082$ atm $\cdot$ L $\cdot$ K^{-1} $\cdot$ mol^{-1}

Masas atómicas: $C = 12$; $O = 16$; $K = 39$

a) Para calcular los moles de oxígeno que se producirán por reacción completa de 156 gramos de CO_2, debemos realizar el siguiente cálculo:

$$156\,g\,CO_2 \cdot \frac{1\,mol\,CO_2}{44\,g\,CO_2} \cdot \frac{3\,mol\,O_2}{2\,mol\,CO_2} = 5{,}32\,moles\,de\,O_2$$

b) Una vez calculados los moles de oxígeno producidos, el volumen que ocuparán se determinará aplicando la ecuación de los gases ideales:

$$P \cdot V = n \cdot R \cdot T$$

Puesto que la presión en el enunciado viene dada en milímetros de mercurio, se debe convertir a atmósferas antes de aplicar la ecuación previa:

$$700\,mm\,Hg \cdot \frac{1\,atm^*}{760\,mm\,Hg} = 0{,}92\,atm$$

* Recuerda: 1 atmósfera equivale a 760 milímetros de mercurio

$$0{,}92 \cdot V = 5{,}32 \cdot 0{,}082 \cdot (273 + 25)$$

$$V = 141{,}3\,L$$

c) Calcularemos la cantidad de KO_2 que ha reaccionado con 156 gramos de CO_2 del siguiente modo:

$$156 \, g \, CO_2 \cdot \frac{1 \, mol \, CO_2}{44 \, g \, CO_2} \cdot \frac{4 \, mol \, KO_2}{2 \, mol \, CO_2} \cdot \frac{71 \, g \, KO_2}{1 \, mol \, KO_2} = 503 \, gramos \, de \, KO_2$$

Problema 2007 2. Equilibrio químico.

En un recipiente de diez litros de capacidad se introducen 2 moles de I_2 y 4 moles de H_2 y se calientan hasta 250 °C. A esta temperatura se establece el equilibrio:

$$H_{2(g)} + I_{2(g)} \rightleftharpoons 2HI_{(g)}$$

Si en el equilibrio se forman 3 moles de yoduro de hidrógeno, calcule:

a) La constante de equilibrio, K_c, a esa temperatura
b) La presión parcial de cada componente y la presión total en el interior del recipiente.
c) La constante de equilibrio, K_p, a esa temperatura.

Datos: $R = 0{,}082 \, atm \cdot L \cdot K^{-1} \cdot mol^{-1}$

a) La expresión de la constante de equilibrio para esta reacción será:

$$K_c = \frac{[HI]^2}{[H_2] \cdot [I_2]}$$

Para poder calcular K_c debemos determinar la concentración de cada una de las especies en el equilibrio.

Los datos de los que disponemos en el enunciado son los moles iniciales de los reactivos, H_2 e I_2. De estos moles iniciales, al alcanzar el equilibrio habrán reaccionado x. Puesto que se trata de reactivos se están consumiendo y la cantidad que reacciona se debe restar a la inicial (4 - x y 2 - x respectivamente). En el caso de HI, al ser un producto que está apareciendo será positivo, 2x*.

	H_2	I_2	HI
Moles iniciales (n_o)	4 moles	2 moles	-
Moles equilibrio (n)	$4 - x$	$2 - x$	$2x$*
Concentración equilibrio (n/V)	$\dfrac{4-x}{10}$	$\dfrac{2-x}{10}$	$\dfrac{2x}{10}$

*Esto lo sabemos por los coeficientes estequiométricos de la reacción ajustada. Por cada mol que reacciona de H_2 e I_2 aparecen 2 moles de HI. Por tanto, por cada x moles que reaccionen de H_2 e I_2 aparecerán el doble de HI, 2x moles.

Dado que en el equilibrio se han formado 3 moles de HI (enunciado), y los moles de HI son a su vez 2x, podremos despejar el valor de x igualando:

$$3 = 2x$$

$$x = 1{,}5$$

Y sustituyendo x por 1,5, la tabla de datos anterior quedará como:

	H_2	I_2	HI
Moles iniciales (n_o)	4 moles	2 moles	-
Moles equilibrio (n)	2,5 moles	0,5 moles	3 moles
Concentración equilibrio (n/V)	0,25 M	0,05 M	0,3 M

Una vez determinadas las concentraciones sustituiremos en la expresión de K_c para calcularla:

$$K_c = \frac{[HI]^2}{[H_2] \cdot [I_2]} = \frac{(0{,}3)^2}{0{,}25 \cdot 0{,}05} = 7{,}2$$

b) Para calcular la presión total en el recipiente aplicaremos la ecuación de los gases ideales:

$$P_T \cdot V = n_T \cdot R \cdot T$$

Siendo n_T la suma de los moles en el equilibrio de los tres componentes (ver tabla apartado a):

$$n_T = n_{H_2} + n_{I_2} + n_{HI} = 2{,}5 + 0{,}5 + 3 = 6 \, moles \, totales$$

Y sustituyendo:

$$P_T \cdot 10 = 6 \cdot 0{,}082 \cdot (273 + 250)$$

$$P_T = 25{,}731 \, atm$$

Una vez determinada la presión total, podemos calcular la presión parcial de cada componente a partir de sus fracciones molares:

$$P_{H_2} = P_T \cdot \chi_{H_2} = P_T \cdot \frac{n_{H_2}}{n_T} = 25{,}731 \cdot \frac{2{,}5}{6} = 10{,}721 \, atm$$

$$P_{I_2} = P_T \cdot \chi_{I_2} = P_T \cdot \frac{n_{I_2}}{n_T} = 25{,}731 \cdot \frac{0{,}5}{6} = 2{,}144 \, atm$$

$$P_{HI} = P_T \cdot \chi_{HI} = P_T \cdot \frac{n_{HI}}{n_T} = 25{,}731 \cdot \frac{3}{6} = \boxed{12{,}866 \; atm}$$

Recordemos que la suma de las presiones parciales debe coincidir con la presión total:

$$P_T = P_{H_2} + P_{I_2} + P_{HI} = 10{,}721 + 2{,}141 + 12{,}866 = 25{,}731 \; atm$$

c) Cuando disponemos del valor de K_c (calculado en el apartado a) aplicaremos la fórmula:

$$K_P = K_c \cdot (RT)^{\Delta n}$$

Donde Δn es la variación en el número de moles de reactivos a productos, que se calcula con los coeficientes estequiométricos de la reacción química ajustada:

$$\Delta n = coef.est.HI - (coef.est.H_2 + coef.est.I_2) = 2 - (1 + 1) = 0$$

$$K_P = 7{,}2 \cdot (0{,}082 \cdot 523)^0 = \boxed{7{,}2} \; *$$

*Siempre que en un equilibrio químico el valor de Δn sea 0, es decir, tengamos el mismo número de moles de gas en los reactivos y en los productos en la reacción ajustada, las dos constantes coincidirán y $K_c = K_p$.

Cuestiones teóricas (a elegir dos)

Tema 1. Concepto de ácido y base según Brönsted y Lowry, equilibrio de disociación del agua, concepto de pH.

> Apartado 8.1: «Concepto de ácido y de base según Brönsted y Lowry».
>
> Apartado 8.2: «El equilibrio de disociación del agua. Concepto de pH».

Tema 2. Clasificación periódica de los elementos. Propiedades periódicas: radio atómico, potencial de ionización, afinidad electrónica.

> Apartado 2.3.1: «Radio atómico y radio iónico».
>
> Apartado 2.3.2: «Afinidad electrónica».
>
> Apartado 2.3.3: «Energía de ionización» (potencial de ionización).

Tema 3. Partículas fundamentales: protón, neutrón y electrón. Número atómico. Concepto de mol.

Apartado 1.1: «Partículas fundamentales: electrón, protón y neutrón».

Apartado 1.2: «Número atómico».

Apartado 1.5: «Concepto de mol y número de Avogadro. Masa molar».

<u>Tema 4</u>. Componentes de una disolución. Formas de expresar la concentración de las disoluciones: tanto por ciento en peso, molaridad.

Apartado 4.1: «Componentes de las disoluciones».

Apartado 4.3: «Formas de expresar la concentración de las disoluciones».

Examen de 2008

Problemas (a elegir uno)

Problema 2008 1: Equilibrio químico.

En un recipiente de 1 L que se encuentra a 500 °C, se introduce determinada cantidad de dinitrógeno y de dihidrógeno. Cuando se alcanza el equilibrio siguiente:

$$N_{2(g)} + 3H_{2(g)} \rightleftharpoons 2NH_{3(g)}$$

En el sistema existen 3 moles de dinitrógeno, 2 moles de dihidrógeno y 0,565 moles de amoniaco. Calcule:

a) El valor de la constante K_c
b) El valor de la constante K_p
c) La presión total dentro del sistema en equilibrio.

Dato: $R = 0,082$ atm $\cdot$ L $\cdot$ K^{-1} $\cdot$ mol^{-1}

a) La expresión de la constante de equilibrio para esta reacción será:

$$K_c = \frac{[NH_3]^2}{[N_2] \cdot [H_2]^3}$$

Para poder calcular K_c debemos determinar la concentración de cada una de las especies en el equilibrio. En este caso es bastante sencillo porque se dispone de los moles en el equilibrio de todas las especies y el recipiente de reacción tiene un volumen de 1 L (la concentración coincidirá con el número de moles):

	N_2	H_2	NH_3
Moles en el equilibrio (n)	3 moles	2 moles	0,565 moles
Concentración equilibrio (n/V)	3 M	2 M	0,565 M

Sustituyendo las concentraciones en K_c:

$$K_c = \frac{[NH_3]^2}{[N_2] \cdot [H_2]^3} = \frac{0,565^2}{3 \cdot 2^3} = 0,0133$$

b) Cuando disponemos del valor de K_c (calculado en el apartado a) aplicaremos la fórmula:

$$K_P = K_c \cdot (RT)^{\Delta n}$$

Donde Δn es la variación en el número de moles de reactivos a productos, que se calcula con los coeficientes estequiométricos de la reacción química ajustada:

$$\Delta n = coef.est.\ NH_3 - (coef.est.N_2 + coef.est.H_2) = 2 - (1+3) = -2$$

$$K_P = 0{,}0133 \cdot (0{,}082 \cdot 773)^{-2} = 3{,}3 \cdot 10^{-6}$$

c) Calcularemos la presión total mediante la ecuación de los gases ideales:

$$P_T \cdot V = n_T \cdot R \cdot T$$

Siendo n_T la suma de los moles en el equilibrio de los tres componentes (ver tabla apartado a):

$$n_T = n_{N_2} + n_{H_2} + n_{NH_3} = 3 + 2 + 0{,}565 = 5{,}565\ moles\ totales$$

Y sustituyendo:

$$P_T \cdot 1 = 5{,}565 \cdot 0{,}082 \cdot 773$$

$$P_T = 352{,}7\ atm$$

Problema 2008 2: Ajuste de reacciones y estequiometría. Ecuación de los gases ideales.

El dihidrógeno se obtiene industrialmente según la reacción:

$$CH_{4(g)} + H_2O_{(g)} \rightarrow CO_{(g)} + H_{2(g)}$$

a) Ajuste la ecuación correspondiente a esa reacción.
b) Calcule el volumen de dihidrógeno, medido a 20 °C y 700 mm de Hg, que se obtendrá a partir de 48 gramos de CH_4.
c) ¿Cuántas moléculas de dihidrógeno habrá en el volumen anterior?
d) ¿Cuántos átomos de hidrógeno habrá en el citado volumen?

Datos: $R = 0{,}082$ atm $\cdot$ L $\cdot$ K^{-1} $\cdot$ mol^{-1}

Masas atómicas: $H = 1$; $C = 12$

a) Para ajustar correctamente la reacción química basta poner un 3 delante del dihidrógeno:

$$CH_{4(g)} + H_2O_{(g)} \rightarrow CO_{(g)} + 3H_{2(g)}$$

De esta forma tenemos, en reactivos: 1 átomo de carbono, 6 átomos de hidrógeno, 1 átomo de oxígeno; en productos: 1 átomo de carbono, 6 átomos de hidrógeno, 1 átomo de oxígeno.

b) En primer lugar debemos calcular los moles de dihidrógeno producidos mediante el siguiente cálculo estequiométrico:

$$48 \: g \: CH_4 \cdot \frac{1 \: mol \: CH_4}{16 \: g \: CH_4} \cdot \frac{3 \: mol \: H_2}{1 \: mol \: CH_4} = 9 \: moles \: de \: H_2$$

Y pasar las unidades de presión de milímetros de mercurio a atmósferas:

$$700 \: mm \: Hg \cdot \frac{1 \: atm}{760 \: mm \: Hg} = 0{,}92 \: atm$$

Una vez hecho esto aplicaremos la ecuación de los gases ideales:

$$P \cdot V = n \cdot R \cdot T$$

$$0{,}92 \cdot V = 9 \cdot 0{,}082 \cdot 293$$

$$V = 235 \: L$$

c) Para pasar de moles a moléculas basta con utilizar el número de Avogadro, N_A, en el siguiente factor de conversión:

$$9 \, mol \, H_2 \cdot \frac{6{,}022 \cdot 10^{23} \, moléculas}{1 \, mol \, H_2} = 5{,}42 \cdot 10^{24} \, moléculas \, de \, H_2$$

d) Una vez calculado el número de moléculas de dihidrógeno (apartado c), para calcular el número de átomos basta considerar que cada molécula está formada por dos átomos (H_2). Así:

$$5{,}42 \cdot 10^{24} \, moléculas \, de \, H_2 \cdot \frac{2 \, átomos \, de \, H}{1 \, molécula \, de \, H_2} = 1{,}08 \cdot 10^{25} \, átomos \, de \, H$$

Cuestiones teóricas (a elegir dos)

Tema 1. Propiedades periódicas: radio atómico y radio iónico, energía de ionización y afinidad electrónica. Electronegatividad.

    Apartado 2.3.1: «Radio atómico y radio iónico».

    Apartado 2.3.2: «Afinidad electrónica».

    Apartado 2.3.3: «Energía de ionización» (potencial de ionización).

    Apartado 2.3.4: «Electronegatividad».

Tema 2. Componentes de las disoluciones. Concepto de solubilidad. Factores que afectan a la solubilidad.

    Apartado 4.1: «Componentes de las disoluciones».

    Apartado 4.2: «Concepto de solubilidad. Factores que afectan a la solubilidad».

Tema 3. Concepto de ácido y de base según Brönsted-Lowry.

    Apartado 8.1: «Concepto de ácido y de base según Brönsted y Lowry».

Tema 4. Concepto electrónico de oxidación-reducción. Oxidante y reductor.

    Apartado 8.5: «Concepto electrónico de oxidación-reducción: oxidante y reductor».

Examen de 2009

Problemas (a elegir uno)

Problema 2009 1: Ajuste de reacciones y estequiometría. Reactivo limitante y rendimiento.

Se mezclan 20 gramos de níquel puro con 200 mL de ácido sulfúrico 18 M. En esta reacción se produce sulfato de níquel(II) y gas hidrógeno.

   a) Escriba una ecuación ajustada para esta reacción.
   b) ¿Cuál es el reactivo limitante?
   c) ¿Cuántos moles de reactivo en exceso quedan sin reaccionar?
   d) ¿Cuántos gramos de sulfato de níquel(II) se obtienen si el rendimiento de la reacción es del 75 %?

Masas atómicas: Ni = 58,7; S = 32; O = 16

a) En general, la reacción entre un metal y un ácido produce una sal y dihidrógeno, H_2:

$$\text{Metal} + \text{Ácido} \rightarrow \text{Sal} + \text{Dihidrógeno}$$

En este caso concreto, la reacción entre el níquel metálico, Ni, y el ácido sulfúrico, H_2SO_4, producirá sulfato de níquel y dihidrógeno:

$$Ni_{(s)} + H_2SO_{4(aq)} \rightarrow NiSO_{4(aq)} + H_{2(g)}$$

La reacción ya está ajustada.

b) Para determinar cuál es el reactivo limitante cuando se mezclan 200 mL de disolución 18 M de ácido sulfúrico con 20 gramos de níquel, vamos a calcular qué cantidad de níquel se requeriría para reaccionar por completo con el ácido. De este modo, los 20 gramos de níquel iniciales no los utilizaremos en el cálculo, sino únicamente a efectos comparativos:

$$200 \, mL \, H_2SO_4 \, 18 \, M \cdot \frac{18 \, mol \, H_2SO_4}{1000 \, mL} \cdot \frac{1 \, mol \, Ni}{1 \, mol \, H_2SO_4} \cdot \frac{58{,}7 \, g \, Ni}{1 \, mol \, Ni} = 211{,}3 \, gramos \, de \, Ni$$

Se requieren 211,3 gramos de níquel para reaccionar por completo con 200 mL de H_2SO_4 18 M. Sin embargo, únicamente tenemos 20 gramos; el níquel del que disponemos no es suficiente:

Cantidad requerida de níquel > Cantidad disponible de níquel*

El níquel es el reactivo limitante

*Si obtuviésemos el resultado contrario, es decir, la cantidad requerida de níquel fuese inferior a la cantidad disponible, llegaríamos a la conclusión de que el reactivo limitante es el ácido sulfúrico.

c) Para determinar cuánto sobra del reactivo en exceso, es decir, de ácido sulfúrico, calcularemos en primer lugar los moles de ácido que hay en 200 mL de H_2SO_4 18 M:

$$200\ mL\ H_2SO_4\ 18\ M \cdot \frac{18\ mol\ H_2SO_4}{1000\ mL} = 3{,}6\ moles\ de\ H_2SO_4 \rightarrow \text{Cantidad disponible}$$

Pero este ácido no reacciona en su totalidad, solo reacciona una parte con los 20 gramos de níquel disponibles. Por tanto:

$$20\ g\ Ni \cdot \frac{1\ mol\ Ni}{58{,}7\ g\ Ni} \cdot \frac{1\ mol\ H_2SO_4}{1\ mol\ Ni} = 0{,}34\ moles\ de\ H_2SO_4 \rightarrow \text{Cantidad que reacciona}$$

Cantidad sobrante = Cantidad disponible – cantidad que reacciona

3,26 moles de H_2SO_4 quedan sin reaccionar

Problema 2009 2: Disoluciones. Valoración ácido-base.

Una disolución de ácido clorhídrico concentrado de densidad 1,19 $g \cdot mL^{-1}$ contiene 37 % en peso de HCl. Calcule:

a) La fracción molar de soluto en la disolución.
b) La molaridad de la disolución.
c) El volumen de dicha disolución necesario para neutralizar 600 mL de una disolución 0,12 M de NaOH.

Masas atómicas: H = 1; O = 16; Cl = 35,5

a) La disolución está formada por el soluto, HCl, y agua. Para calcular la fracción molar de este, aplicaremos la fórmula:

$$\chi_{HCl} = \frac{n_{HCl}}{n_{HCl} + n_{H_2O}} = \frac{n_{HCl}}{n_T}$$

Para determinar los moles de soluto y los moles de disolvente, tomaremos como referencia 100 gramos de disolución, tal y como explicamos en el procedimiento práctico 4.3 de la página 116. Puesto que se trata de una disolución del 37 % en peso de HCl, por cada 100 gramos de disolución tendremos 37 gramos de HCl y 63 gramos de agua (100 − 37). Calculando cuántos moles son de cada compuesto:

$$37\ g\ HCl \cdot \frac{1\ mol\ HCl}{36{,}5\ g\ HCl} = 1{,}014\ moles\ de\ HCl$$

$$63\ g\ H_2O \cdot \frac{1\ mol\ H_2O}{18\ g\ H_2O} = 3{,}500\ moles\ de\ H_2O$$

$$\chi_{HCl} = \frac{n_{HCl}}{n_{HCl} + n_{H_2O}} = \frac{1{,}014}{1{,}014 + 3{,}500} = 0{,}225$$

La fracción molar no tiene unidades.

b) Para determinar la molaridad a partir del tanto por ciento en masa de un ácido, partiremos siempre del factor de conversión $\frac{37\ g\ HCl}{100\ g\ disolución}$. Seguidamente pasaremos los gramos de ácido a moles y los gramos de disolución a volumen, utilizando la densidad:

$$\frac{37\ g\ HCl}{100\ g\ dión} \cdot \frac{1{,}19\ g\ dión}{1\ mL\ dión} \cdot \frac{1\ mol\ HCl}{36{,}5\ g\ HCl} \cdot \frac{1000\ mL\ dión}{1\ L\ dión} = 12\ \frac{mol\ HCl}{L\ dión} = 12\ M$$

Una disolución de ácido clorhídrico del 37 % en masa y densidad 1,19 g/mL equivale a una concentración 12 M.

c) Cuando mezclamos una disolución de NaOH, que es una base fuerte, con una disolución de HCl, que es un ácido fuerte, se produce una reacción de neutralización ácido-base. Esta reacción da lugar a una sal (cloruro de sodio) y agua:

$$NaOH + HCl \rightarrow NaCl + H_2O$$

La reacción ya está ajustada.

Calcularemos la cantidad de HCl 12 M necesaria para neutralizar 600 mL de NaOH 0,12 M por estequiometría:

$$600\ mL\ NaOH\ 0{,}12\ M \cdot \frac{0{,}12\ mol\ NaOH}{1000\ mL\ NaOH} \cdot \frac{1\ mol\ HCl}{1\ mol\ NaOH} \cdot \frac{1000\ mL\ HCl}{12\ mol\ HCl}$$
$$= 6\ mL\ de\ HCl\ 12\ M$$

$$6\ mL\ de\ HCl\ 12\ M$$

Cuestiones teóricas (a elegir dos)

Tema 1. Estructura de la materia. Partículas subatómicas fundamentales.

> Apartado 1.1: «Partículas fundamentales: electrón, protón y neutrón».
>
> Apartado 2.1: «La estructura electrónica de los átomos».

Tema 2. Concepto de ácido y de base según Brönsted-Lowry.

> Apartado 8.1: «Concepto de ácido y de base según Brönsted y Lowry».

Tema 3. Equilibrio químico: constantes de equilibrio K_c y K_p. Factores que afectan al equilibrio.

> Tema 7: «Equilibrio químico» (excepto apartado 7.4).

Tema 4. Enlace iónico y enlace covalente: concepto y propiedades.

> Apartado 3.2: «Enlace iónico: concepto y propiedades».
>
> Apartado 3.3: «Enlace covalente: concepto y propiedades».

Examen de 2010

Problemas (a elegir uno)

Problema 2010 1: Disoluciones. Cálculo del pH. Valoración ácido-base.

Se toma 1 mL de HCl concentrado (densidad 1,48 g·cm^{-3}, riqueza 36 %) y se diluye con agua destilada, enrasando hasta 100 mL totales. La disolución resultante se valora con una disolución 0,5 M de NaOH.

a) Determine la molaridad de la disolución resultante de HCl.
b) Calcule el pH de la disolución resultante.
c) Escriba la reacción de neutralización ajustada.
d) Calcule el volumen en mL de la disolución de NaOH necesario para alcanzar el punto de equivalencia de la valoración.

Masas atómicas: H = 1; Cl = 35,5

a) Para calcular la molaridad de la disolución resultante, debemos tener en cuenta que tomamos 1 mL de ácido concentrado y diluimos hasta tener 100 mL de disolución menos concentrada. Es de esta última de la cual nos piden determinar la molaridad.

Si calculamos cuántos moles de HCl hay en 1 mL de disolución concentrada, será sencillo calcular posteriormente la molaridad de la disolución diluida. Para calcular los moles, aplicaremos el siguiente cálculo:

$$1\ mL\ dión\ conc. \cdot \frac{1\ cm^{3*}}{1\ mL} \cdot \frac{1{,}48\ g\ dión\ conc.}{1\ cm^3} \cdot \frac{37\ g\ HCl}{100\ g\ dión\ conc.} \cdot \frac{1\ mol\ HCl}{36{,}5\ g\ HCl}$$
$$= 0{,}015\ moles\ de\ HCl$$

*Puesto que 1 cm^3 = 1 mL, es indiferente que la densidad venga expresada en g·cm^{-3} (g/cm^3) o en g·mL^{-1} (g/mL), pero se ha indicado el factor de conversión para incidir en ello.

Estos 0,015 moles de HCl se diluyen hasta completar 100 mL de disolución diluida:

$$\frac{0{,}015\ mol\ HCl}{100\ mL\ dión\ dil.} \cdot \frac{1000\ mL\ dión\ dil.}{1L\ dión\ dil.} = 0{,}15\ M$$

b) El ácido clorhídrico es un ácido fuerte que, como tal, se halla totalmente disociado en agua:

$$HCl + H_2O \rightarrow Cl^- + H_3O^+$$

Así, se cumple que:

$$[HCl] = [H_3O^+] = 0{,}15\ M$$

Y aplicando la fórmula del pH:

$$pH = -log[H_3O^+] = -\log(0{,}15) = 0{,}82$$

c) Cuando valoramos una disolución de HCl con una disolución valorante de NaOH se produce una reacción de neutralización ácido-base. Esta reacción da lugar a una sal (cloruro de sodio) y agua:

$$NaOH + HCl \rightarrow NaCl + H_2O$$

La reacción ya está ajustada.

d) Valoramos 100 mL de disolución 0,15 M de HCl con disolución valorante 0,5 M de NaOH. Para calcular qué volumen de disolución valorante es necesario, realizamos el siguiente cálculo:

$$100\ mL\ dión\ HCl \cdot \frac{0{,}15\ mol\ HCl}{1000\ mL\ dión\ HCl} \cdot \frac{1\ mol\ NaOH}{1\ mol\ HCl} \cdot \frac{1000\ mL\ dión\ valorante}{0{,}5\ mol\ NaOH} = 30\ mL$$

Se requieren 30 mL de disolución valorante 0,5 M de NaOH para valorar 100 mL de HCl 0,15 M.

Problema 2010 2: Ajuste de reacciones redox. Estequiometría. Ecuación de los gases ideales.

Un trozo de plata metálica se pone en contacto con 200 mL de una disolución acuosa de ácido nítrico 0,1 M. Se observa entonces la formación de nitrato de plata en disolución y el desprendimiento de vapores de monóxido de nitrógeno.

a) Ajuste la correspondiente reacción que tiene lugar.
b) Identifique el reactivo oxidante y el reductor.
c) Calcule los gramos de plata que se disolverán cuando se agote todo el ácido nítrico suponiendo que la plata está en exceso.
d) Calcule los litros de monóxido de nitrógeno que se desprenderán a una atmósfera de presión y 25 °C de temperatura cuando se agote todo el ácido nítrico y suponiendo que la plata está en exceso.

Datos: $R = 0{,}082$ atm $\cdot$ L $\cdot$ K^{-1} $\cdot$ mol^{-1}

Masas atómicas: $Ag = 107{,}9$

a) La reacción sin ajustar entre la plata y el ácido nítrico es:

$$Ag_{(s)} + HNO_{3(aq)} \rightarrow AgNO_{3(aq)} + NO_{(g)} + H_2O_{(l)}$$

En forma iónica:

$$Ag + H^+ + NO_3^- \rightarrow Ag^+ + NO_3^- + NO + H_2O$$

Es una reacción de oxidación-reducción. Para saber qué especie actúa como oxidante y qué especie actúa como reductor, debemos determinar en primer lugar los números de oxidación de todos los elementos.

$$\overset{0}{Ag} + \overset{+1\ +5\ -2}{HNO_3} \Rightarrow \overset{+1\ +5\ -2}{AgNO_3} + \overset{+2\ -2}{NO} + \overset{+1\ -2}{H_2O}$$

El número de oxidación de la **plata** aumenta de reactivos a productos, la plata metálica se ha oxidado: **semirreacción de oxidación**.

El número de oxidación del **nitrógeno** disminuye de reactivos a productos (de HNO₃ a NO), el ácido nítrico se ha reducido: **semirreacción de reducción**.

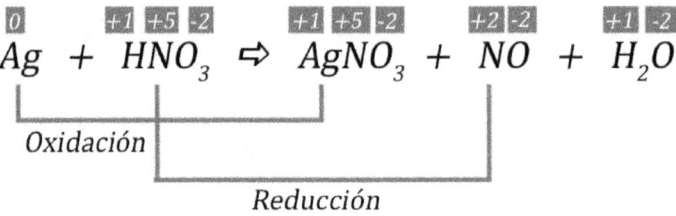

Las dos semirreacciones son:

Semirreacción de oxidación: $Ag^0 \rightarrow Ag^+ + 1e^-$

Semirreacción de reducción: $NO_3^- + 4H^+ + 3e^- \rightarrow NO + 2H_2O$

Para que al sumarlas se simplifiquen los electrones, debemos multiplicar la primera semirreacción por 3:

$$3 \cdot (Ag^0 \rightarrow Ag^+ + 1e^-)$$

Reacción iónica ajustada: $3Ag + NO_3^- + 4H^+ + \cancel{3e^-} \rightarrow 3Ag^+ + NO + 2H_2O + \cancel{3e^-}$

Reacción molecular ajustada: $3Ag_{(s)} + 4HNO_{3(aq)} \rightarrow 3AgNO_{3(aq)} + NO_{(g)} + 2H_2O_{(l)}$

b) Recordemos que aquella especie que sufre la semirreacción de oxidación es la especie reductora, y aquella especie que sufre la semirreacción de reducción, la oxidante. Así:

La plata metálica, Ag^0, se oxida durante el proceso y actúa como reductor.

El ácido nítrico, HNO_3 (en concreto el anión nitrato del ácido, NO_3^-), se reduce durante el proceso y actúa como oxidante.

c) Para calcular los gramos de plata que se disolverán en 200 mL de ácido nítrico de concentración 0,1 M, realizaremos el siguiente cálculo estequiométrico:

$$200\,mL\,HNO_3 \cdot \frac{1\,L\,HNO_3}{1000\,mL\,HNO_3} \cdot \frac{0{,}1\,mol\,HNO_3\,puro}{1\,L\,HNO_3} \cdot \frac{3\,mol\,Ag}{4\,mol\,HNO_3} \cdot \frac{107{,}9\,g}{1\,mol\,Ag}$$
$$= 1{,}618\,gramos\,de\,Ag$$

d) En primer lugar, calcularemos cuántos moles de NO se producen por reacción completa de 200 mL de ácido nítrico 0,1 M:

$$200\,mL\,HNO_3 \cdot \frac{0{,}1\,mol\,HNO_3}{1000\,mL\,HNO_3} \cdot \frac{1\,mol\,NO}{4\,mol\,HNO_3} = 0{,}005\,mol\,NO$$

Seguidamente, aplicaremos la ecuación de los gases ideales en las condiciones indicadas (1 atmósfera de presión y 25 °C de temperatura):

$$P \cdot V = n \cdot R \cdot T$$

$$1 \cdot V = 0{,}005 \cdot 0{,}082 \cdot (273 + 25)$$

$$\boxed{V = 0{,}12\ L\ de\ NO}$$

Cuestiones teóricas (a elegir dos)

Tema 1. Propiedades periódicas. Variación de los radios atómicos y de las energías de ionización.

> Apartado 2.3.1: «Radio atómico y radio iónico».
>
> Apartado 2.3.3: «Energía de ionización» (potencial de ionización).

Tema 2. Concepto de solubilidad. Factores que afectan a la solubilidad.

> Apartado 4.2: «Concepto de solubilidad. Factores que afectan a la solubilidad».

Tema 3. Entalpías de reacción y de formación. Ley de Hess.

> Apartado 6.2: «Entalpías de reacción y de formación. Ley de Hess».

Tema 4. Fuerzas de interacción entre las moléculas. Enlace de hidrógeno.

> Apartado 3.4: «Fuerzas de interacción entre las moléculas. Enlace de hidrógeno».

Examen de 2011

Problemas (a elegir uno)

Problema 2011 1: Ajuste de reacciones redox. Estequiometría. Ecuación de los gases ideales.

La obtención del gas cloro (Cl_2) se puede llevar a cabo en el laboratorio por reacción del MnO_2 con ácido clorhídrico (HCl), formándose también $MnCl_2$ y agua:

a) Formular y ajustar la reacción.
b) Si tomamos 5 mL de disolución de HCl del 38 % de riqueza en masa y densidad 1,2 g·mL^{-1}, ¿qué cantidad de MnO_2 reacciona?
c) En dichas condiciones y supuesta reacción total, ¿qué volumen de gas cloro se obtiene a 300 K y 715 mm de Hg?

Datos: $R = 0{,}082$ atm·L·K^{-1}·mol^{-1}

Masas atómicas: Cl = 35,5; H = 1; Mn = 55; O = 16

a) La reacción sin ajustar será:

$$MnO_2 + HCl \longrightarrow MnCl_2 + H_2O + Cl_2$$

En forma iónica:

$$MnO_2 + H^+ + Cl^- \longrightarrow Mn^{2+} + Cl^- + H_2O + Cl_2$$

Puesto que se trata de una reacción de oxidación-reducción, en primer lugar debemos determinar qué especie se reduce y qué especie se oxida mediante los números de oxidación:

$$\overset{+4\ -2}{MnO_2} + \overset{+1\ -1}{HCl} \Rightarrow \overset{+2\ -1}{MnCl_2} + \overset{0}{Cl_2} + \overset{+1\ -2}{H_2O}$$

El número de oxidación del **cloro** (cloruro, Cl-) aumenta de reactivos a productos, por lo que se ha oxidado: **semirreacción de oxidación**.

El número de oxidación del **manganeso** disminuye de reactivos a productos, por lo que se ha reducido: **semirreacción de reducción**.

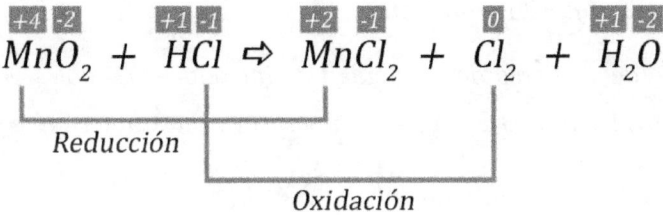

Las dos semirreacciones son:

$$\text{Semirreacción de oxidación: } 2Cl^- \rightarrow Cl_2 + 2e^-$$

$$\text{Semirreacción de reducción: } MnO_2 + 4H^+ + 2e^- \rightarrow Mn^{2+} + 2H_2O$$

Puesto que el número de electrones es el mismo en ambas semirreacciones, basta sumarlas para que estos se simplifiquen. Así, tendremos:

Reacción iónica ajustada: $MnO_2 + 2Cl^- + 4H^+ + \cancel{2e^-} \rightarrow Cl_2 + Mn^{2+} + 2H_2O + \cancel{2e^-}$

Reacción molecular ajustada: $MnO_2 + 4HCl \rightarrow Cl_2 + MnCl_2 + 2H_2O$

b) Para determinar qué cantidad reacciona de MnO₂ a partir de 5 mL de HCl del 38 % en masa, realizaremos el siguiente cálculo estequiométrico:

$$5 \, mL \, HCl \, 38\,\% \cdot \frac{1,2 \, g \, HCl \, 38\,\%}{1 \, mL \, HCl \, 38\,\%} \cdot \frac{38 \, g \, HCl}{100 \, g \, HCl \, 38\,\%} \cdot \frac{1 \, mol \, HCl}{36,5 \, g \, HCl \, puro} \cdot \frac{1 \, mol \, MnO_2}{4 \, mol \, HCl}$$

$$\cdot \frac{87 \, g \, MnO_2}{1 \, mol \, MnO_2} = 1{,}359 \, g \, de \, MnO_2$$

c) En primer lugar calcularemos cuántos moles de dicloro se forman por reacción completa de 5 mL de HCl del 38 % en masa:

$$5 \, mL \, HCl \, 38\,\% \cdot \frac{1,2 \, g \, HCl \, 38\,\%}{1 \, mL \, HCl \, 38\,\%} \cdot \frac{38 \, g \, HCl}{100 \, g \, HCl \, 38\,\%} \cdot \frac{1 \, mol \, HCl}{36,5 \, g \, HCl \, puro} \cdot \frac{1 \, mol \, Cl_2}{4 \, mol \, HCl}$$

$$= 0{,}0156 \, mol \, Cl_2$$

Una vez determinados los moles de dicloro que se producen, aplicaremos la ecuación de los gases ideales para calcular el volumen que ocupan medidos a 715 milímetros de mercurio y 300 K de temperatura.

$$715 \, mm \, Hg \cdot \frac{1 \, atm}{760 \, mm \, Hg} = 0{,}941 \, atm$$

$$P \cdot V = n \cdot R \cdot T$$

$$0{,}941 \cdot V = 0{,}0156 \cdot 0{,}082 \cdot 300 \qquad V = 0{,}41 \, L$$

Problema 2011 2: Equilibrio químico.

En un recipiente de 10 litros de capacidad se introducen 2 moles de I_2 y 4 moles de H_2 y se calienta hasta 523 K. A esa temperatura se establece el equilibrio:

$$H_{2(g)} + I_{2(g)} \rightleftharpoons 2HI_{(g)}$$

Si en el equilibrio se forman 3 moles de ioduro de hidrógeno, calcule:

a) La constante de equilibrio, K_c, a esa temperatura.
b) La presión parcial de cada componente y la presión total en el interior del recipiente.
c) La constante de equilibrio, K_p, a esa temperatura.

Datos: $R = 0{,}082$ atm $\cdot$ L $\cdot$ K^{-1} $\cdot$ mol^{-1}

Se trata de un problema repetido, puesto que también se propuso en el año 2007 (ver resolución previa).

Cuestiones teóricas (a elegir dos)

Tema 1. Átomos y moléculas. Masa atómica y molecular. Concepto de mol.

>Apartado 1.4: «Masa atómica y masa molecular».

>Apartado 1.5: «Concepto de mol y número de Avogadro. Masa molar».

>Apartado 2.4: «Notación química: símbolos y fórmulas».

Tema 2. Propiedades periódicas: Volumen atómico y afinidad electrónica

>Apartado 2.3.1: «Radio atómico y radio iónico».

>Apartado 2.3.2: «Afinidad electrónica».

Tema 3. Concepto de solubilidad. Factores que afectan a la solubilidad.

>Apartado 4.2: «Concepto de solubilidad. Factores que afectan a la solubilidad».

Tema 4. Isomería: concepto y clases.

>Apartado 9.3: «Isomería: concepto y clases».

Examen de 2012

Problemas (a elegir uno)

Problema 2012 1: Ajuste de reacciones redox. Estequiometría. Cálculo del pH. Ecuación de los gases ideales.

El ácido nítrico, HNO_3, reacciona con el sulfuro de dihidrógeno H_2S (gas) para dar azufre, monóxido de nitrógeno (NO) y agua.

a) Escriba la reacción iónica y molecular ajustada por el método ion-electrón.
b) Determine el volumen de H_2S medido a 60 °C y 1 atmósfera de presión, necesario para reaccionar con 500 mL de una disolución acuosa de ácido nítrico 0,2 M.
c) ¿Cuál es el valor de pH de una disolución acuosa de ácido nítrico 0,2 M?
d) ¿Cuántos átomos de hidrógeno habrá en 4,09 litros de H_2S medido a 60 °C y 1 atmósfera de presión?

Datos: $R = 0,082$ atm $\cdot$ L $\cdot$ K^{-1} $\cdot$ mol^{-1}; $N_A = 6,022 \cdot 10^{23}$ mol^{-1}

a) La reacción sin ajustar es:

$$HNO_3 + H_2S \rightarrow S + NO + H_2O$$

En forma iónica:

$$H^+ + NO_3^- + H^+ + S^{2-} \rightarrow S + NO + H_2O$$

Se trata de una reacción de oxidación-reducción. Para poder ajustarla debemos, en primer lugar, determinar los números de oxidación de todos los elementos:

$$\overset{+1\ +5\ -2}{HNO_3} + \overset{+1\ -2}{H_2S} \Rightarrow \overset{0}{S} + \overset{+2\ -2}{NO} + \overset{+1\ -2}{H_2O}$$

El número de oxidación del azufre aumenta de reactivos a productos (de H_2S a S): **semirreacción de oxidación**.

El número de oxidación del **nitrógeno** disminuye de reactivos a productos (de HNO_3 a NO): **semirreacción de reducción**.

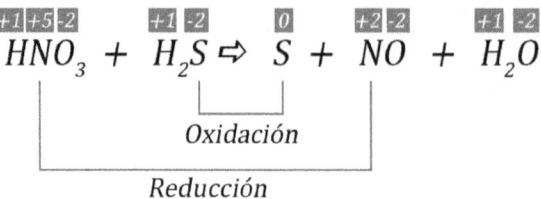

Las dos semirreacciones son:

Semirreacción de oxidación: $S^{2-} \rightarrow S^0 + 2e^-$

Semirreacción de reducción: $NO_3^- + 4H^+ + 3e^- \rightarrow NO + 2H_2O$

Para que al sumar ambas semirreacciones se simplifiquen los electrones, es necesario multiplicar la primera semirreacción por 3 y la segunda por 2:

$$3 \cdot (S^{2-} \rightarrow S^0 + 2e^-)$$

$$2 \cdot (NO_3^- + 4H^+ + 3e^- \rightarrow NO + 2H_2O)$$

Reacción iónica ajustada: $3S^{2-} + 2NO_3^- + 8H^+ + \cancel{6e^-} \rightarrow 3S + 2NO + 4H_2O + \cancel{6e^-}$

Reacción molecular ajustada: $3H_2S + 2HNO_3 \rightarrow 3S + 2NO + 4H_2O$

b) En primer lugar calcularemos los moles de H₂S que reaccionan con 500 mL de disolución de ácido nítrico 0,2 M:

$$500 \ mL \ HNO_3 \ 0{,}2 \ M \cdot \frac{0{,}2 \ mol \ HNO_3}{1\,000 \ mL \ HNO_3 \ 0{,}2 \ M} \cdot \frac{3 \ mol \ H_2S}{2 \ mol \ HNO_3} = 0{,}15 \ mol \ H_2S$$

Una vez determinados los moles necesarios, aplicaremos la ecuación de los gases ideales para calcular el volumen:

$$P \cdot V = n \cdot R \cdot T$$

$$1 \cdot V = 0{,}15 \cdot 0{,}082 \cdot (273 + 60)$$

$$V = 4{,}09 \ L \ de \ H_2S$$

c) El ácido nítrico es un ácido fuerte que, como tal, se halla totalmente disociado en agua, según:

$$HNO_3 + H_2O \rightarrow NO_3^- + H_3O^+$$

Así, se cumplirá:

$$[HNO_3] = [H_3O^+] = 0{,}2 \ M$$

Y aplicando la fórmula del pH:

$$pH = -log[H_3O^+] = -log(0,2) = \boxed{0,70}$$

d) El volumen de H₂S medido a 60 °C y 1 atmósfera de presión coincide con el obtenido en el apartado b de este ejercicio para 0,15 moles de H₂S, por lo que no será necesario volver a realizar el cálculo. No obstante, en otras circunstancias deberíamos calcular el número de moles utilizando la ecuación de los gases ideales antes de determinar el número de átomos.

$$0,15 \, mol \, H_2S \cdot \frac{6,022 \cdot 10^{23} \, moléculas \, H_2S}{1 \, mol \, H_2S} \cdot \frac{2 \, átomos \, de \, H}{1 \, molécula \, H_2S}$$
$$= \boxed{1,807 \cdot 10^{23} \, átomos \, de \, H}$$

Problema 2012 2: Equilibrio químico.

En un recipiente de 10 litros se introducen 2 moles del compuesto A y 1 mol del compuesto B. Se calienta a 300 °C y se establece el equilibrio:

$$A_{(g)} + 3B_{(g)} \rightleftharpoons 2C_{(g)}$$

Cuando se alcanza el equilibrio, el número de moles de B es igual al de C. En esas condiciones, calcule:

a) Los moles de cada componente en el equilibrio.
b) El valor de las constantes de equilibrio K_c y K_p.
c) La presión parcial del componente B.

Datos: $R = 0,082$ atm $\cdot$ L $\cdot$ K^{-1} $\cdot$ mol^{-1}

a) La expresión de la constante de equilibrio para esta reacción será:

$$K_c = \frac{[C]^2}{[A] \cdot [B]^3}$$

Para poder calcular K_c debemos determinar la concentración de cada una de las especies en el equilibrio.

Los datos de los que disponemos en el enunciado son los moles iniciales de los reactivos, A y B. De estos moles iniciales, al alcanzar el equilibrio habrá reaccionado una cierta cantidad. Puesto que se trata de reactivos, se están consumiendo y la cantidad que reacciona se debe restar a la inicial. En el caso de C, al ser un producto que está apareciendo su valor será positivo.

	A	B	C
Moles iniciales (n_o)	2 mol	1 mol	-
Moles que reaccionan	$-x$	$-3x$*	$2x$*
Moles equilibrio (n)	$2-x$	$1-3x$	$2x$
Concentración equilibrio (n/V)	$\dfrac{2-x}{10}$	$\dfrac{1-3x}{10}$	$\dfrac{2x}{10}$

*Esto lo sabemos por los coeficientes estequiométricos de la reacción ajustada. Por cada mol que reacciona de A reaccionan 3 moles de B. Si reaccionan x moles de A, reaccionan 3x moles de B. Asimismo, por cada mol que reacciona de A se forman 2 moles de C, de modo que si reaccionan x moles de A se forman 2x moles de C.

Dado que nos indican que, en el equilibrio, los moles de B y los moles de C son iguales, podemos igualar ambas expresiones para despejar el valor de x:

$$1 - 3x = 2x$$

$$1 = 5x$$

$$x = 0,2$$

Sustituyendo el valor de x en la tabla ya tendremos los moles de cada componente en el equilibrio, lo cual constituye el objetivo del apartado a.

	A	B	C
Moles iniciales (n_o)	2 mol	1 mol	-
Moles que reaccionan	$-0,2\ mol$	$-0,6\ mol$	$0,4\ mol$
Moles equilibrio (n)	**1,8 mol**	**0,4 mol**	**0,4 mol**
Concentración equilibrio (n/V)	$\dfrac{1,8}{10} = 0,18\ M$	$\dfrac{0,4}{10} 0,04\ M$	$\dfrac{0,4}{10} = 0,04\ M$

b) Una vez determinada la concentración de cada especie en el equilibrio (ver tabla anterior), basta con sustituir en la expresión de K_c para calcular su valor:

$$K_c = \frac{[C]^2}{[A] \cdot [B]^3} = \frac{0,04^2}{0,18 \cdot 0,04^3} = 139$$

En cuanto al cálculo de K_p, puesto que disponemos del valor de K_c aplicaremos la fórmula siguiente:

$$K_P = K_c \cdot (RT)^{\Delta n}$$

Donde T es la temperatura en kelvin (300 °C + 273) y Δn es la variación en el número de moles de reactivos a productos, que se calcula con los coeficientes estequiométricos de la reacción química ajustada:

$$\Delta n = coef.est.C - (coef.est.A + coef.est.B) = 2 - (1 + 3) = -2$$

$$K_P = 139 \cdot (0{,}082 \cdot 573)^{-2} = \boxed{0{,}063}$$

c) Para determinar la presión parcial del componente B debemos tener en cuenta el volumen del recipiente (10 L), el número de moles de B en el equilibrio (0,4 mol) y la temperatura (573 K). Estos datos los sustituiremos en la ecuación de los gases ideales:

$$P_B \cdot V = n_B \cdot R \cdot T$$

$$P_B \cdot 10 = 0{,}4 \cdot 0{,}082 \cdot 573$$

$$\boxed{P_B = 1{,}879 \, atm}$$

Cuestiones teóricas (a elegir dos)

Tema 1. Propiedades periódicas: radio atómico y radio iónico, energía de ionización y afinidad electrónica. Electronegatividad.

    Apartado 2.3.1: «Radio atómico y radio iónico».

    Apartado 2.3.2: «Afinidad electrónica».

    Apartado 2.3.3: «Energía de ionización» (potencial de ionización).

    Apartado 2.3.4: «Electronegatividad

Tema 2. Entalpía, entropía y energía libre. Espontaneidad de las reacciones químicas.

    Tema 6: «Energía de las reacciones químicas» (resumir).

Tema 3. Fuerzas de interacción entre moléculas. Enlace de hidrógeno: ejemplos.

    Apartado 3.4: «Fuerzas de interacción entre las moléculas. Enlace de hidrógeno».

Tema 4. Concepto de ácido y base según Brönsted-Lowry: ejemplos.

    Apartado 8.1: «Concepto de ácido y de base según Brönsted y Lowry».

Examen de 2013

Problemas (a elegir uno)

Problema 2013 1: Ajuste de reacciones y estequiometría. Reactivo limitante. Riqueza. Ecuación de los gases ideales.

Los tanques de una nave espacial contienen para su propulsión 500 kg del combustible hidracina (N_2H_4) de riqueza 95 % y 920 kg del comburente tetróxido de dinitrógeno (N_2O_4). Estos dos reactivos arden por simple contacto según la reacción sin ajustar:

$$N_2H_{4(l)} + N_2O_{4(l)} \rightarrow N_{2(g)} + H_2O_{(g)}$$

a) Ajuste la reacción.
b) Diga si algunos de los reactivos se emplea en exceso y, si la respuesta es afirmativa, ¿en qué cantidad?
c) ¿Qué volumen de dinitrógeno, N_2, se obtendrá medido a 25 °C y 1 atmósfera de presión?
d) Si la presión total de los gases formados es 500 atm, medida a 30 °C en un volumen de 1000 L, calcule la cantidad de N_2H_4 de riqueza 95 % que se consume.

Masas atómicas $C = 12$; $N = 14$; $O = 16$; $H = 1$

Datos: $R = 0{,}082$ atm $\cdot$ L $\cdot$ K^{-1} $\cdot$ mol^{-1}

a) Debemos ajustar la reacción por tanteo. Empezaremos por aquellos elementos químicos que únicamente aparecen en un compuesto en reactivos y en otro en productos, como por ejemplo el oxígeno. Ajustada la reacción queda como:

$$2N_2H_{4(l)} + N_2O_{4(l)} \rightarrow 3N_{2(g)} + 4H_2O_{(g)}$$

b) Para determinar si uno de los dos reactivos se halla en exceso o no, vamos a calcular cuántos kilogramos de N_2O_4 se requieren para reaccionar por completo con 500 kilogramos de N_2H_4. Los 920 kilogramos de N_2O_4 disponibles (enunciado) los vamos a utilizar únicamente con fines comparativos. Así:

$$500 \, kg \, N_2H_4 \, impura \cdot \frac{1000 \, g}{1 \, kg} \cdot \frac{95 \, g \, N_2H_4 \, pura}{100 \, g \, N_2H_4 \, impura} \cdot \frac{1 \, mol \, N_2H_4}{32 \, g \, N_2H_4} \cdot \frac{1 \, mol \, N_2O_4}{2 \, mol \, N_2H_4}$$
$$\cdot \frac{92 \, g \, N_2O_4}{1 \, mol \, N_2O_4} \cdot \frac{1 \, kg}{1000 \, g} = 683 \, kg \, de \, N_2O_4$$

Para que 500 kilogramos de hidracina (N_2H_4) reaccionen por completo se requieren 683 kilogramos de tetróxido de dinitrógeno (N_2O_4). Puesto que la cantidad de N_2O_4 disponible es superior a la requerida (920 kg) es este reactivo el que se encuentra en exceso, es decir, cierta cantidad del mismo queda sin reaccionar. El reactivo hidracina, por tanto, es el reactivo limitante.

Cantidad requerida de N_2O_4 < Cantidad disponible de N_2O_4

El N_2O_4 se emplea en exceso

Para determinar cuánto exceso hay de N_2O_4 debemos restar ambas cantidades:

Exceso = Cantidad disponible − Cantidad requerida = 920 − 683 = 237 kg

237 kilogramos de N_2O_4 quedan sin reaccionar

c) Para calcular la cantidad formada de cierto producto en una reacción química en la que hay un reactivo limitante, siempre debemos partir de la cantidad de reactivo limitante. En este caso, partiremos de 500 kg de hidracina del 95 % de riqueza:

$$500 \, kg \, N_2H_4 \, impura \cdot \frac{1000 \, g}{1 \, kg} \cdot \frac{95 \, g \, N_2H_4 \, pura}{100 \, g \, N_2H_4 \, impura} \cdot \frac{1 \, mol \, N_2H_4}{32 \, g \, N_2H_4} \cdot \frac{3 \, mol \, N_2}{2 \, mol \, N_2H_4}$$
$$= 22.266 \, mol \, N_2$$

Una vez calculados los moles de N_2 producidos aplicaremos la ecuación de los gases ideales para determinar qué volumen ocupa el gas medido a 25 °C y 1 atmósfera de presión:

$$P \cdot V = n \cdot R \cdot T$$

$$1 \cdot V = 22266 \cdot 0{,}082 \cdot (273 + 25)$$

$$V = 544.092 \, L \, de \, N_2$$

d) La reacción produce N_2 y H_2O. A una temperatura de 30 °C el único compuesto gaseoso es el dinitrógeno (el agua será líquida), de modo que consideraremos que todos los moles de gas son de N_2.

$$P \cdot V = n \cdot R \cdot T$$

$$500 \cdot 1000 = n \cdot 0{,}082 \cdot (273 + 30)$$

$$n = \frac{500.000}{24{,}85} = 20.121 \, moles \, N_2$$

A partir de estos moles de nitrógeno calcularemos la cantidad de hidracina del 95% requerida:

$$20.121 \text{ mol } N_2 \cdot \frac{2 \text{ mol } N_2H_4}{3 \text{ mol } N_2} \cdot \frac{32 \text{ g } N_2H_4 \text{ pura}}{1 \text{ mol } N_2H_4} \cdot \frac{100 \text{ g } N_2H_4 \text{ impura}}{95 \text{ g } N_2H_4 \text{ pura}} \cdot \frac{1 \text{ kg}}{1000 \text{ g}}$$
$$= 452 \text{ kg de } N_2H_4 \text{ impura (95\% riqueza)}$$

Problema 2013 2: Termoquímica: cálculo de la entalpía de combustión y de formación.

La combustión completa de 20 gramos de acetona, según la siguiente reacción sin ajustar, libera 616,7 kJ:

$$C_3H_6O_{(l)} + O_{2(g)} \rightarrow CO_{2(g)} + H_2O_{(l)}$$

a) Ajuste la reacción.
b) Calcule la entalpía estándar de combustión de la acetona líquida.
c) Calcule la entalpía estándar de formación de la acetona líquida.

Datos: $\Delta H^o_{f,CO_2}$ = -393,5 kJ mol^{-1}; $\Delta H^o_{f,H_2O}$ = -285,8 kJ mol^{-1}.

Masas atómicas C − 12; H = 1; O − 16

a) Ya explicamos cómo ajustar este tipo de reacción en el procedimiento práctico 5.2 de la página 125. Sabemos que la reacción de este ejercicio es de este tipo porque un compuesto orgánico reacciona con oxígeno para producir dióxido de carbono y agua. Recuerda que:
- ✓ En primer lugar ajustamos el carbono
- ✓ En segundo lugar ajustamos el hidrógeno
- ✓ Finalmente ajustamos el oxígeno

Así, la reacción ajustada queda como:

$$C_3H_6O_{(l)} + 4O_{2(g)} \rightarrow 3CO_{2(g)} + 3H_2O_{(l)}$$

b) La entalpía estándar de combustión de la acetona se puede calcular a partir de este dato: la combustión de 20 gramos de este compuesto libera una energía de 617 kilojulios. Si bien en el enunciado no se indica en qué condiciones se libera dicha cantidad de energía, debemos dar por hecho que son las condiciones termoquímicas estándar (1 atmósfera de presión y 25 °C de temperatura).

$$20 \text{ g } C_3H_6O \cdot \frac{1 \text{ mol } C_3H_6O}{58 \text{ g } C_3H_6O} = 0{,}345 \text{ mol } C_3H_6O$$

Dado que 0,345 moles de C_3H_6O liberan 617 kJ, para 1 mol:

$$\Delta H_r^o = \frac{-617 \; kJ}{0,345 \; mol} = \boxed{-1788,4 \; \frac{kJ}{mol}}^*$$

*El signo negativo indica que es energía desprendida, es decir, se trata de una reacción exotérmica.

c) Para calcular la entalpía estándar de formación de la acetona líquida, aplicaremos la fórmula vista en el apartado 6.2.3: «Cálculo de la entalpía de reacción a partir de las de formación»:

$$\Delta H_r^o = \sum n_P \cdot \Delta H_{f,P}^o - \sum n_R \cdot \Delta H_{f,R}^o$$

Donde n_P y n_R son los coeficientes estequiométricos de los productos y de los reactivos, y $\Delta H_{f,P}^o$ y $\Delta H_{f,R}^o$ sus respectivas entalpías de formación. En este caso la incógnita no será ΔH_r^o, sino que la incógnita será la entalpía de formación de la acetona, $\Delta H_{f,acetona}^o$.

Aplicando la fórmula a la reacción de combustión de la acetona:

$$\Delta H_r^o = 3 \cdot \Delta H_{f,CO_2}^o + 3 \cdot \Delta H_{f,H_2O}^o - (\Delta H_{f,acetona}^o + 4 \cdot \Delta H_{f,O_2}^o)$$

Donde ΔH_r^o es la entalpía estándar de combustión de la acetona, calculada en el apartado a, y $\Delta H_{f,CO_2}^o$, $\Delta H_{f,H_2O}^o$, $\Delta H_{f,acetona}^o$ y $\Delta H_{f,O_2}^o$ son las entalpías de formación respectivas. La del oxígeno es 0 por ser un elemento puro, mientras que las del CO_2 y la del H_2O son datos del enunciado. De este modo, la entalpía de formación de la acetona es la única incógnita:

$$-1788,4 = 3 \cdot (-393,5) + 3 \cdot (-285,8) - \Delta H_{f,acetona}^o$$

$$-1788,4 = -1180,5 - 857,4 - \Delta H_{f,acetona}^o$$

$$\Delta H_{f,acetona}^o = -1180,5 - 857,4 + 1788,4 = \boxed{-249,5 \; \frac{kJ}{mol}}$$

Cuestiones teóricas (a elegir dos)

Tema 1. Química del carbono. Cadenas carbonadas. Enlaces simple, doble y triple. Ejemplos.

Apartado 9.1: «Cadenas carbonadas. Enlaces simple, doble y triple».

Tema 2. Enlace iónico y enlace covalente: concepto y propiedades.

> Apartado 3.2: «Enlace iónico: concepto y propiedades».
>
> Apartado 3.3: «Enlace covalente: concepto y propiedades».

Tema 3. Concepto electrónico de oxidación-reducción: oxidante y reductor. Ejemplos.

> Apartado 8.5: «Concepto electrónico de oxidación-reducción: oxidante y reductor».

Tema 4. Equilibrio químico. Constantes de equilibrio K_c y K_p. Grado de disociación. Factores que afectan al equilibrio.

> Tema 7: «Equilibrio químico» (resumir).

Examen de 2014

Problemas (a elegir uno)

Problema 2014 1: Ajuste de reacciones químicas y estequiometría. Ecuación de los gases ideales.

Se someten 300 gramos del hidrocarburo $C_{10}H_{18}$ a combustión completa:

a) Formule y ajuste la reacción que se produce.
b) Calcule el número de moles de O_2 que se consumen en la combustión.
c) Determine el volumen de O_2, a 25 °C y 1 atm, necesario para la combustión.
d) Calcule el número de átomos de carbono que han reaccionado.

Datos: $R = 0{,}082 \text{ atm} \cdot L \cdot K^{-1} \cdot mol^{-1}$; $N_A = 6{,}022 \cdot 10^{23} \text{ mol}^{-1}$

a) La reacción de combustión de un hidrocarburo (reacción con oxígeno) siempre produce dióxido de carbono y agua. En el apartado 5.2 se explica con detenimiento el procedimiento para ajustar este tipo de reacciones (página 123). Recuerda:
- ✓ En primer lugar ajustamos el carbono
- ✓ En segundo lugar ajustamos el hidrógeno
- ✓ Finalmente ajustamos el oxígeno

Así, la reacción ajustada queda del siguiente modo:

$$C_{10}H_{18} + \frac{29}{2}O_2 \rightarrow 10CO_2 + 9H_2O$$

Si nos parece engorroso trabajar con un coeficiente estequiométrico fraccionario, podemos multiplicar toda la reacción por dos:

$$2C_{10}H_{18} + 29O_2 \rightarrow 20CO_2 + 18H_2O$$

b) Para calcular el número de moles de oxígeno que se consumen durante la combustión de 300 gramos de $C_{10}H_{18}$ realizaremos el siguiente cálculo estequiométrico:

$$300 \text{ g } C_{10}H_{18} \cdot \frac{1 \text{ mol } C_{10}H_{18}}{138 \text{ g } C_{10}H_{18}} \cdot \frac{29 \text{ mol } O_2}{2 \text{ mol } C_{10}H_{18}} = 31{,}5 \text{ mol } O_2$$

c) Una vez calculados los moles de oxígeno consumidos (apartado b) aplicaremos la ecuación de los gases ideales para determinar el volumen que dicho gas ocupa, medido a 25 °C (298 K) y 1 atmósfera.

$$P \cdot V = n \cdot R \cdot T$$

$$1 \cdot V = 31{,}5 \cdot 0{,}082 \cdot 298$$

$$V = 770 \, L \, de \, O_2$$

d) Para calcular el número de átomos de carbono que hay en 300 gramos de $C_{10}H_{18}$, debemos utilizar el número de Avogadro (N_A). Asimismo, hay que tener en cuenta que cada molécula de dicho hidrocarburo tiene 10 átomos de carbono:

$$300 \, g \, C_{10}H_{18} \cdot \frac{1 \, mol \, C_{10}H_{18}}{138 \, g \, C_{10}H_{18}} \cdot \frac{6{,}022 \cdot 10^{23} \, moléculas}{1 \, mol \, C_{10}H_{18}} \cdot \frac{10 \, átomos \, de \, C}{1 \, molécula \, C_{10}H_{18}}$$
$$= 1{,}31 \cdot 10^{25} \, átomos \, de \, C$$

Problema 2014 2: Termoquímica: cálculo de la entalpía de reacción. Espontaneidad.

La fermentación acética del vino tiene lugar según la siguiente reacción ajustada:

$$C_2H_6O_{(l)} + O_{2(g)} \rightarrow C_2H_4O_{2(l)} + H_2O_{(l)}$$

a) Calcule la ΔH_r^o de esta reacción.
b) Razone si la reacción es exotérmica o endotérmica.
c) Sabiendo que ΔS_r^o es -135,9 J·K^{-1}·mol^{-1}, calcule ΔG_r^o a 25 °C.
d) Razone si la reacción será o no espontánea.

Datos: entalpías de formación estándar (ΔH_f^o): $C_2H_6O_{(l)}$ = -277,6 kJ·mol^{-1}; $C_2H_4O_{2(l)}$ = -487,0 kJ·mol^{-1}; $H_2O_{(l)}$ = -285,8 kJ·mol^{-1}

a) Los datos de los que disponemos para calcular el valor de la entalpía estándar de la reacción son las entalpías de formación de los distintos compuestos que intervienen. Como vimos en el apartado 6.2.3: «Cálculo de la entalpía de reacción a partir de las de formación», en estos casos aplicaremos la fórmula:

$$\Delta H_r^o = \sum n_P \cdot \Delta H_{f,P}^o - \sum n_R \cdot \Delta H_{f,R}^o$$

Donde n_P y n_R son los coeficientes estequiométricos de los productos y de los reactivos, y $\Delta H_{f,P}^o$ y $\Delta H_{f,R}^o$ sus respectivas entalpías de formación. Para esta reacción:

$$\Delta H_r^o = \Delta H_{f,C_2H_4O_2}^o + \Delta H_{f,H_2O}^o - (\Delta H_{f,C_2H_6O}^o + \Delta H_{f,O_2}^o)$$

El valor de $\Delta H_{f,O_2}^o$ es 0 por tratarse de un elemento puro. Así:

$$\Delta H_r^o = -487{,}0 - 285{,}8 - (-277{,}6) = -495{,}2\ \frac{kJ}{mol}$$

b) Dado que el valor obtenido para ΔH_r^o es negativo, -495,2 kJ · mol⁻¹, la reacción es exotérmica y desprende calor cuando se produce.

c) Para calcular el valor de energía libre de Gibbs de la reacción utilizaremos la fórmula:

$$\Delta G_r^o = \Delta H_r^o - T \cdot \Delta S_r^o$$

Antes de sustituir los datos en la ecuación debemos pasar las unidades de la entropía (ΔS_r^o) de J · K⁻¹ · mol⁻¹ a kJ · K⁻¹ · mol⁻¹:

$$-135{,}9\ \frac{J}{K \cdot mol} \cdot \frac{1\ kJ}{1000\ J} = -0{,}1359\ \frac{kJ}{K \cdot mol}$$

Como vemos, para ello basta dividir por 1000.

Ahora ya podemos sustituir en la fórmula:

$$\Delta G_r^o = -495{,}2 - 298 \cdot (-0{,}1359) = -454{,}7\ \frac{kJ}{mol}$$

d) Puesto que el valor obtenido para ΔG_r^o es negativo, la reacción será espontánea a esta temperatura.

Cuestiones teóricas (a elegir dos)

Tema 1. Partículas fundamentales: protón, neutrón y electrón.

> Apartado 1.1: «Partículas fundamentales: electrón, protón y neutrón».

Tema 2. Propiedades periódicas: radio atómico, radio iónico, energía de ionización y afinidad electrónica. Electronegatividad.

> Apartado 2.3.1: «Radio atómico y radio iónico».
>
> Apartado 2.3.2: «Afinidad electrónica».
>
> Apartado 2.3.3: «Energía de ionización» (potencial de ionización).

Apartado 2.3.4: «Electronegatividad»

<u>Tema 3</u>. Formas de expresar la concentración: porcentaje en masa, $g \cdot L^{-1}$, fracción molar y molaridad.

Apartado 4.3: «Formas de expresar la concentración de las disoluciones».

<u>Tema 4</u>. Isomería: concepto y clases.

Apartado 9.3: «Isomería: concepto y clases».

Examen de 2015

Problemas (a elegir uno)

Problema 2015 1: Disoluciones. Cálculo del pH.

Una disolución de HNO_3 7 M tiene una densidad de 1,22 g · mL^{-1}. Calcule:

a) La concentración de dicha disolución en tanto por ciento en masa de HNO_3.
b) Las fracciones molares de cada componente
c) El volumen de la misma que debe tomarse para preparar 1 L de disolución de HNO_3 0,05 M.
d) El pH de la disolución de HNO_3 0,05 M.

Masas atómicas: $N = 14$; $O = 16$; $H = 1$

a) Para calcular la concentración de la disolución de ácido en tanto por ciento en masa partiremos de su molaridad. Seguidamente utilizaremos la densidad de la disolución para pasar de gramos de disolución a mililitros, y la masa molar del ácido nítrico para pasar de moles a gramos de HNO_3. Como es un tanto por ciento, debemos multiplicar por 100:

$$\frac{7\ mol\ HNO_3}{1\ L\ dión} \cdot \frac{1\ L\ dión}{1000\ mL\ dión} \cdot \frac{1\ mL\ dión}{1,22\ \boldsymbol{g\ dión}} \cdot \frac{63\ \boldsymbol{g\ HNO_3}}{1\ mol\ HNO_3} \cdot 100 = 36,1\ \%\ en\ masa$$

b) La disolución está formada por el soluto HNO_3 y agua. Para calcular las fracciones molares de cada uno de ellos, aplicaremos las fórmulas:

$$\chi_{HNO_3} = \frac{n_{HNO_3}}{n_{HNO_3} + n_{H_2O}} = \frac{n_{HNO_3}}{n_T}$$

$$\chi_{H_2O} = \frac{n_{H_2O}}{n_{HNO_3} + n_{H_2O}} = \frac{n_{H_2O}}{n_T}$$

Tomaremos como referencia 100 gramos de disolución, tal y como hemos visto en el procedimiento práctico 4.3 (página 116). Puesto que se trata de una disolución del 36,1 % en peso de HNO_3, por cada 100 gramos de disolución tendremos 36,1 gramos de HNO_3 y 63,9 gramos de agua (100 − 36,1). Calculando cuántos moles son de cada compuesto:

$$36,1\ g\ HNO_3 \cdot \frac{1\ mol\ HNO_3}{63\ g\ HNO_3} = 0,573\ mol\ HNO_3$$

$$63{,}9 \text{ g } H_2O \cdot \frac{1 \text{ mol } H_2O}{18 \text{ g } H_2O} = 3{,}55 \text{ mol } H_2O$$

Sustituyendo estos valores en las expresiones anteriores:

$$\chi_{HNO_3} = \frac{n_{HNO_3}}{n_{HNO_3} + n_{H_2O}} = \frac{0{,}573}{0{,}573 + 3{,}55} = 0{,}139$$

$$\chi_{H_2O} = \frac{n_{H_2O}}{n_{HNO_3} + n_{H_2O}} = \frac{3{,}55}{0{,}573 + 3{,}55} = 0{,}861$$

La suma de ambas fracciones molares es igual a 1.

c) Siempre que debamos determinar el volumen de una disolución concentrada necesario para preparar un cierto volumen de disolución diluida, nuestros cálculos estequiométricos deben partir de esta última. Esto lo vimos con detenimiento en el procedimiento práctico 4.2 (página 115). En este caso, se quiere preparar 1 L de disolución de HNO_3 0,05 M.

$$1 \text{ L dión } 0{,}05 \text{ M} \cdot \frac{0{,}05 \text{ mol } HNO_3}{1 \text{ L dión } 0{,}05 \text{ M}} \cdot \frac{1 \text{ L dión conc.} HNO_3}{7 \text{ mol } HNO_3} \cdot \frac{1000 \text{ mL dión conc.} HNO_3}{1 \text{ L dión conc.} HNO_3}$$
$$= 7{,}14 \text{ mL dión conc.} HNO_3 \text{ 7 M}$$

d) El ácido nítrico es un ácido fuerte que, como tal, se halla totalmente disociado en agua, según:

$$HNO_3 + H_2O \rightarrow NO_3^- + H_3O^+$$

Así, se cumplirá:

$$[HNO_3] = [H_3O^+] = 0{,}05 \text{ M}$$

$$pH = -log[H_3O^+] = -log(0{,}05) = 1{,}3$$

Problema 2015 2: Ajuste de reacciones redox. Estequiometría. Ecuación de los gases ideales.

El ácido nítrico concentrado, HNO_3, reacciona con cobre dando nitrato de cobre(II), $Cu(NO_3)_2$, y dióxido de nitrógeno, NO_2.

a) Escriba y ajuste las semirreacciones de oxidación y reducción.
b) Escriba la reacción global ajustada.
c) Calcule el volumen de ácido nítrico de densidad 1,24 g · mL^{-1} y 35 % de riqueza en masa necesarios para reaccionar con 6,35 gramos de cobre.
d) Calcule el volumen de NO_2 obtenido a 1 atmósfera y 25 °C.

Masas atómicas: $Cu = 63{,}5$; $N = 14{,}1$; $O = 16$; $H = 1$

Datos: $R = 0{,}082$ atm $\cdot$ L $\cdot$ K^{-1} $\cdot$ mol^{-1}

a) La reacción sin ajustar es:

$$HNO_3 + Cu \rightarrow Cu(NO_3)_2 + NO_2 + H_2O$$

En forma iónica:

$$H^+ + NO_3^- + Cu \rightarrow Cu^{2+} + NO_3^- + NO_2 + H_2O$$

Se trata de una reacción de oxidación-reducción. Para poder escribir y ajustar las dos semirreacciones, tal y como nos piden en el enunciado, debemos, en primer lugar, determinar los números de oxidación de todos los elementos:

$$\overset{+1\ +5\ -2}{HNO_3} + \overset{0}{Cu} \Rightarrow \overset{+2\ +5\ -2}{Cu(NO_3)_2} + \overset{+4\ -2}{NO_2} + \overset{+1\ -2}{H_2O}$$

El número de oxidación del cobre aumenta de reactivos a productos (de Cu a Cu^{2+}): **semirreacción de oxidación**.

El número de oxidación del **nitrógeno** disminuye de reactivos a productos (de HNO$_3$ a NO$_2$): **semirreacción de reducción**.

$$\overset{+1\ +5\ -2}{HNO_3} + \overset{0}{Cu} \Rightarrow \overset{+2\ +5\ -2}{Cu(NO_3)_2} + \overset{+4\ -2}{NO_2} + \overset{+1\ -2}{H_2O}$$

$$\underbrace{}_{Oxidación}$$

$$\underbrace{}_{Reducción}$$

Las dos semirreacciones son:

Semirreacción de oxidación: $Cu \rightarrow Cu^{2+} + 2e^-$

Semirreacción de reducción: $NO_3^- + 2H^+ + 1e^- \rightarrow NO_2 + H_2O$

b) Ajustaremos la reacción global sumando las dos semirreacciones. Para que al sumar ambas semirreacciones se simplifiquen los electrones, es necesario multiplicar la segunda semirreacción por 2:

$$Cu \rightarrow Cu^{2+} + 2e^-$$

$$2 \cdot (NO_3^- + 2H^+ + 1e^- \rightarrow NO_2 + H_2O)$$

Reacción iónica ajustada: $Cu + 2NO_3^- + 4H^+ + \cancel{2e^-} \rightarrow Cu^{2+} + 2NO_2 + 2H_2O + \cancel{2e^-}$

Reacción molecular ajustada: $Cu + 4HNO_3 \rightarrow Cu(NO_3)_2 + 2NO_2 + 2H_2O$

c) Para calcular el volumen de disolución de ácido nítrico necesario para reaccionar con 6,35 gramos de cobre, realizaremos el siguiente cálculo estequiométrico:

$$6{,}35 \ g \ Cu \cdot \frac{1 \ mol \ Cu}{63{,}5 \ g \ Cu} \cdot \frac{4 \ mol \ HNO_3}{1 \ mol \ Cu} \cdot \frac{63 \ g \ HNO_3}{1 \ mol \ HNO_3} \cdot \frac{100 \ g \ dión}{35 \ g \ HNO_3} \cdot \frac{1 \ mL \ dión}{1{,}24 \ g \ dión}$$
$$= 58{,}1 \ mL \ de \ HNO_3 \ del \ 35\,\%$$

Cuestiones teóricas (a elegir dos)

<u>Tema 1</u>. Propiedades de los compuestos con enlace iónico y de los compuestos con enlace covalente.

> Apartado 3.2.2: «Propiedades de los compuestos con enlace iónico».
>
> Apartado 3.3.3: «Propiedades de los cristales covalentes».
>
> Apartado 3.3.4: «Propiedades de las sustancias covalentes moleculares».

<u>Tema 2</u>. Reactivo limitante. Rendimiento de un proceso químico.

> Apartado 5.3.2: «Cálculos estequiométricos con reactivo limitante».
>
> Apartado 5.4: «Rendimiento de un proceso químico».

<u>Tema 3</u>. Entalpías de reacción y formación. Ley de Hess.

> Apartado 6.2: «Entalpías de reacción y de formación. Ley de Hess».

<u>Tema 4</u>. Química del carbono. Enlaces simple, doble y triple.

> Apartado 9.1: «Cadenas carbonadas. Enlaces simple, doble y triple».

Anexo II: Tabla periódica de los elementos

1 H Hidrógeno 1,0																	2 He Helio 4,0
3 Li Litio 6,9	4 Be Berilio 9,0											5 B Boro 10,8	6 C Carbono 12,0	7 N Nitrógeno 14,0	8 O Oxígeno 16,0	9 F Flúor 19,0	10 Ne Neón 20,1
11 Na Sodio 22,9	12 Mg Magnesio 24,3											13 Al Aluminio 27,0	14 Si Silicio 28,0	15 P Fósforo 31,0	16 S Azufre 32,0	17 Cl Cloro 35,5	18 Ar Argón 39,9
19 K Potasio 39,1	20 Ca Calcio 40,1	21 Sc Escandio 44,9	22 Ti Titanio 47,9	23 V Vanadio 50,0	24 Cr Cromo 52,0	25 Mn Manganeso 55,0	26 Fe Hierro 55,8	27 Co Cobalto 58,9	28 Ni Níquel 58,7	29 Cu Cobre 63,5	30 Zn Zinc 65,4	31 Ga Galio 69,7	32 Ge Germanio 72,6	33 As Arsénico 74,9	34 Se Selenio 78,9	35 Br Bromo 79,9	36 Kr Criptón 83,8
37 Rb Rubidio 85,5	38 Sr Estroncio 87,6	39 Y Itrio 88,9	40 Zr Circonio 91,2	41 Nb Niobio 92,9	42 Mo Molibdeno 95,9	43 Tc Tecnecio 99,0	44 Ru Rutenio 101,1	45 Rh Rodio 102,9	46 Pd Paladio 106,9	47 Ag Plata 107,9	48 Cd Cadmio 112,4	49 In Indio 114,8	50 Sn Estaño 118,7	51 Sb Antimonio 121,7	52 Te Teluro 127,6	53 I Yodo 126,9	54 Xe Xenón 131,3
55 Cs Cesio 132,9	56 Ba Bario 137,3	57 La Lantano 138,9	72 Hf Hafnio 178,5	73 Ta Tantalio 180,9	74 W Wolframio 183,8	75 Re Renio 186,2	76 Os Osmio 190,2	77 Ir Iridio 192,2	78 Pt Platino 195,1	79 Au Oro 196,9	80 Hg Mercurio 200,5	81 Tl Talio 204,3	82 Pb Plomo 207,2	83 Bi Bismuto 208,9	84 Po Polonio (210)	85 At Astato (210)	86 Rn Radón (222)
87 Fr Francio (223)	88 Ra Radio (226)	89 Ac Actinio (227)	104 Rf Rutherfordio (265)	105 Db Dubnio (268)	106 Sg Seaborgio (271)	107 Bh Bohrio (270)	108 Hs Hassio (277)	109 Mt Meitnerio (276)	110 Ds Darmstadio (281)	111 Rg Roentgenio (280)	112 Cn Copernicio (285)	113 Nh Nihonium (284)	114 Fl Flerovio (289)	115 Mc Moscovium (288)	116 Lv Livermorio (293)	117 Ts Tenessine (294)	118 Og Oganesson (294)

58 Ce Cerio 140,1	59 Pr Praseodimio 140,9	60 Nd Neodimio 144,2	61 Pm Promecio (147)	62 Sm Samario 150,3	63 Eu Europio 151,9	64 Gd Gadolinio 157,2	65 Tb Terbio 158,9	66 Dy Disprosio 162,5	67 Ho Holmio 164,9	68 Er Erbio 167,3	69 Tm Tulio 168,9	70 Yb Iterbio 173,0	71 Lu Lutecio 174,9
90 Th Torio 232,0	91 Pa Protactinio (231)	92 U Uranio 238,0	93 Np Neptunio (237)	94 Pu Plutonio (242)	95 Am Americio (243)	96 Cm Curio (247)	97 Bk Berkelio (247)	98 Cf Californio (251)	99 Es Einstenio (254)	100 Fm Fermio (253)	101 Md Mendelevio (256)	102 No Nobelio (254)	103 Lr Laurencio (257)

www.ingramcontent.com/pod-product-compliance
Lightning Source LLC
Chambersburg PA
CBHW080616190526
45169CB00009B/3202